Lehrbuch der Landschaftsökologie

Uta Steinhardt · Heiner Barsch · Oswald Blumenstein

Lehrbuch der Landschaftsökologie

2. überarbeitete und ergänzte Auflage

Mit Beiträgen von Brigitta Ketz, Wolfgang Krüger
und Martin Wilmking

Spektrum
AKADEMISCHER VERLAG

Autoren

Professor Dr. Uta Steinhardt, Hochschule für nachhaltige Entwicklung Eberswalde,
FB Landschaftsnutzung und Naturschutz, Friedrich-Ebert-Straße 28, 16225 Eberswalde – Abschn.
1.1, 2.1, 2.2 und 5.6 bis 5.8
Professor Dr. Heiner Barsch, Roßkastanienstr. 6, 14469 Potsdam – Abschn. 5.1 bis 5.3, 5.5 und Kap. 6
Professor Dr. Oswald Blumenstein, Universität Potsdam, Institut für Erd- und Umweltwissen-
schaften, Karl-Liebknecht-Straße 24–25, 14476 Potsdam – Kap. 3 und 4

Mitarbeiter:

Dr. Brigitta Ketz, Universität Potsdam, Department Psychologie, Karl-Liebknecht-Straße 24–25,
14476 Potsdam – Abschn. 1.2
PD Dr. habil. Wolfgang Krüger, Universität Potsdam, Institut für Erd- und Umweltwissenschaften,
Karl-Liebknecht-Straße 24–25, 14476 Potsdam – Abschn. 2.3
Prof. Dr. Martin Wilmking, Ernst-Moritz-Arndt-Universität Greifswald, Institut für Botanik und Land-
schaftsökologie, Grimmer Straße 88, 17487 Greifswald – Abschn. 2.3.2 und 5.4

Wichtiger Hinweis für den Benutzer
Der Verlag und die Autoren haben alle Sorgfalt walten lassen, um vollständige und akkurate Infor-
mationen in diesem Buch zu publizieren. Der Verlag übernimmt weder Garantie noch die juristische
Verantwortung oder irgendeine Haftung für die Nutzung dieser Informationen, für deren Wirt-
schaftlichkeit oder fehlerfreie Funktion für einen bestimmten Zweck. Der Verlag übernimmt keine
Gewähr dafür, dass die beschriebenen Verfahren, Programme usw. frei von Schutzrechten Dritter
sind. Die Wiedergabe von Gebrauchsnamen, Handelsnamen, Warenbezeichnungen usw. in diesem
Buch berechtigt auch ohne besondere Kennzeichnung nicht zu der Annahme, dass solche Namen
im Sinne der Warenzeichen- und Markenschutz-Gesetzgebung als frei zu betrachten wären und
daher von jedermann benutzt werden dürften. Der Verlag hat sich bemüht, sämtliche Rechteinha-
ber von Abbildungen zu ermitteln. Sollte dem Verlag gegenüber dennoch der Nachweis der Rechts-
inhaberschaft geführt werden, wird das branchenübliche Honorar gezahlt.

Bibliografische Information der Deutschen Nationalbibliothek
Die Deutsche Nationalbibliothek verzeichnet diese Publikation in der Deutschen Nationalbibliografie; detaillierte
bibliografische Daten sind im Internet über http://dnb.d-nb.de abrufbar.

Springer ist ein Unternehmen von Springer Science+Business Media
springer.de

2. Auflage 2012
© Spektrum Akademischer Verlag Heidelberg 2012
Spektrum Akademischer Verlag ist ein Imprint von Springer

12 13 14 15 16   5 4 3 2 1

Planung: Merlet Behncke-Braunbeck
Herstellung: Crest Premedia Solutions (P) Ltd, Pune, Maharashtra, India
Satz: Autorensatz
Umschlaggestaltung: SpieszDesign, Neu–Ulm
Titelfotografie: Chromverarbeitung in Kroondal bei Rustenburg (Republik Südafrika). Foto: U. Steinhardt, Juli 2004
Fotos/Zeichnungen: Wenn in den Abbildungsunterschriften nicht anders angegeben, stammen die Abbil-
dungen von den Autoren

ISBN 978-3-8274-2396-2

Inhaltsverzeichnis

Vorwort zur 1. Auflage

Die Geschichte der Landschaftsökologie ist eine Erfolgsgeschichte. Vor Jahrzehnten noch kaum beachtet, rückte sie in dem Maße in den Blickpunkt der Öffentlichkeit, in dem Probleme und Risiken der Mensch-Umwelt-Beziehungen immer offensichtlicher wurden. In einer Landschaft vereinen sich natürliche Lebensgrundlagen wie in keinem anderen Objekt der Erde. Sie müssen geschützt und erhalten werden. Das hat zunächst Geographen und Biologen auf den Plan gerufen. Wissenschaftler aus anderen Fachrichtungen folgten. Landschaftsökologie ist zum interdisziplinären Arbeitsfeld geworden. Ihre Untersuchungsansätze und die Arbeitsergebnisse sind vielfältig. Alles ist nicht allen bekannt. Ist Landschaftsökologie als Wissenschaftsdisziplin noch überschaubar? Diese Frage kann man stellen.

Ein Trend lässt sich erkennen: Er weist von der Aufklärung der Landschaftsstruktur hin zur Analyse und Modellierung landschaftlicher Prozesse. Die schon als klassisch zu bezeichnende Erkundung des Inventars und des Gefüges von Landschaften ist in den letzten Jahrzehnten durch die Untersuchung der in der Landschaft wirkenden Prozesse und deren Modellierung ergänzt und vertieft worden. Solche Untersuchungen müssen fokussiert werden, sonst sind sie inhaltlich nicht zu bewältigen und bleiben an der Oberfläche. Landschaftliche Prozesse finden jedoch auf unterschiedlichen räumlichen und zeitlichen Ebenen statt. Das erschwert eine ganzheitliche Sicht. Die Facetten, aus denen sich heute unser Bild von der Landschaft zusammensetzt, sind stellenweise nicht passfähig.

Unterschiedliche Positionen unter den Landschaftsökologen gab es jedoch schon immer. Landschaftsökologie hat sich als Wissenschaft in unterschiedlichen Ländern zu unterschiedlichen Zeiten und auf verschiedenen Weise entwickelt. Im Buch wird am Beispiel Europas und Angloamerikas darauf eingegangen. Viele Verständigungsprobleme sind jedoch heute überwunden, so dass es möglich erscheint, Gemeinsamkeiten herauszuarbeiten, ohne offene Fragen oder widersprüchliche Positionen zu übersehen. Hauptanliegen aller Autoren war, das Objekt und die Methoden der modernen Landschaftsökologie in ihren Grundzügen darzustellen und die Wege zur Umsetzung der gewonnenen Erkenntnisse zu zeigen. Von der Wiedergabe von Details, so verlockend das auch zuweilen erschien, wurde zugunsten einer kompakten Wiedergabe des heutigen Wissensstandes Abstand genommen.

Das Buch wendet sich vor allem an die Studenten der Landschaftsökologie und ihrer Nachbarwissenschaften. Anschaulichkeit und Nachvollziehbarkeit waren ein Hauptanliegen der Autoren. Fragen am Ende der Kapitel sollen zum Mitdenken anregen und auf Prüfungen vorbereiten.

Für die Hilfe und Unterstützung, die uns bei der Gestaltung des Buches durch den Verlag zu Teil wurde, danken wir insbesondere Frau Behncke-Braunbeck und Herrn Dr. Iven.

Die Autoren vertreten verschiedene Ansätze der Landschaftsbetrachtung und -untersuchung. Das war kein Hindernis für eine langjährige Zusammenarbeit in Lehre und Forschung an der Universität Potsdam. Landschaftsökologie kann Spaß machen und zu einer Leidenschaft werden. Wir hoffen, dass dies im Buch spürbar wird. Möge es viele interessierte Leser finden!

Uta Steinhardt   Oswald Blumenstein   Heiner Barsch
Eberswalde und Potsdam, Oktober 2004

1 Landschaften im Alltag

1.1 Landschaft als Teil unserer Umwelt

Im Nordwesten der Mongolei liegt der See Uvs Nuur. Am westlichen Rand des Seebeckens kommt man zum Gebietszentrum, nach Ulaangom. In den kleinen Läden, die es dort gibt, beherrschten früher, wenn vorhanden, große und nicht ganz so große Tüten mit Waschmittel, Mehl und Salz, Seile, Lederriemen, Eimer und andere Dinge des täglichen Bedarfs die Regale. Heute sind Bier- und Coladosen, Schokoriegel sowie mehr oder minder echte Markenjeans und ebensolche Uhren hinzugekommen. Ein Hirte, der das sieht, möchte so etwas auch einmal besitzen. Dazu muss man Vieh verkaufen. Deswegen bleibt man eine zeitlang in der Nähe des Städtchen. Andere tun das auch. Die Umgebung von Ulaangom wird überweidet. Zivilisatorischer Fortschritt hat auch Nebenwirkungen.

Seit einigen Jahrzehnten haben wir diese schmerzliche Erfahrung gemacht. Die Natur ist in Gefahr: Luftverschmutzung, Waldsterben, Zerstörung von noch für intakt gehaltenen Lebensräumen, Desertifikation, ... die Reihe der Indizien ließe sich beliebig fortsetzen.

Viele der genannten „Umweltprobleme" machen auch als politisches Thema von sich reden; denn wir haben auch, und das sehr viel länger, seit der Herstellung der ersten Werkzeuge und seit der Beherrschung des Feuers, die Erfahrung gemacht, dass wir – stets auf der Suche nach „günstigen" Lebensräumen – durch Arbeit, Technik und Kultur unser Schicksal selbst in die Hand nehmen und gestalten können; das ist unsere Hoffnung.

Eine neue Variante einer alten Geschichte: Zwei Planeten treffen sich: Fragt Planet A den Planeten E: „Wie geht es Dir? Hast Du immer noch Homo sapiens?" Antwortet E: „Es werden immer mehr."

A: „Oh. Und was tun sie?"

E: „Vernünftiges und Unvernünftiges."

A: „Vernünftige hatte ich bei mir zu wenige. Nun ist es mit allen vorbei."

E: „Ich habe Hoffnung, die Vernunft setzt sich durch. Aber noch ist nichts entschieden."

Fest steht, dass sich die naturgegebenen Stoffsysteme der
geographischen Erdhülle durch menschliche Eingriffe in
vielfältiger Weise verändert haben. Sie haben eine historisch
geprägte Gestalt angenommen. Durch dauerhafte Eingriffe
entstand die Kulturlandschaft. Sie erhielt ihre Ausbildung
insbesondere durch menschliche Siedlungen, wirtschaftliche
Tätigkeit (agrarische Landnutzung, Rohstoffgewinnung,
Industrie und Gewerbe) und Verkehr. Die Realisierung der
menschlichen Grunddaseinsfunktionen (leben, wohnen,
arbeiten, sich versorgen, sich bilden und sich erholen) hat
notwendigerweise zu einer Veränderung der Umwelt des
Menschen geführt. Die Kulturlandschaft Mitteleuropas, wie
sie sich heute darstellt, ist im Verlauf von Jahrmillionen
durch das Zusammenwirken verschiedener Faktoren, bei
denen geologische Prozesse, das Klima und seine Wandlun-
gen sowie Pflanzen, Tiere und schließlich auch der Mensch
Spuren hinterließen, entstanden (Küster 1997, Bork 1998).

„Was bedeutet denn „Landschaft"? – woran erkennt man
sie, wie grenzt man sie ab, wo fängt sie an und endet sie?
Wie weit ist sie nur ein Bild an der Wand oder in den
Köpfen, ja eine Ein-Bildung – oder ist sie etwas, das in
unserer Umwelt tatsächlich existiert? … [Es] wird auch
immer wieder gefragt, ob „Landschaft" überhaupt ein wissenschaftlicher Gegenstand oder nur eine Metapher ist."
(Haber 2002 nach Hard 1985, Trepl 1995)

Wir fahren heutzutage „ins Grüne", um in einer intakten
Landschaft Ruhe und Entspannung zu finden. Die ersten,
die das bewusst taten, waren Maler (Haber 2002). Bereits in
der Antike und dann in größerer zeitlicher Distanz ab Mitte
des 15. Jahrhunderts nutzten sie Landschaft zunächst als
Kulisse für ihre Motive, später als Motiv selbst. „Landschaft"
wurde so ein Begriff der Malerei für ein bestimmtes Bildob-
jekt, für ein „malerisches", „pittoreskes" Stück Land. Wie die
gestressten Städter heute empfanden auch die Maler seiner-
zeit alles, was außerhalb der gebauten Stadt lag, als wahre
Natur und bemühten sich um eine „naturnahe" Wiedergabe.
Schaut man die Gemälde an, so sieht man Häuser, Baume,
Wiesen und Gewässer in einer harmonischen Anordnung,
vereinigt in einer stimmungsvollen Komposition, die „echt"
wirkt, aber selten der wirklichen Landschaftssituation ent-
sprach (Abb. 1.1-1).

Abb. 1.1-1 Idealisierte italienische Landschaft in Giorgiones 1507/1508 entstandem Gemälde „Das Gewitter" (Ausschnitt aus einer Reproduktion in Lasarew 1990)

Solche Landschaftsdarstellungen wurden erwartet. Sie entsprachen dem ästhetischen Empfinden der Auftraggeber und der (städtischen) Betrachter der Kunstwerke. Die Landschaft in einem Gemälde sollte schön sein, die Wiedergabe der Natur „ästhetisch". Möglicherweise liegen da die Wurzeln für das Begriffspaar „Natur und Landschaft", das sich heutzutage sogar in Gesetzestexten (beispielsweise in Deutschland und den Niederlanden) wiederfindet (Haber 2002).

In der Malerei liegen auch die Wurzeln für die Unterscheidung zwischen „Betrachter" und „Hervorbringer" von Landschaften.

Unter den Letztgenannten verstand man zum einen die Maler selbst, zum anderen die Landnutzer, die die reale Landschaft durch ihre Arbeit schufen und erhielten. Es war ihr Land, das sie bestellten und bewirtschafteten, von dem sie lebten – es war auch ihre Welt, die in sich selbst ruhte, unabhängig von der Sicht Außenstehender.

Von der Darstellung einer Ideallandschaft in Bildern zu deren wirklicher Gestaltung vergingen nur wenige Jahrhunderte: In der zweiten Hälfte des 18. Jahrhunderts begann man mit der Gestaltung englischer Landschaftsgärten und -parks, in denen man die zuvor auf den Bildern dargestellte Ideallandschaft Wirklichkeit werden ließ (Abb. 1.1-2). Dabei entstanden viele Englische Gärten tatsächlich aus der Transformation ehemaliger Hutewälder. Die für das frühkoloniale

Landschaften und Lebensräume können als erlebte und gelebte Umwelt gekennzeichnet werden.

England typische baum-, gebüsch- und heckenreiche Weidelandschaft war das Produkt einer verbreiteten Schafbewei-
dung.

Auch die Dessauer Elbaue wurde lange Zeit als Weide genutzt. Infolgedessen blieben nur einzelne große Bäume mit
weit ausladenden Ästen als Reste der natürlichen Hartholz-
aue mit ausgeprägten Fraßkanten stehen. Im Wörlitzer Park
konnte man sich nun dort unter ihnen gemütlich zum Pick-
nick versammeln. Andere Beispiele solcher von Menschen
gemachten Natur schuf Fürst Pückler-Muskau im Park von
Muskau zu beiden Seiten der Neiße und im Park von Branitz
bei Cottbus.

Abb. 1.1-2 Englische Weidelandschaft bei Springhead, Dorset
(Foto: W. Haber 1971 in Haber 2002)

Gärtner, wie Fürst Pückler-Muskau, Fürst von Anhalt-
Dessau oder Peter Josef Lenné, verwendeten viel Sorgfalt
auf die Anlage von Blickachsen sowie Aussichtsplätzen und
-türmen, die den Landschaftspark als Bild erlebbar machten.
Darauf basiert noch heute das touristische Landschafts- und
Naturerleben (Haber 2002, Küster 1995).

Im Zusammenhang mit der aktuellen touristischen bzw.
Erholungsnutzung der Landschaft wird immer wieder das
Bild der „traditionellen Kulturlandschaft" bemüht, die erhal-
tenswert und in ihrer Existenz gefährdet sei. Wie historisch
aber sollte denn die erhaltenswerte Kulturlandschaft sein?
Sollte sie den Zustand um 1900 oder den um 1750 oder den
des ausgehenden Mittelalters haben? Sollte man der Land-
und Forstwirtschaft keinen technischen Fortschritt zubilli-
gen? Das hieße, das entbehrungsreiche Leben der Menschen

auf dem nicht wirklich so idyllischen Bauernhof zu verklären
(Abb. 1.1-3).

Abb. 1.1-3 Stanley Roy Badmin (o.J.): „Old Fashioned Harvest"
bei Luscombe, Devon, England. – eine „Bauernhof-Idylle" des
19. Jahrhunderts als Wunschvorstellung landfremder Städter
(Bildarchiv Landschaftsökologie TU München in Haber 2002)

Heute müssten wir in der Lage sein, unsere Nutzungsformen
und -methoden der Natur anzupassen und damit aufhören,
die Natur der Technik anzupassen! Es sollte gelingen, Schiffe
zu bauen, die den Flüssen angepasst sind, und nicht Flüsse
so zu verbauen, dass sie jederzeit schiffbar sind. Es sollte
möglich sein, ackerbauliche Nutzungen mit moderner Agrar-
technik so durchzuführen, dass die dadurch gestaltete Landschaft auch noch ästhetischen Ansprüchen genügt.

„Wie weit das Bild der „Landschaft" in unseren Köpfen
der landschaftlichen Wirklichkeit entspricht, wird von der
Entwicklung zukünftiger Landnutzung und des immer
mehr – selbst bei Naturschutzmaßnahmen! – von Mitteln
der Technik abhängigen Umgangs mit Land bestimmt.
Dieser muss auch als Kulturaufgabe („Landschaftskultur"
als Umkehrung von „Kulturlandschaft") erkannt, aber
auch von jenen emotionalen Sehnsüchten gelöst werden."
(Haber 2002)

Der angemessene Umgang mit "Landschaft" ist eine natur-, human- und kulturwissenschaftliche Aufgabe.

Wer Bilder impressionistischer Landschaftsmaler gesehen
hat, ist von diesen oft tief beeindruckt. Beispielsweise gab

Paul Cezannes Bildserie über den Berg Saint Victoire in der Provence den Anstoß dafür, dass dieser in die vorläufige *World Heritage List* der UNESCO aufgenommen wurde. Interessant ist dabei, dass zu dieser Zeit auch Gewerbegebäude und Industrieanlagen in die Landschaftsdarstellung einbezogen wurden, beispielsweise in einem Bild des naiven Malers und Zollbeamten Rousseau.

Abb. 1.1-4 „Stuhlfabrik", von Henri Rosseau um 1897 gemalt (Reproduktion in Stabenow 1991)

Allerdings haben sich diese Landschaften in den letzten hundert Jahren mehr oder weniger extrem gewandelt. Manche stellen heute die Wandlungsfähigkeit unserer Landschaftsideale auf eine harte Probe. Damit müssen wir leben. Landschaften verändern sich.

Landschaften sind Zeugen menschlicher Kulturleistungen, dokumentiert durch Bauwerke, Parks und Feldfluren, aber auch Zeugen der alltäglichen Landschaftsnutzung durch Verkehrsflächen, Industriegebiete und Deponien. Sie verbinden sich mit Naturphänomenen. In Landschaften vereinigt sich das Naturerbe mit dem kulturellen Erbe der Menschheit.

Nicht wenige stehen in der Reihe derjenigen Kultur- und Naturgüter der Menschheit, die einen „außergewöhnlichen universellen Wert" aufweisen. Ihre Erhaltung ist ein Ziel der UNESCO. Die in der *World Heritage List* als Naturerbe zusammengestellten Phänomene umfassen geologische Formationen, Fossilienfundstätten, Naturlandschaften und Schutzreservate von Tieren und Pflanzen, die vom Aussterben bedroht sind. Zum Kulturerbe gehören danach Baudenkmale, Stadtensembles, aber auch Landschaften. (Tab. 1.1-1).

Tab. 1.1-1 Kategorien von „Kulturlandschaften" auf der *World Heritage List* der UNESO

	Beschreibung	Beispiel
Kategorie 1	Durch Menschen bewusst konzipierte und geschaffene Landschaften, z.B. aus rein ästhetischen Gründen angelegte Garten- oder Parklandschaften (*Landscape designed and created intentionally by man*)	– Gärten in Versailles – Wörlitzer Park – Muskauer Park
Kategorie 2	Organisch entwickelte Landschaften, in denen Menschen aufgrund ihrer Arbeit Charakteristisches geleistet haben (*Organically evolved landscapes*), mit Unterscheidung zwischen – *Relict (or fossil) landscapes* – *Continuing landscapes*	– Segesta, Selinunt und Agrigent (Westsizilien) – Reisterrassen auf den Philippinen
Kategorie 3	Assoziative Landschaften, die sich durch religiöse, spirituelle oder geschichtliche Werte auszeichnen (*Associative cultural landscapes*)	– Sacri Monti ("Heilige Berge") in Piemont und Lombardei – Bergland von Tongariro (Neuseeland)

Übrigens: Auch die Umgebung des Sees Uvs Nuur im Nordwesten der Mongolei ist seit 1997 ein von der UNESCO anerkanntes Schutzgebiet; hier in Gestalt eines Biosphärenreservates.

1.2 Landschaft als Teil unseres Bewusstseins

1.2.1 Allgemeine Aspekte

Was heißt Landschaft erleben?

Es ist bekannt, dass Menschen eine Landschaft unterschiedlich erleben. Mit einem Beispiel soll dieser Sachverhalt noch einmal verdeutlicht werden:

Eine Wandergruppe ist unterwegs. Plötzlich lichtet sich der Wald, ein sanfter Berghang mit saftig grüner Wiese und friedlich grasenden Kühen rückt in das Blickfeld, würziger Fichtenduft steigt in die Nase, weil der Regen der letzten Nacht allen Staub verbannt hat. Wohlbefinden pur breitet sich in Körper und Geist aus, der Urlaub verspricht, erholsam zu werden.

Andere Wanderer kommen entgegen, jedoch steht ihnen Frustration im Gesicht geschrieben. Sie beschweren sich über den Geruch des Kuhdunges, der ihnen beim Überqueren der Weide in die Nase stach, darüber, dass der Lehm des unbefestigten Weges in die Schuhe quillt und überhaupt, dass die Sanftheit der Berge ihren touristischen Leistungswillen glatt unterfordert.

Landschaften sind die Grundlage menschlicher Existenz. Ihr Einfluss wird jedoch von jedem Menschen anders widergespiegelt.

Die gleiche Landschaft, zur gleichen Zeit - sie wird völlig anders erlebt und emotional verarbeitet. Natürlich ein psychologisches Problem mit vielfältigen Konsequenzen. Dies ist um so mehr von Bedeutung, als das es ja Menschen einer bestimmten psychischen Prägung sind, welche, auf Basis festgeschriebener Erwartungen und Bedürfnisse, die Landschaften umgestalten.

Um ausgewählte psychologische Aspekte diskutieren zu können, muss zunächst der Gegenstand dieses Faches geklärt werden. Die **Psychologie** ist die Lehre vom menschlichen Verhalten und Erleben von der Zeugung bis zum Tod. Untersuchungsziele sind die Ursachen, Bedingungen sowie mögliche Optimierungen menschlichen Verhaltens und Erlebens. Ziel ist, Verhalten und Erleben erklären und auch voraussagen zu können, so z. B. aggressives Verhalten.

Die Psychologie beschäftigt sich aber auch mit Motiven (z.B. Beweggründen, Bedürfnissen), Volitionen (willentlichen Prozessen), Kognitionen (z.B. Denken, Gedächtnis, Vorstellungen und Phantasien), Emotionen (z.B. Gefühlen) oder sozialer Beeinflussung (z.B. Macht, Aggressionen, hilfreiches

Verhalten). Ebenso sind das Bewusste bzw. Unbewusste im menschlichen Erleben und Verhalten wichtige Determinanten. Natürlich konnte mit dieser Auflistung keine vollständige Darstellung vorgenommen werden.

Wie wird in der Psychologie der Begriff „Landschaft" diskutiert?

Einen Definitionsversuch nimmt Hellbrück 1999 vor: „Landschaft" ist ein sinnlicher Gesamteindruck eines Teils der Erdoberfläche und des Himmels darüber, wie z.B. das Erleben von Weite (vgl. Flade 2010).

Ansonsten wird „Landschaft" in der psychologischen Literatur zumeist mit dem Begriff Umwelt gleichgesetzt. Im Sinne von Hellbrück (1999) existiert eine soziale, kulturelle und natürliche Umwelt. Der Autor spricht von „Umweltpsychologie", wenn die Auswirkungen der physisch-materiellen sowie der räumlichen Einflussfaktoren auf das Erleben und Verhalten der Menschen im Mittelpunkt stehen, beispielsweise wenn ein Mensch eine Landschaft mit Tieren als natürlich oder als ekelhaft empfindet.

> In der Psychologie steht entweder „Landschaft" für den sinnlichen Gesamteindruck eines geographischen Raumes oder sie wird mit „Umwelt" gleichgesetzt.

Jedoch werden diese Wechselbeziehungen von Homburg et al. (1998) anders gesehen. Die Verfasser gehen davon aus, dass die Umweltpsychologie die Beziehung zwischen gefährdeter bzw. geschädigter Umwelt und dem Menschen erfasst. Mit anderen Worten, sie vertreten eine Psychologie der Umweltkrise und des Umweltschutzes. Diese Richtung beschäftigt sich mit drei Grundfragen (Homburg et al. 1998):

1. Wie wird die Umweltkrise von den Menschen wahrgenommen?
2. Welche negativen psychischen Folgen erwachsen aus der Umweltbelastung?
3. Unter welchen Bedingungen verhalten Menschen sich umweltverträglich?

Es werden hierbei die subjektiven Sichtweisen erfasst, so z.B. wie Menschen die Umweltthematik wahrnehmen und bewerten. Dazu werden vielfältige Forschungsbefunde zur Risikobewertung vorgestellt. Man geht der Frage nach, welche Folgen für Wohlbefinden und Gesundheit aus der belasteten Umwelt entstehen können. Schließlich werden Erklärungsmodelle und Programme zur Förderung bzw. Stabilisierung umweltschonender Verhaltensweisen, somit auch für die nachhaltige Entwicklung von Landschaften erarbeitet und auf ihre Wirksamkeit hin überprüft.

Was haben Mensch und Landschaft gemeinsam?

Einerseits sind Mensch und Landschaft Teil einer Gesamtheit: der Natur. Der Mensch ist den Einflüssen der ihn umgebenden Landschaft ausgesetzt (in extremer Form z.B. beim Tsunami 2011 in Japan), er beeinflusst sie jedoch auch aktiv (z.B. durch Flussbegradigungen).

Der Mensch versucht auch seit jeher, „Natur" zu beherrschen, sowohl seine eigene als auch die seiner Umwelt. Es ist jedoch augenscheinlich, dass sich die Natur immer wieder ihren Weg bahnt. Diese Erscheinung bezieht sowohl auf die Erde als auch auf das Erleben und Verhalten von Menschen. So zeigen Forschungsbefunde aus der Medizinpsychologie (z.B. Traue 1998): versucht ein Mensch alle Konflikte und negative Emotionen wie Ärger oder Wut dauerhaft zu unterdrücken, kann er körperlich erkranken. Möglich sind verschiedene Störungen wie Magen- und Darmbeschwerden, Kopf- oder Rückenschmerzen. Das dauerhaft gehemmte Ausdrucksverhalten kann auch zur Akkumulation von muskulären Verspannungen führen. Diese Unterdrückung ist möglich, stellt aber eine ineffiziente Strategie bei der Bewältigung sozialer Stressbedingungen dar und kann bei starken Konflikten zu verschiedenen, sehr extremen Krankheitserscheinungen (z.B. Störung der Verdauungsfunktionen) führen.

Empirische Ergebnisse zeigen aber, dass sozialer Austausch, wie ein Gespräch mit einem vertrauten Menschen nach stark emotionalen Erlebnissen (z.B. nach empfundenem Stress) eine starke gesundheitsfördernde Bedeutung hat. Mit anderen Worten: die starken emotionalen Belastungen müssen „raus aus dem Körper"!

Ähnliches gilt für eine Landschaft. Wie noch gezeigt werden wird (vgl. hierzu Kap. 3.2 – 3.4), führt ein gravierender Eingriff des Menschen in ihre Struktur und Dynamik zu einer empfindlichen Störung des bestehenden Fließgleichgewichtes. Reicht die **Resilienz** (Elastizität) aus, kann nach gewisser Zeit in den Ausgangszustand zurückgekehrt werden. Die Einwirkung wird „im Inneren" verarbeitet. Durch Wechselwirkungen mit anderen Landschaften können aber die Störung besser abgebaut bzw. ein Zusammenbruch der Landschaftsstruktur vermieden werden.

Die beiden Beispiele sind durchaus vergleichbar. Interaktionen der Objekte „Mensch" oder „Landschaft" mit gleichrangigen Strukturen führen zum besseren Abbau von Störungen der vorhandenen Fließgleichgewichte.

Die Natur, sowohl die des Menschen als auch die, welche die Grundlage der Landschaftsdynamik darstellt, lässt sich nicht ohne Negativwirkungen beherrschen.

Als Beleg kann eine Hochwasserwelle, die eine Landschaft erreicht (Störung, vgl. Abb. 3.4-1), dienen. Durch Überflutung (Auslenkung aus dem Fließgleichgewicht) von Auenbereichen kann ihre Zerstörungskraft verringert werden, das Wasser fließt nach einiger Zeit (Rückkehrzeit) wieder ab. Die Resilienz bedingt eine Rückkehr in den alten Fließgleichgewichtszustand.

Ist die Hochwasserwelle zu groß, könnte sie die bestehenden Landschaftsstrukturen zerstören. Ist eine Nachbarlandschaft vorhanden, in welche der Wasserüberschuss schnell abfließen kann, wird eine starke Schädigung vermieden.

1.2.2 Die Wirkung von Landschaften auf den Menschen

Welche Erkenntnisse über Zusammenhänge zwischen Körperbau und Landschaft gibt es?

Strukturelle Basis psychischer Prozesse ist die Anatomie und Physiologie des menschlichen Körpers. Diese Eigenschaften werden unmittelbar durch das landschaftliche Ausstattungsinventar beeinflusst. Gesetze der Ökologie (**Bergmannsche Regel**, **Allensche Regel**) zeigen Zusammenhänge auf, die eine Folge der Anpassung an unterschiedliches Landschaften sind. Sie gelten für alle **homöothermen** (gleichwarmen) Tiere, so auch für den Menschen.

Landschaftliches Ausstattungsinventar beeinflusst unmittelbar die anatomischen Merkmale des Menschen, damit auch indirekt seine Psyche.

Schmale, hochaufgeschossene Körper mit langen Gliedmaßen besitzen ein größeres Oberflächen-Volumen-Verhältnis als gedrungene Körper und führen daher schneller Wärme ab. Beispiele sind die afrikanischen Niloten, zu denen die Massai und Dinkas gehören. Das Oberflächen-Volumen-Verhältnis des Körpers korreliert somit negativ mit der Durchschnittstemperatur, in der die Menschen leben. Je kälter die Regionen desto gedrungener der Körperbau und desto kürzer die Gliedmassen der dort angestammten Menschen. Ein Beispiel hierfür sind die Eskimos. Eine räumliche Zuordnung der Körperhöhe für die eingeborene amerikanische Bevölkerung gegliedert nach Landschaften in regionaler Dimension hat Newmann (in Freye 1986) vorgenommen.

Die **Glogersche Regel** widerspiegelt den Zusammenhang zwischen der Körperpigmentierung und den räumlichen Lagemerkmalen. In warmen, feuchten Klimaten dominieren braun-scharze Pigmente (Eumelanine), in kühlen, trockenen Phaeomelanine (gelb-braun). Eine kartographische Darstellung nach Struck für regionale Landschaftseinheiten Europas findet sich in Freye (1986).

Welche psychischen Faktoren bestimmen das Verhalten und Erleben des Menschen in Landschaften?

Wie am einleitenden Beispiel gezeigt werden konnte, wirken Landschaften sehr verschieden auf das Erleben und Verhalten von Menschen. Ihre Widerspiegelung ist von verschiedenen Faktoren abhängig. Die genetischen (erblichen) und phylogenetisch (stammesgeschichtlichen) Bedingungen spielen ebenso eine Rolle wie auch tief verwurzelte psychische Verhaltensmuster, so z.B. Einstellungen, Gewohnheiten oder kulturelle bzw. religiöse Bindungen.

Landschaften lassen sich wahrnehmen, man kann Gefühle in ihnen erleben und Vorstellungen bzw. Phantasien über sie entwickeln.

Man kann Landschaften nicht nur wahrnehmen, sondern auch Gefühle in ihnen erleben. Darüber hinaus ist der Mensch aber auch in der Lage, Vorstellungen und Phantasien über Landschaften zu entwickeln, sich an diese zu erinnern und natürlich auch sie einfach zu vergessen. Olfaktorische Aspekte (Gerüche wie z.B. der Nadelgeruch in Wäldern oder Fliederduft im Park) spielen hierbei eine große Rolle. Ebenso sind gustatorische Aspekte (den Geschmack betreffend, z.B. Salzgeschmack des Meeres) oder akustische Signale (z.B. Lärm, Ruhe) entscheidend. Der Einfluss von Landschaften geht so weit, dass wir Vertrautheit oder Geborgenheit erleben und es uns gelingt, Lebensbedürfnisse besser zu verwirklichen. Deshalb ist „Heimat" tatsächlich nicht nur eine Kategorie, die an Sprache, Sitten und Gebräuche gebunden ist. Typische Reliefeigenschaften, klimatische Bedingungen oder Merkmale der Gewässer sind eng mit dem Verhalten und Erleben verknüpft. Trotz besserer beruflicher bzw. privater Verdienstmöglichkeiten sehnt man sich nach „seinen Bergen", oder an die Küste, an der man aufgewachsen ist, zurück. Häufig suchen sich deshalb Emigranten Landschaften, die dem naturräumlichen Ausstattungsinventar ihrer alten Heimat entsprechen, als neues Siedlungsgebiet aus.

Gleiches gilt für die zeitliche Rhythmik der landschaftlichen Dynamik. Deutlich wird dies anhand der verschiedenen Jahreszeiten und ihren vielfältigen Wirkungsmöglichkeiten auf das menschliche Erleben: Ob es der Anblick von neuem Grün und den ersten Blüten im Frühling ist, das Empfinden von Wärme im Sommer, die Herbstfärbung der Blätter oder die Reflexion der Sonnenstrahlung in den Schneekristallen, die unter den Schuhen knirschen: die Bewohner Mitteleuropas empfinden Geborgenheit durch diesen Rhythmus, sehnen sich nach nebelnassen grauen Herbsttagen nach dem ersten Schnee, aber freuen sich auch nach einem langen Winter auf den Frühling. Beides mag ein Bewohner der Savanne exotisch finden, ihm ist mehr der Wechsel von Regen- und Trockenzeit vertraut, die Bewohner tropischer Eilande besingen ihr Lebensglück, dass durch das fortwährende Grünen und Blühen ohne jahreszeitlichem Rhythmus entsteht.

Nachgewiesenermaßen wirken natürliche Landschaften mit viel Grün und Wasser stressreduzierend und erholsam auf den Menschen. Forschungsbefunde (Parson 1991) haben gezeigt, dass von solchen Räumen eine Stimulation des parasympathischen Nervensystems ausgeht, was einen beruhigenden Einfluss auf den Organismus ausüben kann und somit seiner Erholung und Regeneration dient (vgl. Hellbrück 1999).

Im Vergleich zu künstlichen Landschaften (z.B. Erlebnisparks oder städtische Parkanlagen) wird in einer natürlichen Landschaft der natürlichen Aufmerksamkeit freien Lauf gegeben. Dieses Sich-Hingeben-Können an äußere Stimulation wird als entspannend erlebt. Das willentliche „Auf-Kurs-Halten" der Aufmerksamkeit, wie es z.B. in den Erlebnisparks praktiziert wird, kann für eine gewisse Zeit interessant und gegebenenfalls ablenkend sein, führt aber über sehr lange Zeiträume zu geistiger Erschöpfung.

Welche nicht wahrnehmbaren Wirkungen landschaftlicher Einflüsse sind zu unterscheiden?

Die Beispiele zeigen, dass durch die Sinne Landschaften wahrgenommen werden, wobei wahrnehmbare und nicht wahrnehmbare Wirkungen entstehen. Dies ist darauf zurückzuführen, dass unser Körper selbst ein Teil der Natur ist. Er ist demzufolge auch in der Lage, unbewusst das Ausstattungsinventar von Landschaften wahrzunehmen.

Hellbrück (1999) beschreibt ausgewählte Beispiele, die er als den **thermischen** und den **aktinischen Wirkungskomplex** bezeichnet.

Unter thermischem Wirkungskomplex versteht man die durch Temperaturreize ausgelöste Wärmeregulation im menschlichen Körper. Bei Kälte z.B. wird durch Reduzierung der Hautdurchblutung die Wärmeabgabe verringert. Bei hohen Temperaturen wird durch verstärkte Durchblutung und Schweißreaktion mehr Wärme abgeführt. Menschen unserer Breiten fühlen sich im Allgemeinen bei einer Temperatur

Der Mensch ist auch in der Lage, unbewusst Landschaften wahrzunehmen. Daraus resultieren neue psychologische Wirkungsnetze.

zwischen 21° und 24°C am wohlsten. Extreme Temperatur-
veränderungen belasten vor allem das Herz-Kreislauf-
system. Gleich jedem anderen tierischen Lebewesen vollzieht
deshalb der Mensch, zum Teil unbewusst, eine Thermotaxis:
er sucht Areale auf, die seinem Temperaturoptimum entsprechen. Erst die Möglichkeit der Schaffung künstlicher
Raumklimate verringerte die Intensität dieser Bewegung. Die
Prädisposition (Vorprägung) hierfür blieb jedoch erhalten
und zeigt sich spätestens bei der Flucht aus dem heißen Bin-
nenland an die Küste mit ihrer kühlenden Brise oder in das
nahe gelegene Bergland, wo bei angenehmeren Temperaturen ein vergleichbarer Strahlungsgenuss möglich ist.

Unter dem aktinischen Wirkungskomplex versteht man alle
strahlungsbedingten Wirkungen, die durch den Einfluss des
Sonnenlichtes auf den Menschen erzeugt werden. Weitere
Beispiele, welche die Einflüsse landschaftlicher Elemente auf
die Leistung oder das Wohlbefinden der Menschen belegen,
sind Schwankungen der Luftfeuchtigkeit, der **chemische
Wirkungskomplex** (z.B. die Reaktionen des menschlichen
Organismus auf die chemischen Bestandteile der Atemluft)
oder der **neurotrope Wirkungskomplex**, der in der Alltag-
sprache unter „Wetterfühligkeit" bekannt ist.

Ebenso gibt es Zusammenhänge zwischen menschlichem
Befinden und der Elektrizität, speziell dem Ionengehalt der
Luft (vgl. Hellbrück 1999 oder Kössler 1984). Durch einen
hohen Anteil an Ionen in der Luft werden bei Warmblütern,
und der Mensch zählt hierzu, die Stoffwechselprozesse angeregt, höhere Anteile negativer Ionen steigern die Lernfähig-
keit, die Ängstlichkeit wird verringert. Durch Erhöhung
positiver Ionenanteile in der Luft kommt es allgemein zur
Herabsetzung der Widerstandsfähigkeit und Zunahme von
Aggressionen. Die Veränderungen der Ionenbestandteile in
der Atmosphäre sind nicht nur ein Resultat aktueller Witte-
rungsereignisse. Es besteht auch eine enge Abhängigkeit von
der von der Höhenlage und der Entfernung vom Meer.

Es ergibt sich also eine komplexe Wirkung von Landschaften auf den Menschen, die als Ergebnis eines synergistischen
Zusammenwirkens ihrer Elemente entsteht. Die daraus resultierenden Reaktionen des Menschen laufen weitgehend
unbewusst ab und sind wenig beeinflussbar. Sowohl die gute
Stimmung bei Sonnenlicht nach einer langen Regenperiode
als auch der Heißhunger nach einer Gebirgswanderung, sie
sind einfach da. Sie ergeben sich aus dem landschaftlichen
Ausstattungsinventar in Verbindung mit der spezifischen
Dynamik im Lebensraum. Gerade hierin unterscheiden sich

Mittelgebirgs-, Hochgebirgs- oder Küstenlandschaften einer Zone maßgeblich.

Die bisher skizzierten Wirkungsketten können sich in relativ kurzen Zeitabschnitten ändern. Es werden aber auch psychologische Effekte beschrieben, die langzeitlich strukturiert sind.

So gibt es schematisierende Zuordnungen, nach denen Gebirgsbewohner eine größere Phantasie- und Erlebnisfülle haben sollen als Tieflandbewohner, deren Erleben wiederum mehr durch eine ausgesprochene „Nüchternheit" charakterisiert sein soll.

Ein japanischer Wissenschaftler (vgl. Watsuji 1992, in Hellbrück 1999, S. 250) analysierte die Beziehung zwischen Klima und psychischen Merkmalen menschlichen Erlebens.

Im Gebieten mit Monsunklima soll tendenziell die Bevölkerung mehr **passiv-resignierend** und **kontemplativ-emotional** sein. Passiv-resignierend bedeutet in diesem Fall, die Menschen verzichten und entsagen gern, wenden aber auch wenige Anstrengungen auf. Unter kontemplativ-emotionalen Eigenschaften ist zu verstehen, dass besinnlich-beschauende Aspekte und eine Gefühlsbetontheit dominieren.

Bewohner von Wüstenlandschaften dagegen sollen tendenziell eher **volitiv** (willentlich), stark kampfbereit, rational und vernünftig sein. In Graslandschaften wäre die Fähigkeit zum Sehen sehr stark ausgeprägt, was sich in Klarheit von Kunst, Architektur und Denken der ansässigen Bevölkerung widerspiegeln soll.

Insgesamt können Naturlandschaften durch ihren Anblick das physiologische Erregungsniveau des Menschen herabsetzen (Laumann 2001 in Flade 2010).

1.2.3 Die Einwirkung des Menschen auf die Landschaft

Selbst heute noch ist es möglich, dass eine weitgehend unberührte Landschaft als menschenfeindlich und bedrohlich angesehen wird. Man versucht deshalb, Landschaften den Stempel anthropogener (vom Menschen herrührender) Ordnung aufzudrücken. Psychologisch determinierte Ursachen hierfür zu finden ist schwierig.

Einerseits werden von einem Laien die „chaotisch" anmutenden Ordnungsprinzipien einer Landschaft nicht verstanden. Andererseits neigt der Mensch dazu, alles ihn Umgebene kontrollieren zu wollen. Unsere moderne „Wir-

Kontrollbedürfnis, Unverständnis und anthropozentrische (den Menschen in den Mittelpunkt stellende) Ethik stehen aus psychologischer Sicht einer nachhaltigen Umgestaltung von Landschaften entgegen.

informieren-uns-zu-Tode-Gesellschaft" fügt neben den vorhandenen Unsicherheiten noch neue, z.T. nicht begründete, hinzu, damit dieses Kontrollbedürfnis noch verstärkt werden kann.

Es besteht das Bedürfnis des Menschen, seine Umgebung „überschaubar" zu halten. Möglicherweise gibt die Forschung zur Psychologie des Chaos (vgl. Kapp und Wägenbauer 1997, Mußmann 1995) noch mehr Aufschluss über dieses Phänomen.

Landschaften den Stempel anthropogener Ordnung aufdrücken zu wollen, ist generell ein Ergebnis einer negativen Einstellung. Als ethisches Problem steht es im Gegensatz zu den Forderungen von Lutzenberger, einem der Väter des Gipfels von Rio und 1992 somit der Agenda 21, der im Zusammenhang einer nachhaltigen Entwicklung eine holistische, die gesamte Schöpfung umfassende und nicht mehr nur anthropozentrische Ethik fordert. Die Erde und ihre einzelnen Landschaften sind in ihrer Ganzheit, Schönheit und Verletzlichkeit zu verstehen. Dies macht die Entwicklung einer Ästhetik und Ethik der Nachhaltigkeit notwendig, verbunden mit einer ökologischen Alphabetisierung und einer Fähigkeit zur **Empathie** (Einfühlungsvermögen), die auf Ehrfurcht vor der Natur der Erde und des Menschen im Sinne von Albert Schweitzer begründet sind. Wir müssen nicht nur untereinander kooperieren, sondern auch als Menschen mit der Natur (Bauer 2008).

Welchen Beitrag kann die Psychologie leisten?

Die Interpretation von Landschaften bedarf der Einbeziehung von psychologischen Aspekten, welche vor allem die Grundprinzipien Verstehen und Explorieren berücksichtigen.

Kaplan (in Hellbrück 1999) entwickelte einen **funktional-kognitiven** (auf die Wirksamkeit und Erkenntnisprozesse bezogenen) Ansatz der Interpretation von Landschaften.

In diesem wird davon ausgegangen, dass Menschen das Bedürfnis haben, ihre Umwelt zu verstehen und in sie in deren Entwicklung einbezogen werden wollen. Ebenso besitzen sie Explorationsbedürfnis (Erkundungsbedürfnis). Mit anderen Worten: die Präferenzen des Ansatzes werden durch die Suche nach Vertrautem und Verstehbarem auf der einen Seite und das Explorationsbedürfnis auf der anderen Seite bestimmt.

Andererseits kann Unbekanntes, nicht Verständliches zu Ängsten, Ärger und Aggression führen. Jede Überforderung, Angst und Unsicherheit kann aber psychisch belasten und das natürliche Explorationsverhalten stark reduzieren.

Es ist somit ein Explorations- als auch ein Kontrollbedürfnis vorhanden. Überdies möchte der Mensch diese konträren Seiten in einem angemessenen Wechsel erleben. Dies ist wiederum abhängig von den erlernten Gewohnheiten in bestimmten Landschaften leben zu können.

Kernstück der von Kaplan und Kaplan (1982, 1989) für die alltägliche, unspektakuläre Landschaft formulierten differenzierten Theorie der Landschaftspräferenzen ist die in Tab. 1.2-1 dargestellte Präferenzmatrix.

Mit „Kohärenz" einer Landschaft ist ihre erkennbare Einheitlichkeit und Bedeutung gemeint, die sich ohne schlussfolgerndes Denken erschließen. Damit entspricht sie dem Grad, in dem die Einheiten einer Landschaftsszene in ihrer Zusammengehörigkeit erkennbar sind.

Tab. 1.2-1 Die Präferenzmatrix nach Kaplan und Kaplan 1989 (verändert in Augenstein 2004)

	Verständnis (understanding)	Erkundung (exploration)
unmittelbar (immediate)	Kohärenz (Coherence)	Komplexität (Complexity)
ableitbar, vorhersehbar (inferred, predicted)	Lesbarkeit (Legibility)	Involution (Mystery)

Die „Komplexität" steht in direktem Zusammenhang mit den verschiedensten Stimuli. Je unterschiedlicher die Reize einer Landschaft sind, desto komplexer ist sie auch im psychologischen Sinne. Sehr geringe Komplexität kann langweilig wirken, hingegen kann eine hohe durch überfordernde Informationsverarbeitung ein hohes Erregungsniveau erzeugen (Reizüberflutung).

Unter „Lesbarkeit" einer Landschaft versteht man ihr Verstehen-Können. Hierbei haben kognitive Prozesse wie Schlussfolgerung und Gedächtnis eine große Bedeutung, ebenso das Lernen. Das menschliche Erleben ist somit auch davon abhängig, was und wie viel jemand über eine Landschaft und deren Elemente gelernt hat. Dieser Ansatz bildet die Basis der Forderung nach einer „ökologischen Alphabetisierung" der modernen Gesellschaft.

Für „Rätselhaftigkeit" steht oft der Begriff „Mystery" oder Involution. Hierunter sind Landschaftsmerkmale zu verstehen, die das Neugier- und Explorationsverhalten anregen. Diese können Phantasien und Erwartungen erzeugen wie dies in Abb. 1.2-1 dargestellt ist.

So ist zu fordern, dass im Prozess der Umgestaltung von Landschaften nicht nur naturwissenschaftliche und ökonomische, sondern auch psychologische Aspekte zu berücksichtigen sind. Diese sind im Allgemeinen weniger bewusst, besitzen aber in der Ausprägung des Wechselverhältnisses Mensch - Landschaft einen erheblichen Einfluss.

Abb. 1.2-1 Beispiel für Involution: Gut zugängliche Landschaft, die durch die spezifische Anordnung von sichtbeschränkenden Vegetationsstrukturen und offenen Bereichen den Betrachter dazu einlädt, weiter in die Szene hineinzugehen, um zusätzliche Eindrücke zu gewinnen (Augenstein 2004)

Ohne ihre Berücksichtigung kann einerseits das Ergebnis einer Landschaftsgestaltung abgelehnt werden. Andererseits ist durch ihre Einbeziehung die Entwicklung eines vorher als unwirtlich empfundenen Raumes zu einer lebenswerten Landschaft möglich

Landschaften sollten zukünftig generell unter dem Aspekt der Nachhaltigkeit für und mit dem Menschen als Teil der Natur und eben als ein System gestaltet werden, denn nur so ist es möglich, bereits entstande Schäden in diesem System zu minimieren und Prävention zu betreiben..

2. Landschaft als Gegenstand wissenschaftlicher Erkenntnis

2.1 Der Begriff „Landschaft"

Was ist [die/eine] Landschaft? Diese Frage sollte erwartungsgemäß in einem „Lehrbuch der Landschaftsökologie" zu Beginn geklärt werden. Um es jedoch vorwegzunehmen: Wir werden eine eindeutige Definition dieses Begriffes nicht geben können.

Landschaft ist ein Begriff, den jeder kennt – oder zumindest zu kennen glaubt. Kaum ein anderer Begriff jedoch wird in den Wissenschaften und im allgemeinen Sprachgebrauch mit so unterschiedlichen Sinngehalten verwendet wie dieser. Der Gartenarchitekt Peter Joseph Lenné verband mit Landschaft etwas völlig anderes als der Ökologe Ernst Haeckel, ein Großstadtbewohner hat zu Landschaft andere Assoziationen als ein Sami in Lappland. Landschaft sollte jedoch jene (räumliche) Basis sein, auf der sich verschiedene Wissenschaften aber auch Wissenschaft und Politik verständigen, zu der alle Befunde haben und an deren Veränderung sie alle (mehr oder weniger zielgerichtet und bewusst) mitwirken – allein es fehlt an der begrifflichen Konsistenz.

> Außerhalb der Wissenschaft wird der Begriff *Landschaft* für ein ganzheitliches und ästhetisch-harmonisches Bild von der durch den Menschen gestalteten Natur verwendet.

Weil aber Landschaft ein so wichtiger Begriff ist, wollen wir versuchen, uns der Vielschichtigkeit dieses Begriffes zu nähern, um uns dann auf ein Verständnis zu einigen, das dem hier verfolgten Zweck dienlich ist.

Bevor Landschaft zu Beginn des 19. Jahrhunderts in die Wissenschaft Einzug hielt, verband man damit ein Bild der durch menschliche Nutzung und Gestaltung geprägten Natur (Haber 1998). In diesem Zusammenhang wurde Landschaft ganzheitlich und vorwiegend ästhetisch-harmonisch aufgefasst. Dieses Landschaftsverständnis herrscht auch bis heute außerhalb der Wissenschaft vor. Fragt man beispielsweise heute ein siebenjähriges Kind nach seinem Verständnis von Landschaft, so bekommt man als Antwort: „... viel Wiese, ein paar Bäume, Wald, Pflanzen und Tiere, Acker, keine (!) Städte, ein Fluss und ein See", was den erwähnten wahrnehmungsbedingten ästhetischen Aspekt unterstreicht (Volk und Steinhardt 2002). Verwissenschaftlicht – nicht jedoch definiert - wurde der Begriff durch Alexander von Humboldt (1769-1859), der Landschaft nicht als zufällige Komposition betrachtete, sondern versuchte, Landschaft in ihre Bestandteile aufzugliedern und die gesetzmäßigen Zusammenhänge zwischen den Teilgliedern zu analysieren. Humboldt behielt jedoch dabei diese **ganzheitlich-ästhetische Sicht** bei – wie seinen beeindruckenden Reiseberichten zu entnehmen ist. Darauf geht die im 19. Jahrhundert entwickelte ästhetische Geographie zurück, die weitgehend mit „Landschaftskunde" identisch ist. Humboldt hat die Geographie in die Sphäre einer ästhetischen Wissenschaft gehoben (Hard 1970), denn die von ihm verwendeten Begriffe wie Physiognomik, Landschaft, (Total-)Charakter, Erdgegend hatten um die Wende vom 18. zum 19. Jahrhundert einen ästhetischen Sinn. Zu dieser Zeit stimmte der wissenschaftliche Landschaftsbegriff noch mit dem Landschaftsbegriff der Malerei und der zeitgenössischen Kunsttheorie überein (Haber 1996).

In der darauffolgenden geographisch-ökologischen Forschung wurde der ästhetische Landschaftsbegriff zunehmend durch einen kausalanalytisch-genetischen verdrängt. So sah Carl Ritter (1779-1859) einer der großen Geographen des 19. Jahrhunderts als Gegenstand der „eigentlichen" Geographie Naturgebiete und natürlich Länder; Landschaft im physiognomisch-emotionalen Sinn, in Vielseitigkeit und Einheit der organisierten Erdoberfläche in ihrem überschaubaren Zusammenhang. Friedrich Ratzel (1844-1904), einer der bedeutendsten Geographen vor rund einhundert Jahren, der den ästhetischen Aspekt noch sehr stark pflegte, schrieb:

> „Um die Dinge in ihrer natürlichen Ordnung, Abhängigkeit und Beziehung darzustellen, genügt nicht mehr das Beobachten der Einzelheiten allein. Es wäre ein großer Irrtum zu glauben, eine solche Naturschilderung sei ein Mosaik, das man einfach aus den Steinchen der Einzelbeobachtungen zusammensetzt. Gerade in dieser Schilderung kommt es auf Dinge an, die über den Einzelheiten schweben, und auf Dinge, die unter den Einzelheiten liegen. Dazu gehört ein Blick für das Ganze und die Zusammenhänge." (Ratzel 1904, S. 8)

Hierin manifestiert sich ein Grundgedanke, der sich auch bei vielen nachfolgenden Landschaftsökologen wiederfindet: Das Ganze (die **Landschaft**) ist mehr als nur die Summe der Teile. Diesem Gedanken folgte auch der Geograph Carl Troll (1899 – 1975), der 1939 den Begriff **Landschaftsökologie** prägte; er sah Landschaft als eine mosaikartige Zusammenfügung (Komplex) von belebten Ökotopen („Landschaftszellen") zu einem einheitlich wirkenden Gebilde. Mit dieser Auffassung wird aber weder der ästhetische Gehalt noch der kulturelle Wert einer Landschaft berücksichtigt. Gerade dies aber ist es, was Landschaft für die meisten Mitteleuropäer ausmacht: ein Bild, eine Szenerie, mit der man sich „heimatlich" identifizieren möchte, nach der man in seinen Ausflugszielen sucht. Sie sollte abwechslungsreich, aber überschaubar, dazu gepflegt und erschlossen sein (Haber 1996).

> „Unter einer geographischen Landschaft ... verstehen wir einen Teil der Erdoberfläche, der nach seinem äußeren Bild und dem Zusammenwirken seiner Erscheinungen sowie den inneren und äußeren Lagebeziehungen eine Raumeinheit von bestimmtem Charakter bildet und ... in Landschaften von anderem Charakter übergeht." (Troll 1950, S. 167)

Neben Carl Troll stellt Hartmut Leser (1985, 1999) auch Josef Schmithüsen (1909 – 1984) und Ernst Neef (1908-1984) in die Reihe der Gründerväter der Landschaftsökologie. Sowohl Schmithüsens als auch Neefs Auffassung sind dem **kausalanalytisch-genetischen** Landschaftsverständnis verpflichtet:

> „Eine Landschaft ist die Gestalt eines nach seinem Totalcharakter als Einheit begreifbaren Teil der Geosphäre von geographisch relevanter Größenordnung." (Schmithüsen 1963, S. 9)

> „Unter Landschaft verstehen wir einen durch einheitliche Struktur und gleiches Wirkungsgefüge geprägten konkreten Teil der Erdoberfläche." (Neef 1967, S. 36)

Dieser geographische Landschaftsbegriff ist jedoch nicht unumstritten, wie eine ebenso scharfsinnige wie aggressive Examination von Hard (1971) zeigt: „Es ist nicht zu übersehen, dass diese „Definition" auch durch ein Trottoir, einen Maulwurfshügel und eine Schnapsflasche erfüllt wird." Seine Kritik am Landschaftsbegriff der Geographie erstreckt sich bis zu Lesers (1976) „definitionsreicher Anfüllung" (Haber 1996) des Begriffs:

> „Das Landschaftsökosystem ist ein in der Realität hochkomplexes Wirkungsgefüge von physiogenen, biotischen und anthropogenen Faktoren, die mit direkten und indirekten Beziehungen untereinander einen übergeordneten Funktionszusammenhang bilden, dessen räumlicher Repräsentant die „Landschaft" ist." (Leser 1976, 1991, 1997, S. 187)

„Und wenn manche dann später und teilweise bis heute z.B. sagen, das Landschaftssystem sei ein Wirkungsgefüge von integrierten Teilkomplexen, die durch mannigfaltige Relationen miteinander zum Standortregelkreis gekoppelt seien (oder so ähnlich), dann handelt es sich nicht um neue Informationen, sondern bloß um sprachliche Transformationen sprachbürtiger Gemeinplätze, garniert mit systemtheoretischem Wortgeklingel." (Hard 1983).

Hard ist es auch, der vor einer Vermischung von Sach- und Sprachfrage warnt, wenn bei der Beantwortung der Frage, was eine Landschaft (eigentlich) sei, versucht wird, das Wesen eines Dings aus seinem Namen zu erschließen. Die von ihm als „Etymologie der Denkform" (Hard 1970) kritisierte sprachgeschichtliche Deutung des Wortes Landschaft führt aber dennoch zu einige Facetten, die zur Klärung des Begriffsverständnisses beitragen (u.a. Müller 1977, Haber 1996, Steinhardt 2001). Danach geht Landschaft als Begriff für ein geographisch zusammenhängendes Gebiet mit spezifischem Charakter und bestimmten Eigenschaften zurück auf das Althochdeutsche *lantscaf* (8. Jahrhundert) bzw. *lantscaft* (10. Jahrhundert), womit man die Vorstellung von einem Landesteil oder einer Gegend verband – etwa identisch mit dem Lateinischen *regio*. In geringer Abwandlung ist *lantschaft* für den Zeitraum 1050 bis 1350 auch im Mittelhochdeutschen nachgewiesen. Dabei setzt man den ersten Teil des Wortes *lant* oder *Land-* zur o.a. *regio* in Beziehung und führt den zweiten Teil auf den althochdeutschen Wortstamm *skapjan* (= schaffen, wirken, gestalten) zurück. Viele Begriffe, der deutschen Sprache, die auf –schaft enden, drücken i.d.R. etwas Zusammengehörendes oder –fassendes aus (z.B. Mannschaft, Kameradschaft). Aus *skapjan* ist in der weiteren Entwicklung der germanischen Sprachen dann *schaffen* und *schaben* im Deutschen und *shape* im Englischen geworden. „Durch Schaffen gestaltetes Land" erscheint Haber (1996) als eine sinnfällige Deutung von *Landschaft*, die auch eine Brücke schlägt zwischen den Inhalten von *Landschaft* in der deutschen und *landscape* in der englischen Sprache. Es muss jedoch explizit darauf verwiesen werden, dass *landscape* die vom Architekten und Landschaftsgärtner geschaffene bzw. gestaltete Landschaft meint, hier also eher der ästhetische Aspekt des Begriffes überwiegt.

Zweifelsfrei geht auch der Landschaftsbegriff einiger slawischen Sprachen auf das Germanische zurück. So kommt das Russische *лешиафт* (1707) oder das Polnische *lan(d)szaft* nachweislich aus dem Niederdeutschen. Bemerkenswert ist jedoch, dass heute im Russischen zwischen *ландшафт* und *пейсаж* als Begriffe für *Landschaft* unterschieden wird; die letztgenannte Vokabel verwendet man im Zusammenhang mit Landschaftsbild und Malerei – also für den ästhetischen Landschaftsaspekt, die erstgenannte für den kausalanalytisch-genetischen. Dabei geht *пейсаж* auf das Lateinische *pagus* (Dorf, Gau) zurück, das sich im Italienischen *paese* (Dorf, Land) ebenso wiederfindet wie in *paessagio* (Landschaft) analog zum Französischen *pays* (Dorf, Land) und *paysage* (Landschaft). Der griechische Landschaftsbegriff χωρα steht als Begriff für das Land, das die *polis* (Stadt) umgibt und verweist somit auf den Gegensatz von Stadt und Land.

Der Vollständigkeit halber sei erwähnt, dass man im Japanischen eine große Vielzahl von Vokabeln für *Landschaft* kennt: *keikann* (Anblick, Ansicht, Szenerie), *keishou* (Schönheit einer Landschaft), *keishouchi* (malerische Landschaft) oder *keishou-noji* (pittoresker Ort) seien nur als Beweis dafür angeführt, dass hier eindeutig der ästhetische Aspekt des Wortes im Vordergrund steht.

Ohne Zweifel ist das deutschsprachige Wort *Landschaft* ein Begriff der europäischen, möglicherweise gar nur der germano-europäischen Kultur der Neuzeit und somit anderen Kulturen nur schwer vermittelbar. Nach der Bedeutung des Wortes in der deutschen Sprache, nach der Landschaft etwas (vom Menschen) Geschaffenes ist, erübrigt sich eigentlich eine Trennung zwischen den Begriffen Natur- und Kulturlandschaft. Haber (1996) geht in seiner Deutung des Begriffes sogar soweit, dass das „schaffende Gestalten" oder „gestaltende Schaffen" nicht nur vom Menschen ausgeübt zu sein braucht, sondern auch von Aktivitäten oder Kräften der belebten oder unbelebten Natur – die dann „Naturlandschaft" hervorbringen. Hier fügt sich beispielsweise die mit der „Megaherbivorentheorie" verbundene Vorstellung ein, dass Mitteleuropa seit dem Atlantikum u.U. nicht immer ein geschlossenes Waldland gewesen ist, sondern nicht unbeachtliche Teile dieser Landschaft durch inzwischen ausgestorbene bzw. ausgerottete pflanzenfressende Großsäuger wie Waldelefant, Nashorn, Wildpferd, Riesenhirsch, Wisent, Auerochse u.v.a.m. zumindest in Teilen als Offenland erhalten wurden.

So wird also durch die kreative Tätigkeit (des Menschen) aus *Land* erst *Landschaft*. Dieser Idee ist letzten Endes auch die Landschaftsdefinition nach Haase et al. (1991) verpflichtet (Abb. 2.1-1), die einen von der Naturausstattung vorgezeichneten und durch anthropogene Eingriffe überprägten Teil der Erdhülle als *Landschaft* bezeichnet:

„Der Begriff *Landschaft* bezeichnet Inhalt und Wesen eines von der Naturausstattung vorgezeichneten und durch die Gesellschaft beeinflussten und gestalteten Raumes als Ausschnitt aus der Erdhülle." (Haase et al. 1991, S. 22)

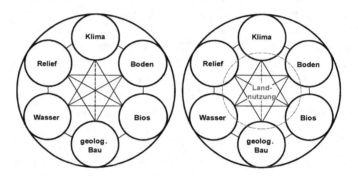

Abb. 2.1-1 Diese Modellvorstellung von Naturraum (links) und Landschaft (rechts) widerspiegelt den Landschaftsbegriff im Sinne von Haase et al. (1991): Die natürlichen Wechselwirkungen zwischen den abiototischen und biotischen Landschaftskompartimenten werden durch direkte Eingriffe oder indirekte Effekte menschlicher Tätigkeit überprägt.

I.S. Zonneveld (1995) misst Landschaft drei verschiedene Bedeutungen bei und unterscheidet zwischen der Wahrnehmungslandschaft (Landschaftsbild oder „*scenery*"), Landschaft als Mosaik oder Gefüge (*pattern*) und Landschaft als (Öko-) System im Sinne eines „pragmatischen Holismus". Er betrachtet dabei „Land" als Synonym für den letztgenannten Landschaftsbegriff im Sinne eines vollständigen Systems und grenzt diesen unverwechselbar von „*scenery*" ab. Konsequent schlägt er auch vor, die zuständige Wissenschaft „Landökologie" oder „Landwissenschaft" zu nennen und betitelt sein Buch *Land Ecology*.

Angesichts der bisher geschilderten Bemühungen um eine wissenschaftliche Definition und Inhaltsbestimmung wird also Landschaft als wissenschaftlicher Begriff fragwürdig. An ihn sind bestimmte Wertvorstellungen geknüpft; er bleibt in jedem Fall unpräzise und ist durch spezifische Denk- und Vorstellungstraditionen behaftet und dadurch zugleich auch eingeengt. Im nichtwissenschaftlichen Verständnis verbindet man Landschaft mit Begriffen wie „angenehm", „schön" und „harmonisch" und assoziiert damit stets auch etwas Ganzheitliches. Angesichts der wissenschaftlichen Unverträglichkeit dieses Begriffes liegt die Frage nahe, ob sich die Landschaftsökologen möglicherweise von Landschaft tren-

nen sollten. Troll, der den Begriff „Landschaftsökologie"
1939 einführte, erkannte die Gefahr möglicher Missver-
ständnisse und schrieb 1970: „Um die internationale Verständigung zu erleichtern, habe ich neuerdings das Wort
Geoökologie (geoecology) vorgeschlagen . Nach seinem Verständnis sind Landschaftsökologie, Biogeocoenologie und Geoökologie synonym zu gebrauchende Begriffe.

Hard wiederum stellt die Existenz der Landschaftsökologie
als Wissenschaftsdisziplin gänzlich infrage: „Es gibt keine
Landschaftsökologie im Sinne einer Ökologie der ganzen
Landschaft, aber natürlich gibt es viele Ökologen, die sich
irgendwie mit landschaftlichen Phänomenen beschäftigen,
und einige wenige von ihnen nennen sich dann, die be-
schriebene Suggestionskraft der Landschaftsvokabel nut-
zend, „Landschaftsökologen"." (Hard 1983). Dem kann man
entgegnen, dass es die Ökologie der ganzen Landschaft noch
nicht gibt, aber die heutige Landschaftsökologie genau diesen Weg beschreitet.

Während im deutschsprachigen bzw. europäischen Raum
heftig um Begriffe debattiert wurde, nahm die Landschaftsökologie als *Landscape Ecology* im angelsächsischen Sprachraum insbesondere in den USA eine rasche und unerwartete
Entwicklung, bei der man zwar auf europäische Vorbilder
und Traditionen Bezug nahm – dies jedoch ohne nicht enden wollende Diskussionen und Infragestellung von Begriffen sondern in einer praktischen Anwendung. Forman und
Godron (1986) fassen Landschaft sehr nüchtern auf als ein
heterogenes Landgebiet, zusammengefügt aus einer Gruppe
(*cluster*) von in Wechselwirkungen stehenden Ökosystemen,
die sich in ähnlicher Form überall im Gebiet wiederholt. Sie
sehen in der Anordnung der *cluster* typische wiederkehrende
Muster (*pattern*), die in eine Hintergrund-„Matrix" eingebettet
sind. Die wesentlichen Muster-Elemente sind „Flecken"
(*patches*) und „Korridore" (*corridors*), die zu „Netzwerken"
verbunden sein können:

> „We can now define landscape as a heterogeneous land
> area composed of a cluster of interacting ecosystems that
> is repeated in similar form throughout." Forman und
> Godron 1986, S. 11)

Die nordamerikanische Landschaftsökologie konzentriert
sich auf die Untersuchung der Struktur räumlicher Muster
und deren Wirkung auf ökologische Systeme (Wiens 1995,
Turner und Gardener 1991, Turner et al. 2001).

Naveh und Lieberman führen 1984 den Begriff des „Total Human Ecosystem" ein und versuchen dabei, die Kluft zwischen der nach Trepl (1996) unvereinbaren ästhetischen Landschaftskunde (mit dem holistisch-kulturellen Gemäldeaspekt) und den kausalanalytischen Untersuchungen der Landschaftskompartimente in ihrem Zusammenwirken zu überwinden, indem sie das menschliche Handeln stark betonen und den Einfluss des Menschen sowie der Einbindung seiner selbst in das System auch sogenannte *soft values* für die Aufrechterhaltung von „*health and integrity of landscapes*" berücksichtigen.

> „The Total Human Ecosystem is the complex sum of all landscapes, interacting and integrating with human beings. Whereas the geosphere, the biosphere and noosphere can be understood as subsystems of the landscape, the Total Human Ecosystem is the conceptual suprasystem." (Naveh und Lieberman 1944, S. 26)

In der damit verbundenen Weiterentwicklung des klassischen Landschaftsbegriffs der Geographie wird Landschaft zu einem wahrnehmungsabhängigen Konstrukt (Abb. 2.1-2).

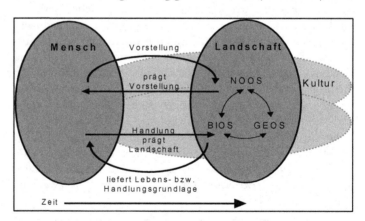

Abb. 2.1-2 Das Mensch-Landschaft-Modell (nach Tress und Tress 2001) basiert auf dem Total Human Ecosystem Konzept von Naveh und Lieberman, nach dem Landschaft als Berührungspunkt von Natur (Bios, Geos) und Kultur (Noos, grch. [Geist]) aufzufassen ist. Der Mensch prägt dabei durch sein Handeln die Landschaft; diese wiederum prägt die Vorstellungswelt des Menschen und damit auch sein Handeln

Die Beschäftigung mit Landschaft kann daher nicht die Zuständigkeit einer fachlichen Disziplin sein, sondern ist eine human- und kulturwissenschaftliche Aufgabe. Landschaftsökologie kann dazu beitragen, indem sie sich in Richtung

Humanökologie ausweitet, aber zugleich die naturwissen-
schaftlich-ökonomische Basis einer Landschaft liefert. Denn
ob das Bild der *Landschaft* im traditionellen Sinn überhaupt
weiter existieren wird, ist von der Entwicklung zukünftiger
Landnutzung und des Umgangs mit Land abhängig.

Auch wenn mit dem *Total Human Ecosystem* ein konzeptionel-
les Suprasystem als gedankliches Konstrukt entwickelt wurde, ist dies dennoch wenig hilfreich beim praktischen Umgang mit Landschaft. Bis heute ist es unmöglich, den kausalanalytischen und den ästhetischen Aspekt bei der praktischen
Analyse von Landschaft zu vereinen. Da sich dennoch die
Notwendigkeit eines vernünftigen Umgangs mit Landschaft
ergibt, fühlt sich dieses Buch vordergründig dem kausalanalytischen Aspekt der Landschaft verpflichtet und berührt
den ästhetischen Aspekt nur randlich. Demnach soll Landschaft hier im Sinne von Haase et al. (1991) verstanden werden als ein von der Naturausstattung vorgezeichneten und
durch anthropogene Eingriffe überprägten Teil der Erdhülle
(Abb. 2.1-3).

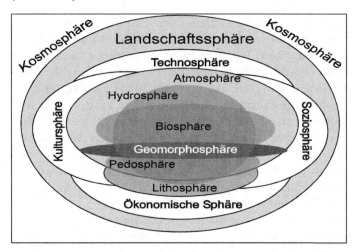

Abb. 2.1-3 Modellvorstellung zu den Kompartimentsphären
Landschaft (Löffler 2002c)

Danach erübrigt sich eine Differenzierung in „Naturlandschaft" und „Kulturlandschaft"; der „Naturraum" selbst
besitzt nur hypothetischen Charakter, da nahezu alle Teile
der Erdoberfläche durch menschliches Wirken (beispielsweise durch die Fernwirkung von Emissionen) beeinflusst sind.
Mit dem Begriff „Naturraum" wird von der Landnutzung
abstrahiert. Er verkörpert nicht reelle Gegebenheiten.

Ungeachtet aller wissenschaftlichen Exaktheit ist Landschaft offenbar ein Begriff, der verbindet, ein Begriff der die Kommunikation zwischen Menschen ganz unterschiedlicher Herkunft, Interessen und Werthaltungen erleichtert (Deutsches MAB Nationalkomitee 2004). Auch wenn Landschaft nur als Manifestation menschlicher Werthaltung existiert: Eine Unterscheidung in „Naturlandschaften" (Gebiete, in denen menschliches Wirken nicht zu einer **substanziellen** Veränderung der Landschaftseigenschaften geführt hat) und „Kulturlandschaften" (Landschaften, die in ihren Eigenschaften **maßgeblich** durch menschliches Wirken gestaltet worden sind) ist dann offensichtlich sinnvoll.

2.2 Raum-zeitliche Hierarchien

2.2.1 Räumliche Dimensionen oder Wie groß ist eine Landschaft?

Bei dem Versuch der Definition des Begriffs „Landschaft" in Kap. 2.1 wurde u.a. formuliert, Landschaft sei ein durch die naturräumlichen Komponenten vorgeprägter und durch anthropogene Einflüsse gestalteter Ausschnitt aus der Erdoberfläche. Wie groß aber nun kann/darf/ muss dieser Ausschnitt sein? Entspricht das Porensystem im Boden diesem Begriffsverständnis? Zunächst soll versucht werden, eine untere Grenze zu finden. Bei der Suche nach der kleinsten Landschaftseinheit gibt es – wie in Kap. 5 noch gezeigt wird – auch verschiedene Begriffsvorschläge, die einem nahezu gleichen Gedanken folgen: Der zu betrachtende Ausschnitt sollte **horizontal homogen** sein.

Löffler (2002c) hat versucht, mit der Einführung des neuen Begriffs **Econ** Klarheit – auch im Sinne einer internationalen Verständigung – in die Sache zu bringen:

Das **Econ** ist ein konkreter Teil der Landschaft mit einer spezifischen Vertikalstruktur der Landschaftskomponenten. Diese Komponenten bedingen spezifische Prozesse zwischen den Kompartimentsphären der Landschaft. Demnach ist ein **Econ** ein kleiner repräsentativer Ausschnitt aus einer größeren Landschaftseinheit, der als Grundlage für die Analyse der landschaftlichen Vertikalstruktur und der dort ablaufenden Prozesse dient. (Löffler 2002c)

In diesem Sinne ist ein Econ kein Ökotop oder Physiotop (vgl. Kap. 5), der kartiert und in seiner konkreten räumlichen Ausdehnung charakterisiert werden kann, sondern dessen Repräsentant. Die Idee, ein Econ als kleinsten „Landschafts-körper" zu bezeichnen stammt aus der Bodenkunde, wo man mit *pedon* [griech. Boden] ein Bodenindividuum in seiner gesamten vertikalen Erstreckung von der Bodenoberfläche bis zum Grundgestein bezeichnet. Wie das *Pedon* den vertika-len Zusammenhang der bodenbildenden Faktoren zeigt und als Grundbaustein der räumlichen Bodeneinheiten aufgefasst wird, wird mit dem Econ der strukturelle und prozessuale vertikale Zusammenhang aller Landschaftskomponenten beschrieben und das Econ gilt analog als der Grundbaustein der Landschaft. Abb. 2.2.-1 verdeutlicht dieses Econ-Konzept.

Das Econ ist der kleinste als quasihomogen betrachtete geo-graphische Raum der landschafts-ökologischen Analyse.

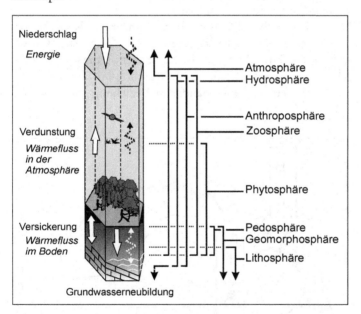

Abb. 2.2-1 Econ – Grundbaustein zur Untersuchung landschaft-licher Strukturen und Prozesse (nach Löffler 2002c): Die für die Landschaft wesentlichen ökologischen Prozesse laufen zwischen dem oberen Grundwasserleiter und der Obergrenze der boden-nahen Luftschicht – der sogenannten geoökologischen Grenz-schicht, dem Kernbereich der Landschaftssphäre – ab

Im Gegensatz zu anderen Naturwissenschaften, die sich beispielsweise der atomaren Struktur von Elementen, der Wasserspannung im Porensystem des Bodens oder aber zellulären Prozessen und der Funktionsweise von Organis-men widmen, dient der Landschaftsökologie das Econ als kleinster Untersuchungsgegenstand, wenngleich Kenntnisse zu den o.g. Phänomenen oftmals Voraussetzung für das Verständnis landschaftlicher Strukturen und Prozesse sind.

Unter der Annahme einer horizontalen Homogenität ist ein Econ vertikal stets heterogen. Darin begründet sich das vertikal gerichtete Prozessgeschehen innerhalb eines Econs. Die Frage nach horizontaler räumlicher Homogenität in der Landschaft ist angesichts des kontinuierlichen Charakters räumlicher Phänomene von fundamentaler Bedeutung in der Landschaftsökologie. Qualitative und quantitative Attribute in der Landschaft ändern sich mehr oder weniger kontinuierlich oder sprunghaft von einem Punkt zum anderen. In der Realität gleicht kein Punkt auf der Erdoberfläche einem anderen. Aber es gibt in der Umgebung jedes Punktes andere Punkte, die diesem deutlich stärker ähneln als andere Punkte, die in größerer Entfernung liegen.

Ein Top ist der räumliche Repräsentant verschiedener Econs gleichartiger Struktur und räumlicher Funktionalität.

Nach den noch folgenden Betrachtungen in Kap. 5 und unter Einbeziehung des Econ-Konzeptes wird ein **(Öko-) Top** [grch. Ort] definiert als räumlicher Repräsentant verschiedener Econs gleichartiger Struktur und gleichen Prozessgeschehens, die miteinander in Beziehung stehen (Abb. 2.2-2).

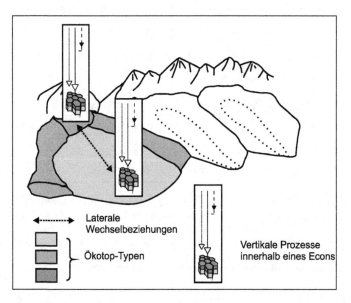

Abb. 2.2-2 Schema eines räumlichen Mosaiks von Ökotopen innerhalb eines kleinen Einzugsgebietes (nach: Löffler 2002b und Leser 1997, verändert). Jeder dieser Ökotoptypen wird durch ein/mehrere Econ(s) repräsentiert.

Diese als **topische bzw. topologische Dimension** bezeichnete Betrachtungsebene besitzt gemeinsam mit dem Econ-Konzept eine grundlegende methodische Bedeutung in der Landschaftsökologie, die mit den folgenden Aspekten zu begründen ist (Löffler 2002b nach Leser 1997):

1. Alle wissenschaftlichen Konzepte der Landschaftsökologie basieren auf der „**Idee vom ökologischen Geschehen vor Ort**" – d.h. innerhalb eines Econs.
2. In der topischen Dimension werden **wesentliche ökologische Prozesse** der Landschaft und damit zugleich nicht nur strukturelle, sondern auch funktionale Einheiten erfasst.
3. Prozessual-funktionale **Verknüpfungen der Landschaftselemente und Landschaftskomponenten** sind in der topischen Dimension erkennbar und messtechnisch erfassbar.

Das Ökotop ist somit die räumliche Basiseinheit, deren Ausdehnung bestimmt wird durch die Reichweite lateraler ökologischer Prozesse – insbesondere Prozesse des Bodenwasserhaushaltes wie Interflow (Zwischenabfluß) oder oberflächennahe Grundwasserbewegungen sowie mikroklimatische Prozesse wie Kaltluftabfluss und bodennahe Winde. Die innerhalb eines Ökotops verlaufenden Vertikalprozesse wie Niederschlag, Verdunstung, Versickerung, bodenbildende Prozesse oder Stoffumsätze in Pflanzen und im Boden sind wie auch im Econ durch Homogenität gekennzeichnet.

Welche Größenordnung können Landschaftseinheiten der topischen Dimension dann demzufolge einnehmen? Da die genannten Prozesse in ihrer Reichweite sehr stark variieren, ist eine genaue Größenangabe [in m oder m²] nicht sinnvoll. Unter extremen klimatischen Bedingungen (hocharktisch, hocharid) erstrecken sich Vertikalprozesse nur über wenige Dezimeter. Unter gemäßigten Verhältnissen dagegen erstreckt sich das vertikale Prozessgeschehen im Meter- bis Zehnermeterbereich. Eine ähnliche Differenzierung gilt für die Reichweite lateraler Prozesse: Sie spielt sich in vielen Klimaten im Zehner- bis Hundertermeterbereich ab, wird in Extremklimaten aber auf den Meterbereich oder teilweise noch stärker eingeengt.

Die Erfassung der Struktur und des Prozessgeschehens im Econ und in den topischen Landschaftseinheiten erfolgt durch komplexe Landschaftsanalysen (vgl. Kap. 5.2). In diesem Größenordnungsbereich fallen in der Regel die praktischen Vor-Ort-Entscheidungen. Dennoch ist das Interesse an Landschaft nicht immer auf diese Dimensionsstufe be-

Die topische Dimension ist von grundlegender methodologischer Bedeutung in der Landschaftsökologie.

Eine konkrete Größenangabe zur Ausdehnung von Topen ist nicht sinnvoll. Unter gemäßigten Klimaverhältnissen spielen sich laterale Prozesse im Hundertermeterbereich ab, vertikale Prozesse im Zehnermeterbereich.

schränkt. Größere Landschaftsausschnitte können als Mosaike von Topen aufgefasst werden. Landschaftskomplexe dieser Größenordnung werden als **Choren** bezeichnet (Abb. 2.2-3). Bei der Abgrenzung dieses nunmehr heterogenen Topgefüges folgt man entweder dem Kriterium der Ähnlichkeit oder aber dem Prinzip von Gegensatzpaaren.

Da diese Aggregation auf verschiedenen Abstraktionsniveaus erfolgen kann, können innerhalb der chorischen Dimension Subeinheiten wie Nano-, Mikro-, Meso- und Makrochoren ausgeschieden werden.

Die ökologischen Prozesse, die die Funktionsweise des in Abb. 2.2-3 dargestellten Talsystems bestimmen, haben ihren Ursprung in den einzelnen Ökotopen, die durch ein Econ repräsentiert werden. Man kann zwischen zwei verschiedenen Abstraktionsniveaus unterscheiden: Die Ökotopeaus Abb. 2.2-2 wurden zusammengefasst zu einer Ökochore, die als selbständige Landschaftseinheit funktioniert. Darüber hinaus existieren und funktionieren in dem in Abb. 2.2-3 dargestellten Talsystem verschiedene Ökochoren nebeneinander.

Chorische Landschaftseinheiten als Gesamtareal funktionieren sowohl als Kommunikationsgefüge von Elementarlandschaften als auch als eine von übergeordneten Formen abhängige Struktureinheit.

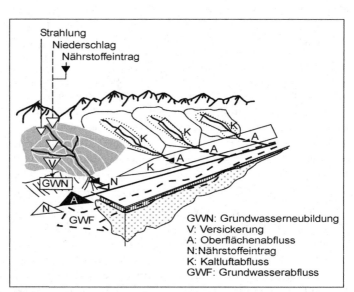

Abb. 2.2-3 Ein Mosaik topischer Elementarlandschaften bildet eine Ökochore (dunkelgrau). Alle chorischen Landschaftseinheiten sind durch spezifische laterale Prozesse wie Talwind, Grundwasserstrom, Oberflächenabfluss sowie an Wasser gebundene Stoffflüsse (Nährstoffe) miteinander verknüpft (Löffler 2002b nach Leser 1997, verändert)

Auf beiden Abstraktionsebenen können verschiedene ökologische Strukturen und Prozesse als charakteristisch für die
jeweilige Betrachtungsebene angesehen werden (Abb. 2.2-4).

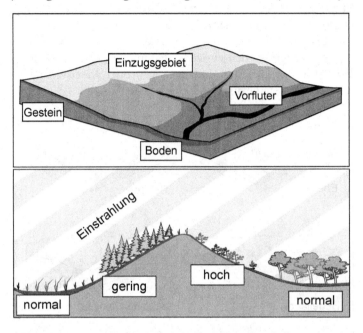

Abb. 2.2-4 Bodenfeuchte und Geländeklima sind die Leitmerkmale bei der kleinräumigen (mikroskaligen, großmaßstäbigen)
topischen Standortanalyse sowie bei der chorischen Gefügeana-
lyse und Synthese (nach Bailey 1996)

Durch die Neuanordnung existierender Einheiten auf einem
höheren Betrachtungsniveau entstehen neue Einheiten mit
neuen Eigenschaften. So hat der Oberflächenabfluss in jedem Teileinzugsgebiet des Talsystems (Abb. 2.2-3) seinen
Ursprung in den einzelnen Ökotopen, wo er u.a. in Abhängigkeit von der Infiltrationskapazität und der Oberflächen-
bedeckung produziert wird. Der oberirdische Abfluss in
jedem Teileinzugsgebiet wird somit bestimmt durch den
gleichen grundlegenden Prozess seiner Entstehung innerhalb
der verschiedenen Ökotope und er ist somit ein neuartiger –
chorischer – Prozess auf einer übergeordneten räumlichen
Betrachtungsebene. In gleicher Weise kommt der Oberflächenabfluss im Hauptvorfluter des Tals – nun auf einem
wiederum übergeordneten Betrachtungsniveau – zustande im
Ergebnis der Oberflächenabflüsse der verschiedenen Teil-
einzugsgebiete.
Dieser hierarchische Aufstieg ist also nicht nur mit quantitativen Veränderungen, sondern in jedem Fall auch mit einer

neuen Erkenntnisqualität verbunden. Dies setzt sich auch fort, wenn man über die chorische Dimension hinausgeht, jedoch wird an dieser Stelle ein Wechsel in der methodischen Herangehensweise erforderlich: Landschaftseinheiten der **regionischen Dimension** können nicht nur als Mosaik von Ökochoren (Makrochoren) verstanden werden. Bei deren Ausgliederung werden entweder Parameter des Makroreliefs bzw. der Morphogenese hinzugezogen oder aber sie entstehen als Subsysteme aus Landschaftszonen

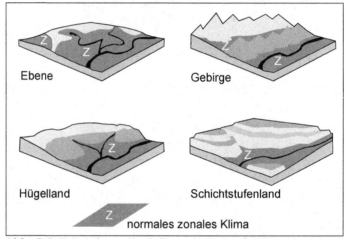

Abb. 2.2-5 Bei der mesoskaligen (mittelmaßstäbigen) regionischen Raumanalyse und –synthese sind Reliefdifferenzierung und Morphogenese die bestimmenden Merkmale (nach Bailey 1996)

Regionische Landschaftseinheiten wie größere Gebirgszüge, Tieflandsbereiche oder Talgesellschaften treten als Großreliefeinheiten oder Landschaftssubzonen in Erscheinung.

So sind die Organisation des Gewässernetzes der großen Ströme und die daran gekoppelten Stofftransporte bedingt durch die Topographie der Kontinente. Energieflüsse entsprechend den Zirkulations- und Windsystemen haben ihre Ursache in der räumlichen Anordnung der Kontinente und Ozeane. Abb. 2.2-6 zeigt am Beispiel Skandinaviens die Ausgliederung von Ökoregionen, die sich aus der reliefbedingten Differenzierung klimatischer und hydrologischer Phänomene herleiten lässt.

Im Gegensatz zu den in der topischen und chorischen Dimension induktiv gewonnenen Abgrenzungskriterien der einzelnen Raumeinheiten setzt mit der regionischen Dimension ein Wechsel zum deduktiven Prinzip ein: Größere Räume (z.B. Klima-, Vegetations- oder Landschaftszonen) werden auf der Basis zuvor festzulegender Parameter in Teilräume untergliedert. Dabei liefern die von Lautensach (1952) entwickelten **Kategorien des geographischen**

Formenwandels (polar-äuqatorialer, maritim-kontinentaler, vertikaler oder hypsometrischer und paläogeographischer Formenwandelden Schlüssel zum Verständnis der Anordnung sowie des Vorhandenseins oder Fehlens einzelner Merkmale.

Die Formenwandelkategorien nach Lautensach (1952) liefern den Schlüssel zum Verständnis des Landschaftsmosaiks in der regionischen Dimension.

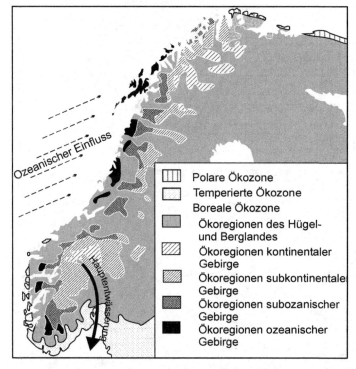

Abb. 2.2-6 Landschaftseinheiten der regionischen Dimension (Ökoregionen) dargestellt am Beispiel der Skanden (nach Löffler 2002b): Das dargestellte Mosaik der Ökoregionen resultiert aus der spezifischen Ausprägung der atmosphärischen Dynamik, wesentlichen klimatischen und hydrologischen Prozessen sowie dem Muster des Gebirgsreliefs.

Die bereits schon erwähnten Landschaftseinheiten der **zonalen oder geosphärischen Dimension** umgeben die Erde annähernd bandartig. Innerhalb dieser Dimensionsstufe wird die gesamte Erde basierend auf solaren und tellurischen Einflüssen (einstrahlungs- und zirkulationsbedingte Differenzierung aufgrund der Kugelgestalt und Rotation der Erde sowie der Land-Meer-Verteilung) in Ökozonen untergliedert. Es sind primär die in der globalen Zirkulation wurzelnden klimatische Prozesse, die zu dieser Gliederung führen (Abb. 2.2-7).

Ökozonen sind demzufolge klimatisch bedingt. Es herrscht ein relativ einheitliches Begriffsverständnis bei der Gliede-

Landschaftseinheiten der zonalen oder geosphärischen Dimension werden von planetarisch wirksamen Prozessen bestimmt und treten in Form von einheitlich strukturierten Landschaftsgürteln auf.

rung in polare, boreale, gemäßigte, subtropische und tropische Zone (Abb. 2.2-8).

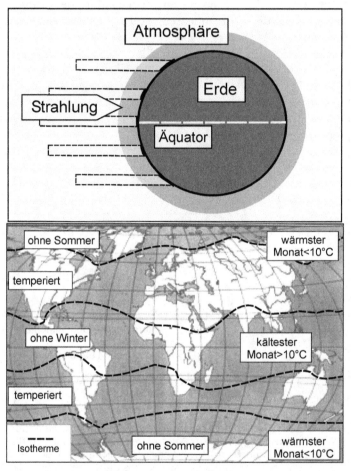

Abb. 2.2-7 Bei der makroskaligen (großräumigen, kleinmaßstäbigen) geoökologischen Bilanzanalyse von Geozonen sind primär einstrahlungsbedingte klimatische Parameter differenzierend (nach Bailey 1996)

Die in Abb. 2.2-6 am Beispiel der Skanden dargestellten Ökoregionen befinden sich demnach fast vollständig in der borealen Ökozone, lediglich ein schmaler Streifen im Norden bzw. Süden Skandinaviens ist der polaren bzw. gemäßigten Zone zuzuordnen.

Der klimatischen Zonierung folgend können die geozonalen Ökosysteme sowohl durch qualitative Parameter wie Bodenbildungsprozesse, Vegetationsstruktur und Oberflächenformen als auch quantitativ durch Energie- und Stoffbilanzen

(Biomasse, Primär-/Sekundärproduktion) gekennzeichnet werden (Schultz 2002, Abb. 2.2-8).

Merkmal / Ökozone	Polar-/subpolare Zone	Boreale Zone	Feuchte Mittelbreiten	Trockene Mittelbreiten	Winterfeuchte Subtropen	Immerfeuchte Subtropen	Tropisch-/ Subtrop. Trockengebiete	Sommerfeuchte Tropen	Immerfeuchte Tropen
Niederschläge	O	←	↓	←	↓	→	←	→	↑
Lufttemperatur	O	←	↓	↓	→	→	→	↑	↑
Pot. Evapotranspiration	O	←	↓	→	→	↓	↑	→	→
Abflusshöhe	←	↓	↓	O	←	→	O	↓	↑
Abflusskoeffizient	↑	→	↓	O	←	→	O	←	↑
Globalstrahlung	O	←	↓	→	→	→	↑	↑	→
Vegetationsperiode	O	↓	→	←	→	↑	←	→	↑
Phytomasse (gesamt)	←	↓	→	←	←	↑	←	↓	↑
Phytomasse (Wurzel/Spross-Verhältnis)	→	←	←	→	↓	O	↓	↓	O
Blattflächenindex	←	→	↓	↓	←	→	↓	↓	↑
Nettoprimärproduktion	O	←	↓	↓	←	→	←	→	↑
Streuvorrat	→	↑	↓	←	↓	↓	←	←	←
Tote organische Bodensubstanz	↑	←	→	↑	↓	↓	O	←	←
Zersetzungsdauer von Bestandesabfällen	↑	→	↓	←	→	←	←	←	O

↑ = sehr hoher Wert, → = hoher Wert, ↓ = mittlerer Wert, ← = kleiner Wert, O = sehr kleiner Wert oder Null

Abb. 2.2-8 Vergleich der Ökozonen der Erde nach ausgewählten quantifizierbaren Merkmalen (Jahreswerte) (nach Schultz 2002)

Sofern die gesamte Erde betrachtet wird, hat man es letztendlich mit einer Anordnung aller Ökozonen zu tun, die die globale Erdhülle bildet. Diese **globale Dimension** ist jedoch innerhalb der Landschaftsökologie von nur untergeordneter Bedeutung.

In Abb. 2.2-9 sind alle Landschaftskomplexe der verschiedenen Dimensionsstufen im Überblick dargestellt und mit konkreten Beispielen untersetzt worden. Abb. 2.2-10 ordnet den einzelnen Dimensionsstufen charakteristische methodische Grundprinzipien ihrer Erforschung zu.

An dieser Stelle sei nochmals darauf hingewiesen, dass bei der Abgrenzung von Landschaftskomplexen der verschiedenen Dimensionsstufen ein Methodenwechsel vom indukti-

ven zum deduktiven Vorgehen zwischen der chorischen und
der regionischen Dimension stattfindet: Die komplexe Betrachtungsweise der topischen und chorischen Dimension
lässt sich nicht auf die regionische Dimension übertragen.
Demzufolge lassen sich aus Makrochorengefügen Regionen
ebenso wenig sinnvoll ableiten wie Regionen in Makrochoren untergliedert werden können. Die damit verbundenen
Prinzipien der naturräumlichen Ordnung und naturräumlichen Gliederung werden im Zusammenhang mit Methoden
der landschaftsökologischen Raumgliederung in Kap. 5.3
und 5.7 detailliert vorgestellt.

Dimensionen	Landschaftliche Einheiten		Beispiele
global	Erde		
zonal	Zone	Zone Subzone	gemäßigte Zone subozeanische gemäßigte Zone
regionisch	Region	Makroregion Mesoregion Mikroregion	Alpen Ostalpen Nördliche Ostalpen
chorisch	Chore	Makrochore Mesochore Mikrochore Nanochore	Berchtesgadener Land Watzmann Kleiner Watzmann Gipfelgrat des Kleinen Watzmann
topisch	Top		Gipfel des Kleinen Watzmann
subtopisch	Tessera econ		

Abb. 2.2-9 Landschaftskomplexe verschiedener Dimensionsstufen mit Beispielen (verändert nach Löffler 2002b)

Betrachtungs- maßstab	Landschaftliche Einheiten	Leitmerkmale		
		Strukturen		Prozesse
gigaskalig	Erde	Sphären	↻	Strahlungsumsatz
megaskalig	Zone Gefüge von Regionen	Klima	⊂⊃	atmosphärische Zirkulation
makroskalig	Region Gefüge von Choren	morpho- tektonischer Bau	⟷	Tektonik
mesoskalig	Chore Gefüge von Topen	Landschaftliche Kompartimente (Bios, Boden, Relief, Gestein, Wasser, Klima, Flächennutzung)	⇄	lateraler Energie-, Wasser- und Stoffaustausch
mikroskalig	Top		↕	vertikaler Energie-, Wasser- und Stoffaustausch
nanoskalig	econ Tesserae			

Abb. 2.2-10 Landschaftskomplexe verschiedener Dimensionsstufen mit den jeweils dominierenden Prozessen nach Art und
Richtung (verändert nach Löffler 2002b).

Die hier vorgestellte Theorie der geographischen Dimensionen (Neef 1963) findet in vielen geo- und biowissenschaftli-
chen Disziplinen Beachtung und Anwendung. Erinnert sei in
diesem Zusammenhang beispielsweise an die Verwendung

der Begriffe „Bio*top*", „Vegetations*zone*" oder „Hydro*top*". Mit der Verwendung von „Ökochore" und „Ökoregion" hingegen tun sich Nachbardisziplinen – verständlicherweise – relativ schwer. In diesen mittleren Maßstabsbereichen greift man dann sogar den Landschaftsbegriff dahingehend auf, dass man von der „Landschafts-Ebene" (engl. *landscape scale*) spricht. Dies sollte insofern unbedingt vermieden werden, da – wie wir bislang gesehen haben – Landschaft verschiedene Ausmaße annehmen kann. Im Interesse einer Verständigung mit den benachbarten Disziplinen sollte die Landschaftsökologie jedoch bevorzugt den Skalenbegriff verwenden – wie er auch in der Übersicht in Abb. 2.2-10 integriert ist.

Angesichts des inter- und transdisziplinären Anspruchs der Landschaftsökologie empfiehlt sich die Verwendung des Skalen-Begriffs (z.B. mikro-, meso- und makroskalig) bei der Diskussion dimensionsspezifischer Fragestellungen.

> **Skalen** sollen als Größenklassen im Sinne von Raum- und Zeitbereichen verstanden werden, in denen zweckmäßigerweise unterschiedliche Arbeitsmethoden, Modelle und Lösungstechniken zur Ableitung dimensionsspezifischer Aussagen angewendet werden. (Steinhardt 1999 nach Becker 1992)

2.2.2 Zeitliche Dimensionen oder Wie verändern sich Landschaften?

Landschaften sind nicht statisch – das wird jedem bewusst, der beispielsweise die jahreszeitlich unterschiedlichen Aspekte der Vegetation in ein und demselben Gebiet beobachtet, der die teilweise katastrophalen Folgen von Lawinen oder Muren im Gebirge zur Kenntnis nimmt oder aber auch ein Gebiet, das man vor vielen Jahren bereist hat, nun wiedersieht und erstaunt feststellt, wie es sich inzwischen verändert hat.

Landschaftliche Strukturen und Prozesse können nicht nur auf verschiedenen räumlichen, sondern auch auf verschiedenen zeitlichen Ebenen charakterisiert werden.

Die genannten Phänomene sind Beispiele für landschaftliche Prozesse, die sich in unterschiedlichen Zeiträumen vollziehen, die periodisch oder singulär auftreten und die von unterschiedlicher Dauer sein können.

Grundlegende physikalisch-mechanische, chemische oder biologische Prozesse, die die Funktionsweise der Landschaft bestimmen, sind meist sehr kurzfristig. Dazu gehören beispielsweise Einzelereignisse wie die o.a. Lawinenabgänge, Überflutungen oder aber auch Niederschlag sowie saisonale Veränderungen wie die Entwicklung der Vegetation oder Schwankungen des Grundwasserspiegels.

Diese kurzfristigen Prozesse, die sich im Zeitraum von Minuten, Tagen, Wochen und Monaten bewegen, werden überlagert und teilweise auch gesteuert von übergeordneten mittel- und langfristigen Prozessen. Somit gibt es neben der räumlichen Hierarchie landschaftlicher Strukturen auch eine zeitliche Hierarchie landschaftlicher Prozesse (Abb. 2.2-11).

Bezüglich der zeitlichen Hierarchie unterscheidet man zwischen kurz- bis mittelfristiger Landschaftsdynamik und mittel- bis langfristiger Landschaftsgenese.

Maßstab der Betrachtung	Prozesstyp	Zeitdauer
zeitliche Dimension		Beispiele
gigaskalig lang andauernd	Land-schafts-genese	> 10.000 Jahre geologische Perioden (Quartär)
megaskalig andauernd		~ 1.000 - 10.000 Jahre klimatische Perioden (Eiszeiten)
makroskalig langfristig		~ 100 - 1.000 Jahre historische Perioden (Mittelalter)
mesoskalig mittelfristig		~ 1 - 100 Jahre biologische Perioden (Waldentwicklung)
mikroskalig kurzfristig		~ Wochen-Monate Jahreszeiten (phänologische Stadien)
nanoskalig elementar	Land-schafts-dynamik	~ Sekunden-Tage Elementarereignisse (Niederschlag)

Abb. 2.2-11 Zeitliche Dimensionen von Prozessen in der Landschaft (nach Löffler 2002b)

Die auf den unterschiedlichen zeitlichen Ebenen wirkenden Prozesse bezeichnet man als **Landschaftsdynamik** (kurz- und mittelfristig) und als **Landschaftsgenese** (mittel- und langfristig).
Landschaftliche Prozesse können jedoch nicht nur hinsichtlich ihrer Andauer, sondern auch bezüglich ihrer Intensität und Stetigkeit charakterisiert werden (Abb. 2.2-12).

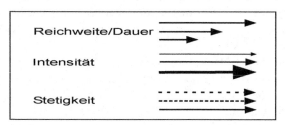

Abb. 2.2-12 Möglichkeiten der quantitativen Charakteristik des landschaftlichen Prozessgeschehens: So kann man beispielsweise bei Niederschlagsereignissen zwischen „Landregen" und „Gewitterguss" – also im Hinblick auf ihre Niederschlagsmenge pro Zeiteinheit unterscheiden oder aber bei Fließgewässern zwischen episodischen, periodischen und permanenten Flüssen – also im Hinblick auf ihre Stetigkeit.

An dieser Stelle wird auch der Zusammenhang von räumlichen und zeitlichen Hierarchien deutlich: Da verschiedene landschaftsökologische Prozesse auf verschiedenen zeitlichen Ebenen ablaufen und demzufolge auch unterschiedliche räumliche Reichweiten haben, sind räumliche Dimensionen mit charakteristischen Prozessen in bestimmten zeitlichen Dimensionen korreliert.

2.2.3 Raum-zeitliche Kategorien und Hierarchie-Theorie

Aus der Hydrologie, aus der Meteorologie und auch aus anderen Erdwissenschaften ist bekannt, dass verschiedene Kontrollparameter und Prozesse zu einer Dominanz auf ganz bestimmten räumlichen und zeitlichen Skalenniveaus tendieren (Abb. 2.2-13).

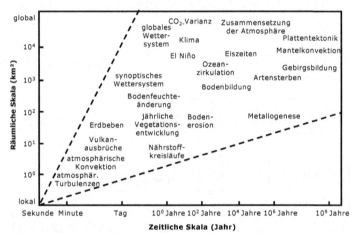

Abb. 2.2-13 Natürliche physikalische und ökologische Erscheinungen tendieren zu einer nahezu diagonalen Anordnung in einem Raum-Zeit-Diagramm, wobei durchaus auch große Variationen auftreten können (nach Wu 1999)

Dies spiegelt den Gedanken der hierarchischen Organisation der Natur - von der Zelle bis zum Kosmos – wider, der sich in der **Hierarchie-Theorie** (u.a. Simon 1962, Allen und Starr 1982, O'Neill et al. 1986) manifestiert. Danach werden die Subsysteme, die ein System umfasst, als sogenannte „holons" beschrieben (abgeleitet vom griechischen Wort *holos* = das Ganze und der Nachsilbe *on* = Teil oder Partikel wie in Proton oder Neutron). Der von Koestler (1967) geprägte Begriff *holon* findet ziemlich breite Anwendung, da er die Idee verdeutlicht, dass Subsysteme auf jeder hierarchischen

Die Hierarchie-Theorie entstand aus dem Bedarf des Umgangs mit Komplexität, der in verschiedenen Disziplinen einschließlich Management, Ökonomie, Psychologie, Biologie offensichtlich wurde.

Ebene „janusköpfig" sind: Sie fungieren und erscheinen als „Ganzes" wenn man die untergeordnete hierarchische Ebene betrachtet und als „Teil" eines übergeordneten Niveaus. Danach hat jedes hierarchische System sowohl eine vertikale Struktur, die aus Ebenen besteht sowie eine horizontale Struktur, bestehend aus *holons* (Abb. 2.2-14).

Die Trennung der hierarchischen Ebenen basiert dabei in der Regeln auf Prozessraten. Die Grenzen zwischen den Ebenen und *holons* werden „Oberflächen" genannt. Diese Oberflächen filtern die sie querenden Stoff-, Energie- und Informationsflüsse und können somit auch als Filter betrachtet werden (Ahl und Allen 1996). In hierarchischen Systemen sind die übergeordneten Ebenen durch langsamere und größere Einheiten (oder Ereignisse mit geringer Frequenz) gekennzeichnet im Gegensatz zu untergeordneten Ebenen, in denen hochfrequente Ereignisse kleinere und schnellere Einheiten bestimmen (Wu 1999).

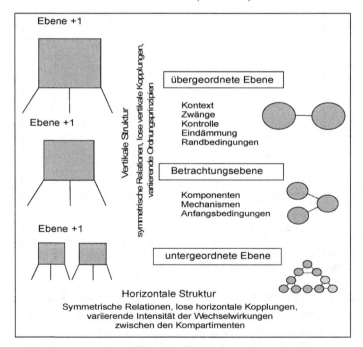

Abb. 2.2-14 Schematische Darstellung zur Hierarchie-Theorie (nach verschiedenen Darstellungen in Simon 1962, Koestler 1967, Allen und Starr 1982, O'Neill et al. 1986, Wu 1999)

Auf diesem Wege löst sich auch die Frage nach Homogenität und Heterogenität in der Landschaft auf: Integriert man (Abb. 2.2-15) der beiden Syntheseaspekte **Assoziation** und

Transformation, wird Homogenität auf dem Niveau jeder beliebigen Hierarchieebene erreichbar.

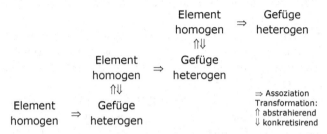

Abb. 2.2-15 Schema der Untersuchung des hierarchischen Aufbaus von Landschaftseinheiten (nach Herz 1973)

Infolgedessen kann die Beschränkung des Homogenitätsbegriffes auf topische Einheiten überwunden werden.

Bezieht man diese theoretischen Konzepte nun auf die konkrete Untersuchung verschieden großer Landschaftsausschnitte, so muss man natürlich die Wahl der Untersuchungsmethoden der entsprechenden Größe des untersuchten Gebietes anpassen.

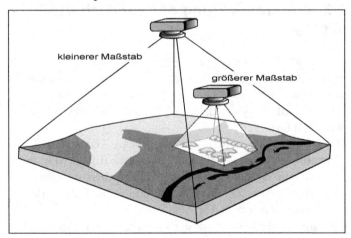

Abb. 2.2-16 Beziehungen zwischen Größe des Untersuchungsgebietes, Untersuchungsmaßstab und vertikaler Mächtigkeit des untersuchten Landschaftsausschnittes (nach Herz 1973)

Mit zunehmender Größe des Untersuchungsgebietes wird der Grad an Detailliertheit von Informationen, der sich auch in der Dichte des Messpunktnetzes widerspiegelt, abnehmen, die vertikale Mächtigkeit des Raumes, in dem Informationen gewonnen werden aber steigen. Der damit einhergehende Verlust an Detailinformationen wird jedoch durch einen

Gewinn an Überblicksinformationen kompensiert (Abb. 2.2-16).

Und diese Überblicksinformationen sind Informationen einer völlig neuen Qualität, die über die Summierung der Informationen der untergeordneten Betrachtungsebene hinausgehen. Damit ist man erneut bei dem holistischen Axiom, dass das Ganze mehr ist als die Summe seiner Einzelteile, das erstmals bei Smuts (1926) erwähnt und durch Egler (1942) in die Ökologie eingeführt wurde.

In diesem Sinne kann das ganze Universum als eine Organisation betrachtet werden – ein geordnetes Ganzes bestehend aus einer Hierarchie mehrschichtiger Systeme (vgl. Kap. 4), in der jedes höhere Niveau aus Systemen niedriger Niveaustufen gebildet wird, wobei diese Transformationssprünge zwischen den Hierarchieebenen stets mit qualitativen Sprüngen verbunden sind. Dies wurde im ersten Teil dieses Kapitels daran gezeigt, dass bei mikro-, meso- und makroskaligen Untersuchungen von Landschaften unterschiedliche Parameter berücksichtigt werden müssen.

2.3 Zur Entwicklung der Landschaftsökologie

In der Landschaftsökologie existieren unterschiedliche Ansätze und Vorgehensweisen.

Landschaftsökologie ist nicht gleich Landschaftsökologie. Sie wird heute zwar auf allen Kontinenten betrieben, vergleicht man jedoch, wie diese Wissenschaft in verschiedenen Teilen der Welt aufgefasst wird, so stellt man erhebliche Verschiedenheiten fest.

Diese Verschiedenheiten sind zu großen Teilen darauf zurückzuführen, dass sich die wissenschaftliche Disziplin „Landschaftsökologie" aus unterschiedlichen Quellen, zu unterschiedlichen Zeiten und zu unterschiedlichen Bedingungen entwickelt hat (Abb. 2.3-1).

Dies soll an Beispielen aus der Geschichte der Landschaftsökologie in Europa und Amerika, insbesondere aus dem deutschen, russischen und angloamerikanischen Sprachraum, erläutert werden. Es sei aber betont, dass darüber hinaus in vielen Ländern Europas, wie Frankreich und Großbritannien, Dänemark und den Niederlanden, der ehemaligen Tschechoslowakei und Ungarn, sowie in Australien, Lateinamerika und dem fernen Osten beachtenswerte Beiträge zur Entwicklung landschaftsökologischer Denk- und Arbeitsweisen geleistet wurden.

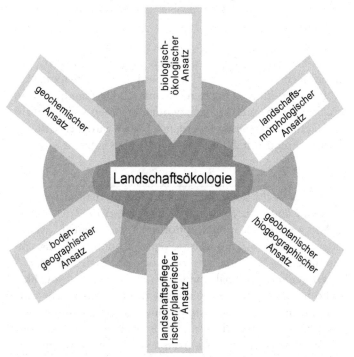

Abb. 2.3-1 Quellen und Ansätze der Landschaftsökologie (nach Billwitz 1997, ergänzt)

2.3.1 Landschaftsökologie in Europa

Zurück zu den Wurzeln

Nicht allein für die europäischen Landschaftsökologen ist die Landschaft Gegenstand und Objektbereich ihres Fachgebietes. Nentwig et al. (2004) sprechen von einer eigenständigen ökologischen Teildisziplin, die die Beziehungen zwischen Geographie und Ökologie untersucht. Landschaftsökologie wird in diesem Zusammenhang als raumbezogener Zweig der Ökologie bezeichnet. Landschaftsökologie ist ein interdisziplinäres Arbeitsgebiet, das von Bio- und Geowissenschaftlern, aber auch von Vertretern vieler anderer, den Mensch-Umwelt-Beziehungen zugewandten Fachrichtungen betrieben wird.

Als ökologisch orientierte Raumwissenschaft ist die Landschaftsökologie (Blumenstein et al. 2000, S.8.) „... eng verknüpft mit der Physischen Geographie, der Biologie oder auch der Landschaftspflege. Sie geht von den Strukturen und Mustern definierter Erdräume aus und untersucht die Prozessbeziehungen zwischen den abiotischen, biotischen und anthropogenen Elementen. Sie nimmt eine Klassifizierung vor und beschreibt einzelne Kompartimente sowie ihre Rela-

Landschaftsökologie ist eine ökologisch orientierte Raumwissenschaft.

tionen zueinander. Es interessieren auch die zeitlichen Veränderungen dieser Interaktionen und ihre Rückwirkung auf die Raumstruktur. Durch eine raumkonkrete Planung (Landschaftsplanung) und Managementmaßnahmen sollen spezifische Leitbilder realisiert werden." Dabei wird der Untersuchungsrahmen durch die Landschaft als Ganzheit vorgegeben.

I.S. Zonneveld (Opening of the first International Congress of Landscape Ecology in Wageningen 1982)
„Any geographer, geomorphologist, soil scientist, hydrologist, climatologist, anthropologist, economist, landscape architect, agriculturist, regional planner, civil engineer – even general, cardinal, minister, or president, if you like, who has the "attitude" to approach our environment - including all biotic and abiotic values as a coherent system, as a kind of whole that cannot be really understood from its separate components only, is a land(scape) ecologist."

So befindet sich die internationale Landschaftsökologie in der Tradition Alexander von Humboldts. Dieser merkte in seiner Schrift "Ideen zu einer Geographie der Pflanzen nebst einem Gemälde der Tropenländer" (Humboldt 1807) an, dass das höchste Ziel die Erkenntnis des „Totalcharakters einer Erdgegend" sei (vgl. Kap. 2.1).

Mit Alexander von Humboldt beginnt die geographische Landschaftsbetrachtung.

Man kann mit Humboldts Arbeiten den Beginn der geographischen Landschaftskunde verknüpfen, bei der die ganzheitliche Betrachtung der Landschaft hervorgehoben wurde, ohne jedoch dabei die zwischen den Teilen wirkenden kausalen Beziehungen zu vernachlässigen (Abb. 2.3-2). Es erscheint deshalb durchaus berechtigt, die Wurzeln der Landschaftsökologie bereits in das beginnende 19. Jahrhundert zu legen, weil gerade diese Zeit sich durch eine stürmische Entwicklung der geographischen Einzeldisziplinen auszeichnete.

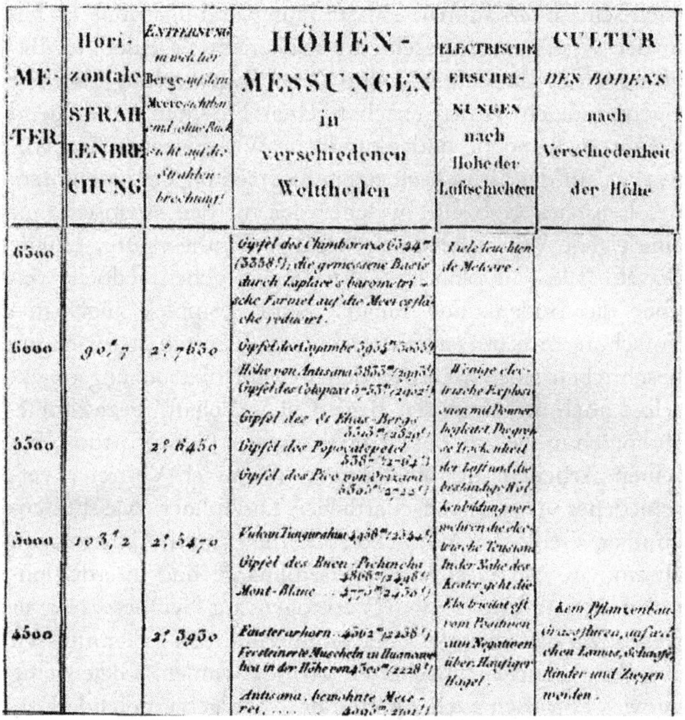

Abb. 2.3-2 Ausschnitt aus einer Zusammenstellung von Land-schaftsmerkmalen im „Essai sur la geographie des plantes" durch Alexander von Humboldt (1805)

Was vermochte die beschreibende Landschaftsdar-stellung in der Vergangenheit und was leistet sie heute?

Viele Forschungsreisende des 19. Jahrhunderts folgten den Prinzipien Alexander von Humboldts und untersuchten Zusammenhänge zwischen naturbedingten und gesellschaft-lich determinierten Landschaftsmerkmalen, um sie systema-tisch darzustellen. Mit einem Forschungsansatz, bei dem die Ausstattung und die Anordnung von Landschaften auf der Grundlage ihres Erscheinungsbildes bestimmend waren, sind die landschaftskundlichen Arbeiten jener Zeit als Land-schaftsmorphologie zu kennzeichnen. Einen Höhepunkt für die beschreibende Landschaftsdarstellung bildeten ohne Zweifel die Arbeiten von Passarge (1924) und Berg (1931) über die zonale Gliederung der Erde.

Berg gilt als einer der Schüler Dokucaevs. Dessen Einfluss auf die Entstehung der russischen Landschaftsschule wie

Die zonale Gliede-rung der Erde wurde Anfang des 20. Jahrhunderts von Passarge und Berg vorbildlich beschrieben.

auch seine internationale Ausstrahlung sind unstrittig. Er gilt in der Wissenschaftsgeschichte zuallererst als einer der Begründer der Bodenkunde und deren Entwicklung zu einer eigenständigen geowissenschaftlichen Disziplin. Aufbauend auf das vorhandene bodenkundliche Wissen seiner Zeit entwarf er auf der Grundlage eigener Forschung ein geschlossenes logisches Gebäude, welches der für den Anspruch auf eine eigene Wissenschaft notwendige Synthesestufe genügte (Ewald 1984). Dokucaevs Wirkungen gehen jedoch weit über die Bodenkunde hinaus. Seine komplex angelegten Forschungen kann man bereits als Landschaftsforschung beschreiben, auch wenn er dabei sein Untersuchungsobjekt selbst noch nicht mit den Begriff „Landschaft" bezeichnete. Er sprach in diesem Zusammenhang von Geoformation. Bei seinen Arbeiten in Feldstationen führte er Vertreter verschiedener naturwissenschaftlicher Disziplinen wie Bodenkundler, Geologen, Botaniker, Chemiker und Klimatologen zusammen. Mit diesem multidisziplinären und interdisziplinären Ansatz und seinem Vermögen zur Synthese trug er wesentlich dazu bei, die Verabsolutierung von Erkenntnissen aus den Einzelwissenschaften zu überwinden. Gleichzeitig verwies er jedoch auch auf eine notwendige vertiefende Forschung in den Einzeldisziplinen. Neben der Vegetation ist der Boden für ihn ein wesentlicher Teil des Landschaftskomplexes, und auf Grund seines integralen Charakters bildet dieser eine Schnittstelle zwischen lebender und toter Natur (Ewald 1984).

Mit seinen Erkenntnissen und Ideen beförderte Dokucaev die Landschaftsforschungen in Russland nachhaltig. Seine Ausstrahlung wie auch die der unter seinem Einfluss begründeten Schulen beeinflusste im Laufe des 20. Jahrhunderts nicht nur die Landschaftsforschung in Russland und in der Sowjetunion, sondern auch in den Staaten Mittel- und Osteuropas maßgeblich. Als seine Schüler wirkten der Bodenkundler Glinka, die Geochemiker Vernadsky und Glazovskaja sowie der Pflanzengeograph Krasnov. Von den russischen Landschaftsforschern seien an dieser Stelle Isacenko, Preobraženskij und Socava genannt.

In Deutschland fand, nach Vorarbeiten von Schmithüsen (1949), Schultze (1952) u. a., die beschreibende Landschaftsdarstellung ihren umfassenden Ausdruck im „Handbuch der naturräumlichen Gliederung Deutschlands (Meynen und Schmithüsen 1953-1962).

An der Erarbeitung der neun Bände dieses Handbuches (Abb. 2.3-3) waren Geographen aus beiden Teilen Deutschlands beteiligt. Ziel des Handbuches war: „… Deutschland nach den Unterschieden seiner Landesnatur in Gebiete zu gliedern, die für viele Zwecke als Bezugseinheiten dienen können" (Schmithüsen 1953, S. 1). Es stellte die Naturausstattung deutscher Landschaften und deren Nutzung dar. Unter Landesnatur war dabei der „Gesamtkomplex der anorganischen Ausstattung der Landschaft" (Schmithüsen 1967) eines nicht vom Menschen gestalteten oder geschaffenen Raumes zu verstehen. Die Erarbeitung dieser Raumgliederung fußte fast ausschließlich auf abiotischen Parametern. Zumeist handelte es sich auch um strukturelle Kenngrößen. Prozesse im Sinne von Wechselwirkungen innerhalb sowie zwischen den ausgegliederten Raumeinheiten wurden kaum berücksichtigt. Dies wurde bereits frühzeitig kritisiert (Paffen 1953). Die inhaltliche Kennzeichnung der naturräumlichen Einheiten (vgl. Kap. 5.3 und 5.7) erfolgte unter Betonung der individuellen Züge. Somit war die Abgrenzung der einzelnen Naturräume allerdings oft das Ergebnis nicht mehr nachvollziehbarer subjektiver Entscheidungen (Klink 1991, vgl. Kap. 5.7.3).

Die naturräumliche Gliederung Deutschlands wird 1953-1962 in einem Handbuch dargestellt. Die Naturräume wurden individuell beschrieben und abgegrenzt.

Handbuch

der naturräumlichen Gliederung

Deutschlands

Herausgegeben im Auftrage der
Bundesanstalt für Landeskunde und des Zentralausschusses
für deutsche Landeskunde
von E. Meynen und J. Schmithüsen

Abb. 2.3-3 Titelblatt des ersten Bandes des „Handbuches der naturräumlichen Gliederung Deutschlands" (1953)

Dennoch werden die räumlichen Einheiten dieses Buches auch heute noch in den meisten deutschen Ländern als Bezugsbasis für regionale Planung genutzt. In Nachbarländern galt das Handbuch als Vorbild für ähnliche Vorhaben, beispielsweise bei der Darstellung der Physischen Geographie Polens (Lencewicz und Kondracki 1959). In der DDR konnte jedoch nur in wissenschaftlichen Bibliotheken in das

Handbuch der naturräumlichen Gliederung Einsicht genommen werden, da die beigefügte Karte nach den damaligen Kartierungsvorschriften der Bundesrepublik Deutschland in den Grenzen von 1937 abbildete. Deshalb entstanden einige Stellvertreterpublikationen (z. B. Scholz 1962), die den Inhalt des Handbuches für Teile der DDR wiedergaben. In der Bundesrepublik Deutschland wurde es durch die Blätter der Geographischen Landesaufnahme 1:200000 und deren Erläuterungen ergänzt. Eine großmaßstäbige Folgedarstellung, die mit der Kartieranleitung der Geoökologischen Karte 1:25000 (Leser und Klink 1988) folgt, existiert bisher nur in Beispielsblättern. Für ihre Erarbeitung sind inzwischen umfassende landschaftsökologische Erfassungsstandards entwickelt worden (Zepp und Müller 1999).

> **Auf die Einheiten des Handbuches der naturräumlichen Gliederung bezieht sich in den meisten Bundesländern die räumliche Planung. Ausschnitte Deutschlands werden jedoch auch in geoökologischen Karten bzw. Naturraumtypenkarten abgebildet.**

In Sachsen hat eine Darstellung typisierter naturräumlicher Einheiten Eingang in die Planungspraxis gefunden (Mannsfeld und Richter 1995). Sie stellt eine Weiterentwicklung der Naturraumtypenkarte des Atlas DDR (Barsch und Richter 1975) dar. Auch für das österreichische Bundesland Salzburg ist eine solche Kartierung erfolgt (Dollinger 1998). Die Karte der landschaftsökologische Gliederung Deutschlands (Burak und Zepp 2003) für den Nationalatlas der Bundesrepublik geht noch einen Schritt weiter. Sie weist Prozessgefügetypen aus, allerdings im Maßstab 1:1000000. Das schränkt ihre praktische Einsatzmöglichkeiten jedoch erheblich ein.

Wie entstanden die theoretischen Grundlagen der Landschaftsforschung?

Die Ergebnisse landschaftskundlicher Untersuchungen gaben schon früh Anlass zu theoretischen Überlegungen. Dabei sind die Impulse, die diese aus der Biologie (Ökologie und der Biogeographie erhielten, unverkennbar. Dies zeigt sich nicht nur in Mittel- und Westeuropa, sondern auch in der russischen Landschaftsschule (vgl. Socava 1978, Krauklis 1985). Zwei der Begründer der theoretischen Grundvorstellungen der modernen Landschaftsökologie in Deutschland kommen aus der Biogeographie: Carl Troll und Josef Schmithüsen. Der dritte hat als Geomorphologe promoviert und in der Raumplanung gearbeitet: Ernst Neef.

Carl Troll (1939) charakterisierte das komplexe Wirkungsgefüge zwischen Lebensgemeinschaft und Umweltbedingungen als Untersuchungsgegenstand der Landschaftsökologie. Diese Auffassung hat er in seinem Aufsatz über „Die geographische Landschaft und ihre Erforschung" (1950) und auf dem

Symposium zu Pflanzensoziologie und Landschaftsökologie in Stolzenau an der Weser 1963 vertieft. Landschaftsökologie wird hier als eine Wissenschaft gekennzeichnet, die räumliche Aspekte der Wechselwirkungen zwischen Biozönosen und deren Umwelt untersucht (Troll 1968). Das geschieht auf verschiedenen Dimensionsstufen mit dimensionsspezifischen Methoden, wie es Carl Troll bereits 1943 in einer seiner klassischen Arbeiten getan hat, in denen er Elemente einer Landschaftsgliederung auf der Basis von Landschaftselementen vorstellte. Paffen (1953), Schüler und Mitarbeiter von Troll, kennzeichnete Landschaftszellen (Ökotope) als Basiseinheiten einer naturräumlichen Ordnung, die in seinem Beispielsgebiet, der Kalkeifel, im wesentlichen durch das Relief bestimmt wurde.

> Troll definierte 1963 die Landschaftsökologie, als eine Wissenschaft, die räumliche Aspekte der Wechselwirkungen zwischen Biozönosen und deren Umwelt untersucht.

Ernst Neef legte seine theoretischen Grundvorstellungen 1967 in der Monographie „Die theoretischen Grundlagen der Landschaftslehre" vor. Ausgangspunkt war für ihn die Herausarbeitung der Grundvorstellungen dieser Disziplin. Diese Grundvorstellungen besitzen nach Neef einen axiomatischen Charakter und geben damit der Wissenschaftsdisziplin die Basis. Ernst Neef benannte Axiome (Abb. 2.3-4), in denen er Wesenszüge der Landschaftslehre zum Ausdruck gebracht sah, „die allgemein verbindlichen Charakter haben und unmittelbar aus der geosphärischen und landschaftlichen Ordnung hervorgehen" (Neef 1967, S. 19).

> Neef entwickelte 1967 die axiomatischen Grundlagen der Landschaftslehre.

Anhand von landschaftsökologischen Detailstudien und durch die Verallgemeinerung ihrer Resultate wurden von Neef und seinen Schülern bzw. Mitarbeitern grundlegende Methoden für die Landschaftsforschung abgeleitet und begründet. Dazu zählen u.a. die topologische und chorologische Arbeitsweise in der Landschaftsforschung, die Elementar- und Komplexanalyse, die typologische Vorgehensweise bei der Landschaftskennzeichnung. Neef et al. (1961) kennzeichneten das Bodenfeuchteregime, den Bodentyp und die Vegetation als landschaftsökologische Hauptmerkmale. Richter (1979) entwickelte Vorstellungen zur naturräumlichen Stockwerksgliederung. Sie wurden ergänzt durch das Schichtkonzept von Neumeister (1979). Arbeiten von Herz (1973, 1984) galten landschaftlichen Maßstabsbereichen und der Evolution der Landschaftssphäre (vgl. Kap. 4). Interessanterweise wurde das Catena-Prinzip, nach dem Klink (1964) im Ith-Hils-Berglandes vorgegangen war, unabhängig davon von Haase (1964) in der Oberlausitz bei der landschaftsökologischen Erkundung ebenfalls genutzt.

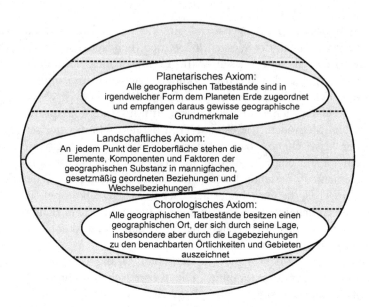

Abb. 2.3-4 Axiome der Landschaftslehre (Neef 1967)

Schmithüsen
(1976) trat für
einen eigenen
Begriffsapparat in
der Landschafts-
ökologie ein. Sei-
ne und andere
Bemühungen um
eine Vereinheitli-
chung von Fach-
begriffen waren
jedoch nicht von
Erfolg gekrönt. So
ist bis heute die
Terminologie der
Landschaftsökolo-
gie nicht frei von
Widersprüchen
geblieben.

Zum Theoriengebäude einer wissenschaftlichen Disziplin
gehört neben der Bestimmung ihres Gegenstandes und ihres
Methodenspektrums auch die Entwicklung eines eigenen
Begriffsapparates. Für Josef Schmithüsen war das ein wichtiges Anliegen. Davon zeugt auch sein Hauptwerk „Allgemeine Geosynergetik" (1976), in dessen Mittelpunkt die Wechselwirkungen zwischen den landschaftlichen Kompartimenten standen. Es gab sowohl im deutschen Sprachraum als
auch länderübergreifend wiederholt Ansätze, die Fachbegrif-
fe gegenseitig abzustimmen. Hingewiesen werden soll in
diesem Zusammenhang auf Haase et al. (1973), Preobraženskij et al. (1982) und Snacken (1984). Die Verwendung
und die Akzeptanz der eingeführten Terminologie ist jedoch
nicht widerspruchsfrei geblieben.

Der hohe Anteil von Synonymen und Homonymen im Gebrauch der Fachsprache, die Entlehnung von Wörtern aus
der Umgangssprache ohne exakte inhaltliche Bestimmung,
die Einführung vieler neuer Begriffe, die in der Fachwelt nur
eine geringe Verbreitung und Akzeptanz finden, erschweren
die Kommunikation und behindern die interdisziplinäre
Zusammenarbeit. Für diesen Zustand kann man diverse
objektive Ursachen anführen. Ein wichtiger Grund lässt sich
sicher aus der Entwicklung der Disziplin selbst ableiten, die
in den letzten Jahren einen stürmischen Aufschwung genommen hat, die viele Impulse aus benachbarten geowissenschaftlichen, biologischen und anderen wissenschaftlichen

Disziplinen erhalten hat und von denen die Fachsprache nicht unbeeinflusst bleiben konnte.

Dabei blieb selbst der Begriff „Landschaftsökologie" nicht von terminologischen Diskussionen verschont, zumal Carl Troll (1968) selbst vorschlug, aus Gründen der internationalen Verständlichkeit den Terminus „Geoökologie" einzuführen. Weltweit setzte sich jedoch die Fachbezeichnung Landschaftsökologie durch, so dass lediglich im deutschen Sprachraum beide Begriffe verwendet werden, entweder synonym oder in der Form, dass Geoökologie eine stärkere Betonung abiotischer Komponenten bei der räumlich orientierten ökologischen Forschung ausdrückt. Naveh (2002) spricht sich ausdrücklich gegen eine Gleichsetzung von Geoökologie und Landschaftsökologie sowie die Reduktion der Inhalte der Landschaftsökologie auf geoökologische Fragestellungen aus. Für Leser (1997) stellt die Geoökologie den physisch-geographischen Zweig der Landschaftsökologie dar.

Welche Prozesse wurden untersucht?

Die landschaftlichen Raummuster sind Bedingungsgefüge und Ereignisfeld von Prozessen, wie Neef (1969) bemerkte. Die Raummuster wurden zunächst auf der Basis statisch invarianter Landschaftsmerkmale erkundet. Die Kartierungen der landschaftsökologischen Raumgliederung haben ihren Sinn sowohl für die landschaftsplanerische Praxis als auch in der landschaftsökologischen Grundlagenforschung bestätigt. Durch die traditionelle Erkundung der Raumstruktur konnten jene Variablen sichtbar gemacht werden, mit denen Landschaftsprozesse quantitativ gekennzeichnet werden können (Leser 1976).

Allerdings wurden bei der Erkundung räumlicher Strukturen in der Landschaftsforschung bis in die siebziger Jahre des vergangenen Jahrhunderts hinein die variablen Prozesse zu wenig beachtet (Neumeister 1988). Diese Situation ergab sich aus den materiellen und personellen Voraussetzungen jener Zeit. Die Erkundung dynamischer Parameter verlangt einen sehr hohen Untersuchungsaufwand sowohl in Hinblick darauf, was den adäquaten Einsatz von Messtechnik erfordert, als auch in Bezug auf den personellen Bedarf.

Aus der Erkundung der Raumstrukturen entwickelte sich im Laufe der siebziger Jahre des vergangenen Jahrhunderts die Prozessforschung.

Erst im Laufe der siebziger Jahre des vergangenen Jahrhunderts wandte sich die Landschaftsforschung verstärkt der Erkundung und Aufhellung der wichtigsten Prozessabläufe zu (Abb. 2.3-5). Das erforderte Messreihen und die Ver-

knüpfung der dabei gewonnenen Ergebnisse mit Strukturmerkmalen, um auf diese Weise die an repräsentativen Ein-
zelstandorten gewonnenen Messergebnisse auf die Fläche
übertragen zu können. Beruscasvilii (1977) gelang es, nach
detaillierten Reihenmessungen an Standorten (Stationaren)
über eine Synthese von Strukturzustand und Verhaltensweisen für sehr kurze Zeitspannen (einen Tag) sogenannte
„Stacks" abzuleiten. Diese Stacks dienen der Aufklärung von
Landschaftszuständen, die sich z.B. an den Wechsel von
Jahreszeiten, Witterungssituationen oder phänologischen
Phasen binden lassen.

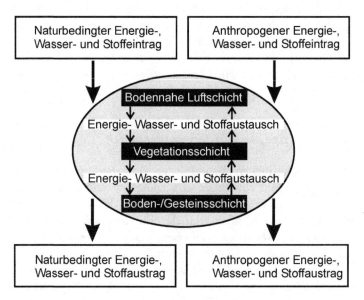

Abb. 2.3-5 Prozessabläufe in der Landschaft (nach Neumeister
1988 und Löffler 2002c, vereinfacht)

Wesentliche Fortschritte bei der theoretischen und methodischen Fundierung dieser Forschungsrichtung sind mit Arbeiten an Testgebieten verbunden, beispielsweise von Haase
(1973), J.I.S. Zonneveld und Tjalingii (1975), Snytko (1976),
Neumeister (1978, 1979, 1984), Mosimann (1984, 1991) und
Leser 1984.

Die Ermittlung von Struktur- und Prozessgrößen bezeichnet man als landschafts-ökologische Komplexanalyse. Den Anspruch, der an die Prozessforschung zu stellen ist,
beschrieb Neumeister (1979). Er hob hervor, dass mit die-
sem Forschungsansatz die naturgesetzlich determinierten
Prozessabläufe erkannt und die über die Prozesse realisierte
Leistung der Landschaft ermittelt werden solle. Von Mosimann (1984) wurde die Ermittlung von Struktur- und Prozessgrößen als landschaftsökologische Komplexanalyse ver-

allgemeinert dargestellt und als zentraler Bestandteil des geoökologischer Arbeitsganges beschrieben.

Neef (1967) hatte die Untersuchung des Landschaftshaushaltes und die Ausgliederung von Haushalttypen als Gegenstand und Ziel der landschaftsökologischen Forschung bezeichnet. Dazu bedarf es jedoch der Ermittlung der wichtigsten Haushaltgrößen. Voraussetzungen dafür sind umfangreiche und langfristige Untersuchungen, wie sie heute im Rahmen großer Forschungsprogramme betrieben werden (vgl. Fränzle et al. 1997-2000). Selbst dann lassen sich in der Regel nur Teilaspekte erfassen und darstellen. Anders ist es bei großräumigen Übersichten, für die Abschätzungen durchaus ausreichen, beispielsweise bei der Darstellung der Ökozonen der Erde (Schultz 2002).

Welche Systeme wurden betrachtet?

Infolge ihrer komplexen und komplizierten Struktur lassen sich Landschaften verbal nur unzureichend beschrieben. Deswegen wurde der von Tansley (1935) eingeführte Begriff des Ökosystems schon bald auf räumlich abgrenzbare Systeme bezogen. Dazu boten sich zunächst Seen an. Waldstücke und landwirtschaftliche Nutzflächen folgten. Diese Betrachtungsweise wurde möglich durch die Forcierung quantitativer Untersuchungsmethoden, in deren Folge viele Merkmale des Landschaftskomplexes messend erfasst werden konnten. So fanden verstärkt Instrumentarien der Mathematik und Informatik Eingang in die Landschaftsforschung. Das erwies sich als wesentlicher methodischer Fortschritt für eine formalisierende Abbildung von Landschaften.

Tansley (1935) hat den Ökosystem-Begriff in die Ökologie eingeführt.

Mit dem Solling-Projekt, in dem die Funktionen und Stoffflüsse eines mitteleuropäischen Buchenwaldes untersucht wurden, ist in den sechziger Jahren des vergangenen Jahrhunderts ein bedeutendes Vorhaben des Internationalen Biologischen Programms durch Heinz Ellenberg in der Bundesrepublik Deutschland installiert worden. Am Beispiel eines Waldökosystems wurden 1966-1986 Prozesse des Energie-, Wasser- und Stoffumsatzes, die bisher isoliert voneinander betrachtet worden waren, durch eine interdisziplinäre Forschungsgruppe in ihrem Zusammenhang untersucht.

Unter der Leitung von Ellenberg wurde 1966-1986 der Energie-, Wasser- und Stoffumsatz in einem Waldökosystem des Solling beispielhaft untersucht (Solling-Projekt).

Von Ellenberg (1973) stammt die Beschreibung des Ökosystems als einer Lebensgemeinschaft von Pflanzen, die mit ihrer Umwelt eng verbunden sind. Nentwig et al. (2004) definieren heute das Ökosystem als ein Wirkungsgefüge

Der Geosystem-Begriff wurde durch Socava (1974) in die Landschaftsforschung eingebracht.

zwischen Organismen und ihrer Umwelt, das offen gegenüber anderen Systemen ist, sich jedoch durch eigene Strukturen und eine eigene Zusammensetzung von diesen abhebt.

Parallel dazu entstand das Geosystem-Konzept. Viktor Borissowic Socava brachte den Begriff „Geosystem" in die geographische Landschaftsforschung ein. Er stellte ihn 1971 auf einer Konferenz zur Topologie der Geosysteme in Irkutsk vor, an der auch Ernst Neef und Josef Schmithüsen teilnahmen. Socava spricht in diesem Zusammenhang vom Systemparadigma, in dem er einen der wesentlichen Fortschritte der Geographie für die zweite Hälfte des 20. Jahrhunderts sieht. Geosysteme sind nach Socava (1974) an den geographischen Raum gebunden. In ihnen spiegeln sich Gliederung, Entwicklung und die Veränderung der belebten und der unbelebten geographischen Erdhülle wider. Das gilt auch, wenn Zusammenhänge selektiv betrachtet werden.

Die Vorstellungen, die dem Geosystem-Begriff zu Grunde liegen, sind ebenfalls älter und basieren auf Konzeptionen der biologisch orientierten Ökosystemlehre, der allgemeinen Theorie hydrologischer Systeme, der quantitativen Geomorphologie, der Klimatologie und der Geochemie. Eine ausführliche Darstellung zu den Wurzeln des Geosystem-Konzeptes und zu den Eigenschaften von Geosystemen geben Blumenstein et al. (2000).

Bei der Erforschung landschaftlicher Ökosysteme werden die Energie-, Wasser- und Stoffumsätze sowie die interne Struktur von Landschaften untersucht. Dabei überlappen sich biologische und geowissenschaftliche Ansätze.

In den achtziger Jahren des vergangenen Jahrhunderts wurde die systemare Betrachtungsweise Allgemeingut der Landschaftsforschung. Beziehungsgefüge zwischen den Eigenschaften landschaftlicher Kompartimente werden als Elemente und Relationen abgebildet. Eine Übersicht dazu vermitteln Klug und Lang (1983). Die Geosystemforschung untersucht die systeminternen Energie-, Wasser- und Stoffumsätze und die Eigenschaften einschließlich der internen Struktur landschaftlicher Systeme (Rohdenburg 1989). Die biologisch fundierte Ökosystemforschung tut, sofern sie räumlich orientiert ist, dies ebenfalls, allerdings unter vorrangiger Berücksichtigung des Zusammenhanges zwischen Organismen und ihrer Umwelt. Trotz der unterschiedlichen Sichtweisen der Bio- und Geowissenschaften überlappen sich beide Forschungsansätze in der Praxis (Schreiber 1999), so dass es sinnvoll erscheint, von landschaftlichen Ökosystemen (Leser 1997) zu sprechen und die Bemühungen um eine definitorische Trennung von Bio- und Geoökosystemen nicht fortzusetzen.

Die Verarbeitung der, nicht zuletzt mit der Entwicklung der Geofernerkundung, immer umfangreicher werdenden raumbezogenen Informationen erwies sich als eine Aufgabe der Geosystemforschung. Die geographischen Informationssysteme (GIS), die in den achtziger und neunziger Jahren des vergangenen Jahrhunderts entstanden sind, sammeln und strukturieren das vorhandene Wissen. Moderne GIS enthalten Module zur Analyse und Modellierung dieses Wissens. Ihr Spezifikum sind die Möglichkeiten zur Generierung neuer Informationen durch die theoriegeleitete Kombination der Datenbestände.

Die Entwicklung eines GIS fußt bewusst oder unbewusst auf Vorstellungen über Wirkungszusammenhänge. Insofern ist der Einsatz Geographischer Informationssysteme eng mit der Entwicklung landschaftsökologischer Modelle verbunden. Dabei kamen immer stärker geostatistische Methoden zur Anwendung. Das kann man verfolgen, wenn man die Publikationen von Richter (1968, 1978), Snytko (1976), Aurada (1982), Mosimann (1991), Leser (1997), Bork (2000), Blumenstein et al. (2000) und Bronstert et al. (2002) betrachtet.

Beispielhaft wurden u. a. geostatistische Methoden in einem deterministischen Ansatz bei der Entwicklung von Habitatmodellen für die Avifauna durch Blaschke (1997) eingesetzt. Gleiches gilt für die stochastische Identifikation räumlicher und zeitlicher Prozesse in Agrarökosystemen durch Wendroth (2000).

Wie wurden Erkenntnisse der Landschaftsökologie für die Wirtschafts- und Planungspraxis aufbereitet?

Für Ernst Neef (1964) war die naturräumliche Gliederung Deutschlands, an der er selbst mitgewirkt hatte, eigentlich eine bloße Kompilation. Neef, der reiche Erfahrungen sowohl bei wissenschaftlich forschenden Tätigkeiten als auch in der planerischen Praxis gewonnen hatte, vertrat die Auffassung, dass gerade auch für Planungs- und Projektvorhaben eine beschreibende und individualisierende Kennzeichnung von Landschaftsräumen allein nicht die für diese Arbeiten notwendigen Informationen liefern konnte.

Neef wies darauf hin, dass die wachsenden Inanspruchnahme der Landschaft durch die menschliche Gesellschaft und die Nutzung ihres Leistungsdargebotes im gesellschaftlichen Reproduktionsprozesses zur Bewertung ihres Gebrauchtwertangebotes zwingen. Ein methodisch wichtiger Schritt war mit der Einführung des Begriffs „Naturraum" hierfür

Geographische Informationssysteme und geostatistische Methoden machen heute die Gewinnung neuer Informationen aus vorhandenen Datenbeständen möglich.

Die Nutzungseignung von Naturräumen kann durch Natur-(raum)potenziale gekennzeichnet werden.

bereits getan worden. Mit dem Terminus „Naturraum" kennzeichnet man - bezogen auf einen bestimmten Landschaftsraum - die natürliche Ausstattung einer Landschaft. Dabei abstrahiert man mit diesem Begriff bewusst von der vollen landschaftlichen Realität, um unabhängig von der gegenwärtigen Nutzung und dem damit verbundenen Landschaftszustand die Rahmenbedingungen für eine naturadäquate Landschaftsnutzung herausarbeiten zu können (Barsch et al. 1988). Als Naturraumausstattung lassen sich damit alle Stoffe, Eigenschaften und Prozesse eines Naturraumes kennzeichnen. Diese Determinanten, die für die Nutzung verfügbar sind, bestimmen das Naturdargebot. Ihr Gebrauchtwertangebot in Bezug auf eine bestimmte Nutzungsrichtung bezeichnet Haase (1976) als „Naturraumpotenzial" oder „Naturpotenzial".

Eingeführt wurde der Potenzialbegriff bereits 1949 von Bobek und Schmithüsen als „räumliche Anordnung naturgegebener Entwicklungsmöglichkeiten" (Bastian 1999). Neef definierte ihn 1966 als „gebietwirtschaftliches Potenzial". Er versteht darunter die Summe aller Energien, die in einem bestimmten Territorium latent vorhanden ist und durch gebietswirtschaftliche Maßnahmen freigesetzt und eingesetzt wird. Der Ansatz von Neef war ursprünglich auf ein allgemeines Naturpotenzial ausgerichtet. Die Vorstellung, sowohl alle Naturtatsachen und Naturvorgänge als auch die menschlichen Aktivitäten und ihre Ergebnisse in Energiegrößen zu erfassen und darzustellen, konnte jedoch nicht umgesetzt werden.

Landschaftliche Funktionen gründen sich auf Gruppen landschaftsökologischer Prozesse, die von ökonomischer, ökologischer oder sozialer Bedeutung sind.

Mit dem Naturraumpotenzial-Konzept wurden theoretische und methodische Grundlagen für eine Landschaftsbewertung erarbeitet. Als methodischer Weg zur Handhabung der Leistungsbewertung von Naturräumen erwies sich vor allem die Formulierung von Teilpotenzialen, wie von Haase (1976, 1978) eingeführt. Mannsfeld (1979) begründet die partiellen Naturraumpotenziale als Gesamtheit der Eigenschaften eines Naturraumes im Hinblick auf dessen spezifische Nutzung. Er betonte, dass die als partiell bezeichneten Naturraumpotenziale stets mit einem bestimmten Leistungsvermögen im Prozess der gesellschaftlichen Reproduktion verbunden sind. Ergänzend dazu entstand der Begriff der landschaftlichen Funktionen (Niemann 1977, van der Mareel und Dauvillier 1977, Haber 1979, Preobraženskij et al. 1982). Diese äußern sich in ökonomischen, ökologischen oder sozialen Leistungen und Leistungsangeboten der Landschaft (vgl. Kap. 5.5). Funktionen gründen sich auf Prozessgruppen, die die Landschaftseigenschaften maßgeblich beeinflussen. Der Inhalt des Funktionsbegriffs überschneidet sich zum Teil mit dem des Potenzialbegriffs. Dennoch ist es nicht angebracht, beide Begriffe als synonym zu verwenden (Bastian und Röder 2002).

In Zusammenhang mit der Einführung einer leistungsbezogenen Betrachtungsweise in die Landschaftsökologie entstanden seit den siebziger Jahre des vorigen Jahrhunderts eine Reihe von Kartenwerken zur Landschaftsnutzung. Dabei konnte man auf Leistungen der forstlichen Standortskartierungen aufbauen (Kopp 1975). Auch auf landwirtschaftlichen Nutzflächen wurden Landschaftseigenschaften kartiert und in Hinblick auf die damit verbundenen Nutzungsmöglichkeiten oder -risiken eingeschätzt (Schmidt und Diemann 1981).

Die Vergleichbarkeit dieser Verfahren war jedoch nicht immer gewährleistet. Um eine aufeinander abgestimmte Gesamteinschätzung zu ermöglichen, wurden deshalb von Marks et al. (1992) eine Anleitung zur Bewertung des Leistungsvermögens des Landschaftshaushaltes erarbeitet. Einen Überblick über die wichtigsten der heute in Deutschland genutzten Bewertungsverfahren vermitteln Bastian und Schreiber (1999) sowie Barsch et al. (2000).

In dem Maße wie seit Anfang der siebziger Jahre des vergangenen Jahrhunderts der Schutz der Umwelt in das Blickfeld der Gesellschaft rückte, fanden zunehmend landschaftsökologische Gedanken und Methoden Einzug in die Planungspraxis. Einen wesentlichen Betrag dazu leistete Haber (1972, 1979) mit der Entwicklung einer ökologischen Theorie der Landnutzung. Auf der Grundlage landschaftsökologischer Erkenntnisse wurden die Auswirkungen von Nutzungsansprüchen eingeschätzt sowie eine ökologische Risikoanalyse entwickelt (Bachfischer 1978).

Auf Habers Gedanken zur ökologisch orientierten Planung gründen sich auch Zielkonzepte zur Landschaftsplanung, zur Landschaftspflege und zum Naturschutz, wie sie im vergangenen Jahrzehnt erarbeitet wurden (Bastian 1996, Wiegleb 1997, Succow 2000). Diese Zielkonzepte sind auf die Umsetzung des Prinzips der Nachhaltigkeit (WCED 1987) ausgerichtet, das heißt, auf den Schutz der natürlichen Lebensgrundlagen der Menschen zugunsten einer langfristig tragfähigen ökonomischen, ökologischen und sozialen Entwicklung.

Leitgedanke einer ökologisch orientierten Planung ist das Prinzip der Nachhaltigkeit.

2.3.2 Entwicklung der Landschaftsökologie in Nordamerika

Wo sind Unterschiede zu finden, wo Gemeinsamkeiten zu Europa und innerhalb Nordamerikas?

Landschaftsökologie wird in den USA als eine räumlich orientierte Form der Ökologie betrieben, in deren Mittelpunkt Pflanzen, Tiere oder Lebensgemeinschaften stehen.

Fragt man einen Landschaftsökologen in den USA, wie denn sein Feld in die Wissenschaften einzuordnen sei, so bekommt man häufig dieselbe Antwort: Landschaftsökologie ist eine räumlich weiter gespannte Form der Ökologie (*from leaf to globe*). Gegenstand der Untersuchung ist dabei allerdings nicht per se die Landschaft als Ganzes (bei Berücksichtigung der Eigenschaften aller Landschaftskompartimente), sondern es stehen Pflanzen, Tiere oder Lebensgemeinschaften im Mittelpunkt der Betrachtungen, zuzüglich allem was sonst noch „darum herum" ist.

Dabei wird in den USA kaum zwischen „*Ecosystem Ecology*" und „*Landscape Ecology*" unterschieden. „*Ecosystem Ecology*" gilt jedoch vor allem den Systembeziehungen in der Landschaft. Bei „*Landscape Ecology*" liegt dagegen der Fokus auf *pattern*, den Anordnungsmustern von Landschaften, und deren ökologischen Effekten (Risser et al. 1984). Meist wird der biotische Aspekt in den Vordergrund gestellt, was häufig zu Lasten des Gesamtsystemcharakters geht. Eine pointierte Darstellung dieser Entwicklung findet sich in Rowe und Barnes (1994).

In Kanada hat sich eine anwendungsorientierte Landschaftsökologie herausgebildet, bei der Landschaftskartierungen und Bewertungen vorgenommen werden.

Statistik und andere quantitative Methoden sind grundlegende Werkzeuge der nordamerikanischen Landschaftsökologie (Turner et al. 2001), wohingegen qualitative Werkzeuge, wie z.B. Bewertungsskalen in den USA zunächst relativ unbekannt waren. Anders ist die Situation in Kanada. Dort hat sich eine anwendungsorientierte Landschaftsforschung herausgebildet (Moss 1979). Ihr Hauptgegenstand ist die Landschaftskartierung und -klassifikation. Unter ihrem Einfluss sind dann auch in den USA Raumgliederungen vorgenommen, beispielsweise von Bailey (1976, 1995).

Wie wurde die Landschaftsökologie eigenständig?

In Nordamerika hat sich die Landschaftsökologie aus der Biologie heraus entwickelt. Historische Impulse haben die Biologen Tansley (1935) mit der Einführung des Begriffs „*ecosystem*", E.P. Odum (1971) durch „*fundamentals*", die Gebrüder H.T. und E.C. Odum (1980) über „*systems approach*" sowie O'Neill et al. (1986) durch die Einführung von „*hierarchical scales*" gegeben.

Schritte auf dem Weg zu einer landschaftsökologisch orientierten Forschung stellen auch die Arbeiten von Egler (1942) über den ganzheitlichen Ansatz bei der Untersuchung der Vegetation dar, ebenso das Buch von Dansereau (1957) über die ökologischen Perspektiven der Biogeographie und das klassische Werk von E. O. Odum über die Grundlagen der Ökologie (1971).

Eigenständige landschaftsökologische Untersuchungen sind in Nordamerika jedoch relativ jung. Während in Europa seit den vierziger Jahren des letzten Jahrhunderts die landschaftsökologische Methodik vervollkommnet wurde, hat sich die Landschaftsökologie als Fachbereich in Nordamerika erst den siebziger bis achtziger Jahren etabliert. In Kanada geschah das in Zusammenhang mit der *„Hierarchical Landscape Classification"* des Staatsgebietes. In den USA war diese Entwicklung das Resultat von zwei Kongressen, die in frühen achtziger Jahren beiderseits des Atlantiks stattfanden (Turner et al. 2001). Zum einen handelte es sich um den 1. Internationalen Kongress für Landschaftsökologie, veranstaltet von der Gesellschaft für Landschaftsökologie der Niederlande in Wageningen, Niederlande, zum anderen um einen Workshop in Allerton Park, Illinois. Diese Kongresse führten die landschaftsökologisch interessierten und tätigen Fachkollegen zusammen und regten sie an, sich mit den Konzepten, Ideen und dem Potenzial einer landschaftsökologischen Arbeitsweise vertieft auseinander zu setzen (Risser et al., 1984).

Sehr einflussreich waren in den darauffolgenden Jahren die Publikationen vpn Naveh und Lieberman (1984), die in Isreal tätig waren, und von Forman - hier vor allem das Buch, das nach einem einjährigen Forschungsaufenthalts bei Godron in Montpellier, Frankreich, entstanden war (Forman und Godron 1986). Besonderes Augenmerk wurde auf den Zusammenhang zwischen Struktur, Funktion und Veränderung gelegt, was nicht zuletzt mit der weitgehenden Verbreitung räumlicher ökologischer Daten dank Satellitenbeobachtungen zusammenhängt.

Landschaftsökologie versteht sich in Nordamerika als eine räumlich orientierte Arbeitsrichtung der Ökologie (Moss 2000). Viele Lehrstühle für *Landscape Ecology* sind mit Professoren besetzt, die mit GIS und Fernerkundungsmethoden arbeiten. Oft stehen allerdings eine Tier- oder Pflanzenart und deren Lebensraum im Mittelpunkt der Untersuchungen (z. B. Wiens 1992, 1997); andere Tier- oder Pflanzenarten sowie die abiotische Komponente werden lediglich als Hin-

Die Wurzeln der Landschaftsökologie in Nordamerika liegen in der Biologie. Sie ist erst in den siebziger und achtziger Jahren des vergangenen Jahrhunderts ein eigenständiger Fachbereich geworden.

Landschaftsökologie versteht sich in Nordamerika wie in Europa als eine räumlich orientierte Arbeitsrichtung der Ökologie. Oft stehen dabei eine Tier- oder Pflanzenart und deren Lebensraum im Mittelpunkt der Betrachtungen.

tergrund betrachtet (als „*matrix*"). Diese Zentrierung auf einzelne biotische Kompartimente führt mitunter zu einer relativ unbestimmten Formulierung eines Ökosystems (Rowe and Barnes 1994), dass das umfasst, was die Art zum Leben braucht. Dies kann nicht mit dem Landschaftsökosystem nach Leser (1997) gleichgesetzt werden kann.

2.3.3 Der Brückenschlag

Kontakte zwischen Landschaftsökologen in allen Teilen der Erde hat es immer gegeben. In den letzten Jahrzehnten wurden sie wesentlich zahlreicher und intensiver. Dazu trugen vor allem Geographen und Biologen bei.

Die Arbeitsgruppe „*Landscape Synthesis* der Internationalen Geographischen Union, auf Iniative des Geographen Emil Mazur von der Sowakischen Akademie der Wissenschaften gegründet und 1980 bis 1992 tätig, hat in sich Geographen aus fünf Kontinenten vereint (Mazur 1983). Sie hat den internationalen Gedankenaustausch der Landschaftsökologen gefördert. Es wurden Probleme der landschaftsökologischen Modellierung und der landschaftsökologischen Terminologie erörtert. Landschaftsanalyse, Landschaftsdiagnose und Landschaftsprognose wurden als die wesentlichen Schritte der landschaftsökologischen Erkundung herausgearbeitet. In diesem Zusammenhang wurden Detailstudien aus unterschiedlichen Regionen der Erde vorgestellt (Abb. 2.3-6).

Zur internationalen Verständigung der landschaftsökologisch tätigen Geographen trug die Arbeitsgruppe „Landscape Synthesis" der Internationalen Geographischen Union bei.

沖縄島北部小流域の植生破壊

武内和彦・新里孝和

東京都立大学理学部地理学教室・琉球大学農学部附属演習林

Zerstörung der Vegetation in einem kleinen Wassereinzugsgebiet im nördlichen Teil der Okinawa-Insel, Südwest-Japan

von

Kazuhiko TAKEUCHI und Takakazu SHINZATO

Department of Geography, Fac. Sci., Tokyo Metropolitan University
Experimental Forest, Fac. Agr., University of the Ryukyus

はじめに

Abb. 2.3-6 Titelblatt einer Studie zur anthropogen ausgelösten Bodenerosion auf Okinawa (Takeuchi und Shinzato 1979)

Der abschließende Überblick über den Arbeitsstand wurde durch Moss und Milne (1999) in Kanada publiziert. Natürlich konnte in dieser Arbeitsgruppe kein einheitliches System von gedanklichen Ansätzen und Methoden geographischer Landschaftsforschung entwickelt werden. Dennoch ist die Bedeutung ihrer Arbeit für die internationale Verständigung über Aufgaben, Ziele und Verfahrensweise der Landschaftsökologie unbestritten.

Weit über die Geographie hinaus erstreckt sich das Tätigkeitsfeld von IALE, der Internationalen Gesellschaft für Landschaftsökologie (*International Association of Landscape Ecology*), die 1982 auf einem Internationalen Symposium über Probleme der landschaftsökologischen Forschung in Piestany, Tschechoslowakei, gegründet wurde. Die Initiative dazu ging hier wiederum von einem Vertreter der Slowakischen Akademie der Wissenschaften aus, diesmal von dem Biologen Milan Ruzicka. IALE hat heute rund 1500 Mitglieder in allen Teilen der Erde. Dazu gehören Vertreter aller wissenschaftlichen Disziplinen, die sich mit landschaftsökologischen Fragestellungen auseinandersetzen. Eine deutschsprachige Regionalorganisation (IALE-D) ist nach einigen, auch durch die deutsche Teilung bedingten Verzögerungen 1999 in Basel etabliert worden. Viele ihrer Mitglieder hatten jedoch schon vorher in IALE mitgearbeitet.

Das bedeutendste internationale Forum der Landschaftsökologen ist heute IALE: die *International Association of Landscape Ecology*.

Drei Tagungen, die durch die Universität Roskilde organisiert wurden, waren für IALE von erheblicher Bedeutung. Sie hatten Fragen der Methodologie der Landschaftsforschung und -planung (Brandt und Agger 1984, Brandt 1991, Brandt und Vejre 2004) zum Gegenstand. Die Themen wurden in der Folge auf eine Reihe von IALE-Kongressen vertieft, vor allem in Hinblick auf die Multifunktionalität von Landschaften. In Verbindung damit wurde auf dem 8. IALE-Weltkongress 2011 die Bedeutung der Landschaftsökologie für eine nachhaltige Umweltgestaltung diskutiert.

Traditionelle Unterschiede zwischen den Ansätzen und den Inhalten landschaftsökologischer Untersuchungen sind aus den Ergebnissen einer Befragung von IALE-Mitgliedern abzulesen (Abb. 2.3-7), an der 151 Fachkollegen teilnahmen. Deutsche Landschaftsökologen sind demnach am stärksten geographisch orientiert (Ursprungsdisziplin und gegenwärtiges Arbeitsfeld, y-Achse), während ihre Kollegen aus den USA mehr aus den Biowissenschaften stammen. Die kanadische Landschaftsökologie ist am stärksten anwendungsorientiert (x-Achse). Gemeinsam ist aber das Bemühen der in IALE vereinten Landschaftsökologen, die Landschaft als

Ganzheit zu betrachten und ihre speziellen Arbeitsgebiete
darin einzuordnen. Eine Standortbestimmung aus europä-
ischer Sicht vermitteln Bastian und Steinhardt (2002).

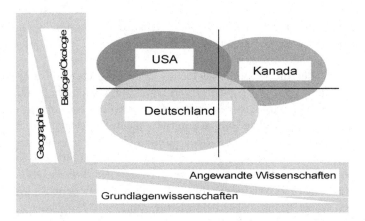

Abb. 2.3-7 Landschaftsökologische Arbeitsansätze und
-inhalte (nach Potschin 2002)

Konsens besteht innerhalb von IALE in der Auffassung des
Gegenstandes der Landschaftsökologie: Untersuchung der
raum-zeitlichen Veränderungen der Landschaft auf unter-
schiedlichsten Skalenbereichen. Dies schließt sowohl die
biophysikalischen als auch die gesellschaftlichen Ursachen
und Wirkungen landschaftlicher Heterogenität ein. Der konzeptionelle und theoretische Kern der Landschaftsökologie
verbindet somit Naturwissenschaften mit relevanten hu-
manwissenschaftlichen Disziplinen. Will man Landschaftsökologie portraitieren, so müsste man ein Bild zeichnen, das
die räumlichen Muster oder Strukturen der Landschaft, die
von der Wildnis bis zu urbanen Zentren reichen ebenso
enthält wie die Wechselwirkungen zwischen landschaftlichen
Strukturen und Prozessen aber auch die Beeinflussung dieser
Struktur-Prozess-Korrelationen durch menschliche Aktivitäten und schließlich den Skaleneffekt und die Wirkung von
Störungen in der Landschaft.
Vor diesem Hintergrund wird gegenwärtig diskutiert, ob
Landschaftsökologie einem **multidisziplinär**en Ansatz verpflichtet ist im Sinne I.S. Zonnevelds (1995) *„a combination of
sciences"*, eine **interdisziplinär**e Position einnimmt (*„in between sciences"*, I.S. Zonneveld 1995), **transdisziplinär** arbeitet
(*„integration of subsciences"* Naveh und Liebermann 1994) oder
den Anspruch einer **eigenen Disziplin** erheben kann.

Zev Naveh (2002, S. XXIII)
„Landscape ecology has to deal in a holistic way with
landscapes as complex systems in which natural geo-
spheric and biospheric processes are closely interwoven
with noospheric human mind events, to be studied by
geo-bio- and human ecological tools."

Wie war das? - Einige Fragen zu Kapitel 2

Der Landschaftsbegriff

1. Mit welchen Aspekten wird der Begriff „Landschaft" assoziiert?
2. Geben Sie je ein Beispiel für eine ästhetische und eine kausalanalytisch-genetische Definition des Begriffs „Landschaft"!
3. Was versteht man unter *Total Human Ecosystem*?
4. Inwieweit ist eine Trennung zwischen „Naturlandschaft" und „Kulturlandschaft" hinfällig?
5. Durch welche Kompartimentsphären wird Landschaft geprägt?

Raum-zeitliche Hierarchien

6. Was versteht man unter einem *Econ*?
7. Wie werden – aufbauend auf dem *Econ*-Begriff – Choren, Regionen und Zonen definiert?
8. Inwiefern ist es hilfreich, die Begriffe der verschiedenen Dimensionsstufen durch Skalenbegriffe zu ersetzen?
9. Welche skalenspezifischen Merkmale gibt es?
10. Erläutern Sie an einem Beispiel, dass eine skalenspezifische Betrachtungsweise auch entsprechende skalenspezifische Arbeitsweise erfordert!
11. Durch welche Parameter kann landschaftliches Prozessgeschehen quantifiziert werden?
12. Nennen Sie Beispiele für Prozesse, die die Dynamik von Landschaft und deren Genese charakterisieren!
13. Wie geht man mit Vorstellungen zu Homogenität und Heterogenität in der Landschaft um?
14. Was versteht man unter der raum-zeitlichen Hierarchie landschaftlicher Phänomene und Prozesse?

3 Landschaft als offenes System

3.1 Die Bedeutung des Systemansatzes

Die Szenarien sind an Nervenkitzel kaum noch zu überbieten: Flutwellen überraschen friedlich schlafende Bürger, Stürme verändern den gewohnten Lebensrhythmus einer ganzen Region, Schädlinge fallen massenweise in blühende Landschaften ein oder Eispanzer lassen eine ganze Gegend erstarren. Viele Zeitgenossen fragen sich besorgt: Was ist künstlerische Fiktion, was mögliche reale Zukunftsperspektive? Die Antwort hierauf ist schwierig und wohl auch nicht Gegenstand eines Buches, welches landschaftsökologische Grundlagen darstellen will.

Weshalb dennoch diese Einleitung? Unbestreitbar haben sich mit der Entfaltung der kulturgeschichtlichen Aktivitäten des Menschen vielfältige Konflikte mit seiner Umwelt entwickelt. Diese existieren jedoch nicht in einem raumlosen Etwas, sondern sind Bestandteil der Struktur und Dynamik der Landschaften, in denen die Menschen leben. Trotz deren unterschiedlicher Größe (siehe Kap. 2.2) gibt es eine Gemeinsamkeit: Immer wirken Naturgesetze mit ökonomischen Prozessen und sozialen Phänomenen in einem komplizierten Wirkungsgeflecht zusammen. Will man ernstzunehmende Überlegungen zu Nachhaltigkeitsstrategien anstellen und auch erfolgreich an deren Realisierung arbeiten, muss dieses Bedingungsgefüge erfasst werden.

Es leuchtet ein, dass man auf inhaltliche Gemeinsamkeiten der verschiedenen Natur-, Geistes- und Sozialwissenschaften zurückgreifen muss, um die Komplexität ihres Zusammenwirkens begreifen zu können. Unabdingbare Basis für das Landschaftsverständnis sind deshalb ein interdisziplinärer Ansatz, eine Einheitlichkeit der Termini und Gemeinsamkeiten in der Denkstrategie der beteiligten Fachgebiete.

Der Systemansatz ermöglicht einen holistischen, d.h. gesamtheitlichen Blick auf die Strukturen und Prozesse von Landschaften.

Diese Grundregeln werden durch die Systemlehre repräsentiert, die einen **holistischen**, also gesamtheitlichen Blick auf die Strukturen und Prozesse von Landschaften gestattet. Das kommt schon in der Universalität des Begriffes „System" zum Ausdruck. Er ist in vielen Bereichen der Alltagskommunikation präsent. So wird von Gebirgs-, Fluss-, Wirtschafts-, Bildungs-, Gesellschafts-, Versorgungs- oder Gleichungssystemen gesprochen.

Die Systemlehre ist mit weiteren, holistisch orientierten Fachgebieten eng verflochten. Zu nennen sind vor allem die Synergetik und die Nichtlineare Dynamik.

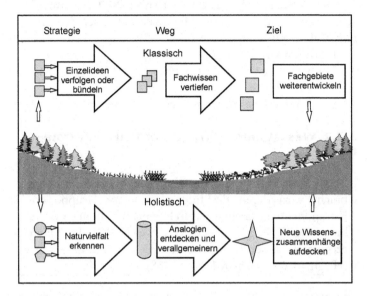

Abb. 3.1-1 Strategie, Weg und Ziel klassischer bzw. holistischer Wissenschaftsdisziplinen

Welcher Unterschied besteht zu den „klassischen" Wissenschaftsdisziplinen? Deren Ansätze sind darauf ausgerichtet, spezifisches Fachwissen zu vertiefen, um das eigene Wissensgebiet weiterzuentwickeln. Im Gegensatz dazu versuchen die holistisch orientierten Disziplinen, in der Vielfalt der Strukturen und Prozesse Analogien zu entdecken und zu verallgemeinern, um neue Wesenszusammenhänge herauszuarbeiten (vgl. Abb. 3.1-1). Natürlich kann dies nur auf einer gemeinsamen theoretischen Basis realisiert werden.

3.2 Die Systemmerkmale von Landschaften

3.2.1 Unter welchen Gesichtspunkten kann man eine Landschaft als System auffassen?

Will man die Systemlehre auf Landschaften anwenden, muss man zunächst nach gemeinsamen Kriterien für die Kategorien „Landschaft" und „System" suchen. Beide Aspekte werden über das Systemkonzept vereint.

Ein „landschaftliches System" ist als ein relativ geschlossener Teil der Landschaft zu verstehen, der mittels der allgemeinen Systemtheorie erfasst werden kann (Klug und Lang 1983).

In diesem Sinne wären Landschaften als Systeme aufzufassen, wenn sie nachfolgende Merkmale aufweisen (vgl. Ebeling et al. 1990)

1. Strukturiertheit,
2. Koexistenz verschiedener Phasen,
3. Systemgrenze,
4. Auftreten typischer Systemeigenschaften.

3.2.2 Was ist unter „Strukturiertheit" zu verstehen?

> Folglich ist ein System die Ganzheit, welche hervorgebracht wird durch die Integration einer Gruppe von Komponenten, deren strukturelle und funktionelle Beziehungen eine Ganzheit schaffen, welche bei der Disaggregierung dieser Komponenten nicht vorhanden wäre. (Haigh, in Wolkenstein 1990, S. 138)

Räumliche Nähe und Gleichzeitigkeit des Auftretens von Elementen sind die Grundbedingung für die Entstehung von Interaktionen.

Ein System besteht somit aus Elementen, zwischen denen Wechselwirkungen stattfinden (vgl. Abb. 3.2-1). Naturgemäß können Wechselwirkungen zwischen einzelnen Elementen aber nur dann entstehen, wenn zwischen ihnen eine geringe Entfernung vorhanden ist.

Bodenteilchen sind nur dann in der Lage, Aggregate zu bilden, wenn sie einander so nahe sind, dass Wechselwirkungskräfte wirksam werden können. Eine Pflanze kann nur dann Wassermoleküle und Nährstoffionen aufnehmen, wenn diese sich im Nahbereich der Wurzeloberfläche (**Rhizosphäre**) befinden. Ein Fuchs füllt erst dann seine Stellung im Nahrungsnetz als Fleischfresser erfolgreich aus, wenn er nahe genug an die Beutetiere herangekommen ist.

Analog zu diesem Raumaspekt können Interaktionen zwischen den Elementen nur dann auftreten, wenn diese gleichzeitig existieren. Was nützt es dem Fuchs, wenn der friedlich grasende Hase schon einige Stunden zuvor sein Jagdrevier verlassen hat?

Ein letztes Beispiel aus der Geomorphologie soll diese Aspekte der Strukturbildung noch einmal im Zusammenhang verdeutlichen: Die Akkumulationsformen einer Landschaft (z.B. Moräne, Düne oder Sedimentdecke eines Sees) können erst dann entstehen, wenn sich genügend viele Teilchen eines Lockermaterials (Geschiebe, Flugsand, anorganische und organische Sinkstoffe) in einem landschaftsgenetisch kurzen Zeitabschnitt auf- und nebeneinander ablagern.

Es ist einzusehen, dass diese Voraussetzungen von grundlegender Bedeutung sind. Sie werden deshalb als die „essentielle Zeit-Raum-Bedingung der Existenz eines landschaftlichen Systems" bezeichnet.

Es muss nicht weiter belegt werden, dass jede Landschaft einen bestimmten geographischen Raum einnimmt. Schließlich gilt die Geographie als „die" Raumwissenschaft. Die Raumgröße wird dabei vorrangig von der Anzahl der Elemente, weniger durch ihre Vielfalt bestimmt.

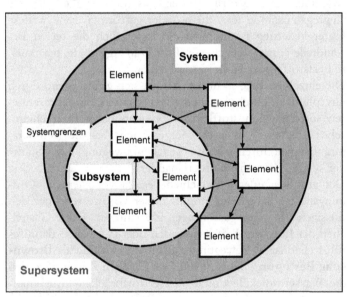

Abb.3.2-1 Definitorische und strukturelle Grundlagen zum Systembegriff (nach Müller 1999)

Man kann eine bestimmte Anzahl von Elementen und ihre Wechselwirkungen zu einem Subsystem zusammenfassen, wovon mehrere wiederum das gesamte landschaftliche System bilden. Wie weit man eine Untergliederung in Subsysteme der n-1, n-2 ... n-i Ebene (*level*) vornimmt oder eine Einordnung in die nächst höheren Level n+1, n+2 ... n+i versucht, hängt vor allem vom Ziel der Untersuchungen ab (vgl. Abb. 3.2-1).

Probleme der Vernetzungen von Elementen zu Substrukturen oder deren Untergliederung sind eine der grundlegenden Untersuchungsrichtungen der Landschaftslehre. Im Kap. 2.2 wurde sich verschiedenen Blickwinkeln mit diesen Aspekten befasst.

Weitere naturwissenschaftliche Grundlagen der Strukturbildung sind in Blumenstein und Schachtzabel (2000) nachzulesen.

3.2.3 Was bedeutet „Koexistenz verschiedener Phasen"?

> Alle gegenständlichen Systeme sind aus Materie aufgebaut, die in verschiedenen Zustandsformen existiert (Ebeling et al. 1990, S. 12).

Bekannte Zustandsformen oder Phasen der Materie sind die Aggregatzustände fest, flüssig oder gasförmig. Eine weitere Untergliederung ist möglich. So lassen sich die festen Bestandteile je nach Teilchengröße z.B. in Aggregate, partikuläre Feststoffe oder Kolloide unterteilen.

Phasen sind stoffliche und energetische Formen des Zustandes der Materie, aus welcher die Landschaften bestehen.

Die einzelnen Phasen unterscheiden sich grundlegend durch ihre physikalisch-chemischen Eigenschaften. Sie repräsentieren sowohl einen stofflichen (Teilchen bestimmter chemischer Elemente) als auch energetischen Zustand (temperaturabhängige Intensität der Teilchenbewegung bzw. Stärke der Wechselwirkungen untereinander).

Der grundlegender Unterschied besteht vor allem im Ordnungszustand. Generell nimmt dieser vom festen über den flüssigen hin zum gasförmigen Zustand ab. Jedes Gasteilchen der Luft, der Rauchschwaden oder des Wasserdampfes führt chaotische Bewegungen im Raum aus, die als **Brownsche Bewegung** bekannt sind. Im flüssigen Zustand werden die Wassermoleküle durch Wasserstoffbrücken untereinander verbunden, die mit sehr großer Geschwindigkeit auf- und wieder abgebaut werden. Im festen Zustand sind diese Bücken so stabil, dass jedes Molekül im Wesentlichen seinen Platz behält. Deshalb kann gefrorenes Wasser wunderschöne Kristallstrukturen ausbilden. Auf den skizzierten Eigenschaften basieren viele landschaftsökologisch relevante Eigenschaften des Wassers.

Aus den verschiedenen Ordnungszuständen lassen sich Aussagen zum Entropienanteil ableiten (Konfigurationsentropie, siehe hierzu Kap. 3.2), die für das Verständnis landschaftlicher Prozesse und die daraus resultierenden Veränderungen wesentlich sind (vgl. Kap. 4.2 und 4.3).

Es ist ersichtlich, dass das Systemkriterium „Koexistenz verschiedener Phasen" gleichfalls uneingeschränkt für die realen Landschaften gilt. Es treten hier verschiedene Materieformen gleichzeitig und auf engstem Raum auf. Deren

Wechsel ist deshalb auch auf kleinsten räumlichen Distanzen und in kurzen Zeitschritten möglich.

Ein Beispiel soll das Kriterium „Koexistenz der Phasen" noch einmal verdeutlichen: Zu einer Landschaft gehören die gasförmigen Schichten der Troposphäre, welche über das Wettergeschehen ihre Dynamik beeinflussen. Das Wasser kann in allen drei Aggregatzuständen (fest, flüssig gasförmig) auftreten. Deren Wechsel ist mit vielfältigen Prozessen des Energieumsatzes gekoppelt. Auch der Boden ist ein wichtiges Subsystem von Landschaften. In ihm sind gleichfalls alle drei Phasen vereinigt. Er wird deshalb auch als „Dreiphasensystem" (vgl. Scheffer und Schachtschabel 2000) bezeichnet.

Es ergibt sich die Schlussfolgerung: Was man auch immer in einer Landschaft analysiert, es herrscht immer eine „Koexistenz der Phasen": Zu jedem beliebigen Zeitpunkt liegt ein räumliches Nebeneinander verschiedener Zustandsformen der Materie vor.

3.2.4 Welche Merkmale besitzen Landschaftsgrenzen?

> Jedes System hat eine Systemgrenze, die es von seiner Systemumwelt trennt. (Bossel 1992, S. 11)

Landschaften sind Erdräume und wie jeder Raum sind sie deshalb begrenzt. Hinter der Grenze befinden sich benachbarte Räume, die in ihrer Gesamtheit die Umgebung der Landschaft darstellen. Diese wird auch als „Systemumgebung" oder die „Umwelt" (*environment*) bezeichnet. Das bedeutet weiterhin: Es gibt keine Landschaft ohne Umgebung und keine Umgebung ohne Landschaft.

Landschaftsgrenzen sind nicht eindeutig, sondern haben subjektiven Charakter.

Es gibt nicht „die" Grenze einer Landschaft. Sie muss festgelegt werden. Das bedeutet, die Grenzziehung ist subjektiven Einflüssen unterworfen. Es gelten in diesem Zusammenhang zwei Grundprinzipien, die vorrangig entweder die vorhandenen Strukturen oder die Dynamik der Prozesse berücksichtigen (Abb. 3.2-2):

1. Innerhalb des Raumes setzt man eine weitgehende Gleichheit von Strukturmerkmalen voraus. Dort, wo merkliche Änderungen auftreten, legt man die Grenze fest.

2. Die Abgrenzung erfolgt dort, wo Interaktionen zwischen Elementen in ihrer Anzahl deutlich abnehmen und/oder sich deren Qualität ändert.

Somit liegt der Grenzziehung zwischen einer Landschaft und ihrer Umgebung immer eine praktische Aufgabenstellung oder ein bestimmter Untersuchungszweck zugrunde. In beiden Fällen müssen alle interessierenden Wechselwirkungen innerhalb des Systems liegen (Rohdenburg 1989). Dies bedeutet aber auch, dass verschiedene Aufgabenstellungen zur Festlegung unterschiedlicher Grenzverläufe von Landschaftseinheiten führen können.

Die Konsequenz soll an einem Beispiel erläutert werden: Für den klimatologisch arbeitenden Landschaftsökologen wäre die Grenze zwischen einem Wald und einem Acker sicherlich irgendwo inmitten des Feldes zu ziehen, denn infolge seiner Luv- und Lee-Effekte beeinflusst der Wald die klimatischen Zustandsgrößen seines Nachbarraumes.

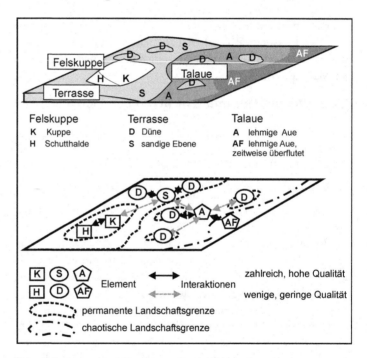

Abb. 3.2-2 Kriterien für die Festlegung von Grenzen

Untersucht ein anderer Wissenschaftler hydrologisch orientierte Fragestellungen, so kann sich die Richtung des Grenzverlaufes umkehren: Wenn das Ackerland mit einer Drainage versehen ist, wird die Grundwasserabsenkung bis in den Waldbestand hinein reichen.

Landschaftsgrenzen sind immer als Grenzräume ausgebildet.

Konsequenterweise muss man sich also Grenzen von Landschaften nicht als Linie sondern als Raum vorstellen (vgl. Kap. 5.4). Noch deutlicher wird das Phänomen bei einer landschaftsökologischen Untersuchung des Artenspektrums von Organismen. Durch die **Migration** *(Wanderung)* der

Lebewesen und ihre Wechselwirkungen entsteht regelrecht ein Durchdringungsraum.

Genauer analysiert, wird die Situation noch komplizierter: Grenzen, welche landschaftsgenetische Einheiten umschließen, sind nicht in jedem Fall mit den aktuellen Prozess- und Bilanzräumen identisch. Beispielsweise entstanden Umgrenzungen räumlicher Muster der Vitalität von Gehölzen oder der Schadstoffverteilung oft durch technologische Besonderheiten und nicht durch unterschiedliche naturräumliche Bedingungen (vgl. z.B. Blumenstein 1997, Blumenstein et al. 1997, Tschochner et al. 1999). Ohne Berücksichtigung dieser Gegebenheiten können große Schwierigkeiten bei der Interpretation der Landschaftsdynamik entstehen, vor allem, wenn man sich ausschließlich auf eine Analyse metrischer Merkmale von Strukturmustern (vgl. Kap. 5.6) beschränkt.

Die raumbezogenen Kriterien der Landschaftsgrenzen können durch Zeitaspekte ergänzt werden.

- **Permanente** oder besser **perennierende** (ausdauernde) Begrenzungen trennen z.B. die Strukturkörper des geologischen Untergrundes (Schichten, Schollen, Falten usw.) oder des Makroreliefs wie Gebirge oder Täler.

- **Periodisch** (regelmäßig wiederkehrend) treten Grenzen innerhalb von Landschaften auf, welche durch eine **annuelle** (jährliche), **saisonale** (jahreszeitlich bedingte) oder **diurne** (tägliche) Rhythmik bestimmt werden. Zu nennen sind die Verbreitungsgrenze von Arten der Krautschicht sommergrüner Laubwälder in den feuchten Mittelbreiten im Frühjahr, die Begrenzung des Wasserkörpers eines Flusses oder Sees in den wechselfeuchten Gebieten oder die Randsäume gezeitenbedingter Überflutungsbereiche.

- **Episodischen** (zeitweilig in unregelmäßigen Abständen auftretenden) Charakter trägt z.B. der Randsaum eines Oberflächengewässers in Karstlandschaften.

- **Oszillierende** (sich ständig in einem bestimmten Intervall verändernde) Grenzen werden durch die Wechselwirkungen vieler Faktoren beeinflusst. Hierzu gehören die Schneegrenze in einem Hochgebirge oder die Randbereiche ihrer Gletscher.

- **Chaotische** (zeitlich nicht bestimmbare) Grenzen besitzen Überflutungsbereiche von Gewässern oder Lawinenbahnen.

Landschaftliche Grenzen lassen sich auch nach dem **Kontinuitätscharakter** des Überganges in die Systemumgebung beurteilen.

Landschaftsgrenzen können hinsichtlich der Kategorien Raum, Zeit und Kontinuitätscharakter des Überganges gekennzeichnet werden.

- Allmähliche Übergänge werden als Kontinuität bezeichnet. Ein natürlicher Fluss besitzt eine breite Talaue, die of überflutet wird, seine hydraulische und hydrochemische Kopplung mit dem umgebenen Grundwasser ist in einem weiten Umkreis noch zu spüren. Er geht ganz allmählich in seine Umgebung über. Weitere Beispiele in anderer Dimensionsstufe (vgl. Kap. 3.5) sind der Übergang zwischen Tundra und borealem Nadelwald oder zwischen einem natürlichen Grasland und einem Wald. Einzelne Bauminseln werden größer, die Wuchshöhe der Gehölze nimmt zu. Immer wieder sind Areale mit dominanter Kraut- oder Strauchschicht dazwischen geschaltet, bevor sich dann das zusammenhängende Waldgebiet allmählich ausbreitet.
- Anders sind die Merkmale bei einem regulierten Fluss oder einem Kanal ausgebildet. Der Übergang in die Umgebung erfolgt schroff und unmittelbar. Auf engstem Raum ändern sich die landschaftlichen Strukturmerkmale. Gleiches gilt für den Übergang von einem bewirtschaften Grasland oder Ackerland in ein Waldgebiet. Dieser deutlich sichtbare Merkmalswechsel kann als Diskontinuität gekennzeichnet werden.

Metrische Kenngrößen für diese beiden Arten der Änderung landschaftlicher Merkmale sind der **Kontrast K_B** (Ausdruck des Unterschiedes der Merkmale) und der **Gradient G** (Größe des Gegensatzes, bezogen auf eine bestimmte Entfernung). Weitere Einzelheiten hierüber finden sich in Blumenstein und Schachtzabel (2000).

3.2.5 Wie lassen sich die Landschaftsgrenzen unter dem Systemaspekt interpretieren?

Landschaften sind offene Systeme, da über ihre Grenzen hinweg ein Austausch von Stoff, Energie und Entropie stattfindet.

Im Sinne der Systemtheorie und Synergetik müssen drei grundlegende Varianten von Grenzen unterschieden werden (Abb. 3.2-3):
1. Zwischen einem System und seiner Umgebung können durch die Grenze hinweg weder ein Stoff- noch ein Energieaustausch stattfinden. In diesem Fall spricht man von einem **isolierten** oder **abgeschlossenen System**.
2. Ein **geschlossenes System** kann mit seiner Umgebung durch die Grenze hinweg nur einen Energie- aber keinen Stoffaustausch realisieren.

3. Ist zwischen dem System und seiner Umgebung ein Stoff- und Energieaustausch möglich, liegt ein **offenes System** vor.

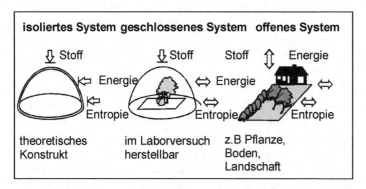

Abb. 3.2-3 Klassifizierung von Systemen

Man kann unschwer erkennen, dass alle Landschaften offene Systeme sind. Für sie lässt sich deshalb folgendes Funktionsprinzip aufstellen (vgl. Abb. 3.2-4 und Johnson 1990):
Stoff, Energie, Information und Entropie (hierauf wird in Kap. 3.3 eingegangen) gelangen in Form von **Immission** (passiven Eindringen) und **Immigration** (aktiven Einwandern) über die Grenzen in die Landschaft. Dieser Prozess wird als **Input** bezeichnet.

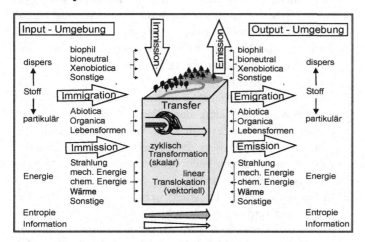

Abb. 3.2-4 Die Landschaft als offenes System

Ein Teil dieser Flüsse kann gespeichert und zum Teil auch **transformiert** (umgewandelt) werden. Dieser Anteil stellt nach Johnson (1990) die „zyklische Komponente" der Dynamik dar. Er dient dem Aufbau von Strukturen, als Energiereserve und als Informationsspeicher.

Die anderen Anteile des Stoffflusses gelangen als **Output**, in Form von **Emission** (passiver Abgabe) oder **Emigration** (aktive Auswanderung) wieder über den Grenzraum hinaus in die Umwelt. Sie stellen im Sinne Johnsons die lineare Komponente dar, welche die Wechselwirkungen der Landschaften untereinander ermöglicht.

Da Landschaften eine räumliche Struktur besitzen, ist der lineare Prozess immer mit einer **Translokation** (Ortsveränderung) von Stoff und Energie verbunden. Der Herkunftsort der Ströme wird als **Quelle**, der Empfängerort als **Senke** bezeichnet. Die Gesamtheit aller Transformationen und Translokationen kann man unter dem Begriff **Transferprozesse** (Übertragung) zusammenfassen.

Zwei Beispiele sollen den beschriebenen Ansatz etwas verständlicher machen.

1. Von der in eine Landschaft eingestrahlten Energie an sichtbarem Licht (Input) wird ein Teil **remittiert** (ungerichtet zurückgestrahlt). Dieser Emissionsprozess (Output) stellt einen Teil der linearen Komponente dar.

   In Abhängigkeit vom Rückstrahlvermögen (Albedo) wird ein weiterer Anteil der eingehenden Strahlung absorbiert und in Wärmeenergie umgewandelt (Transformation). Ein weiterer Transformationsprozess findet innerhalb der grünen Pflanzen statt, wo durch die Photosynthese Lichtenergie in chemische Energie umgewandelt wird. Diese wird über das Nahrungsnetz an andere Organismen weitergegeben (Translokation) oder auch dort zeitweise gespeichert (zyklische Komponente).

   Die durch die Transformationsprozesse entstehende Wärme wird im Boden, der Pflanze oder dem Wasserkörper gespeichert bzw. über den Wärmeaustausch an die Atmosphäre abgegeben. Entsprechend der Temperatur dieser Objekte findet auch ein Output in das Weltall im thermischen Infrarot statt.

2. In Hinblick auf die Transferprozesse des Wassers in der Landschaft sind der Niederschlag und die Einträge durch das Oberflächen- bzw. Grundwasser Inputprozesse. Ein Anteil dieses Wassers wird verdunstet oder fließt wieder in benachbarte Gebiete ab (Output). Damit ist die lineare Komponente realisiert.

   Speicherprozesse (zyklische Komponente) vollziehen sich im Boden, in den Pflanzen und im Grundwasserbereich. Bei Temperaturen unter 0°C findet ein Transformationsprozess zu Eis statt. Dieser verstärkt die Speicherung, kann aber auch bei einer Akkumulation großer Mengen zum Beispiel durch Gletscherbewegungen zum Output führen. Die zyklische Komponente wird durch den Photosyntheseprozess, bei der Wasser ein wichtiger Grundstoff ist, verstärkt. Die Umwandlung zu organischer Substanz, bei der natürlich auch CO_2 benötigt wird, stellt einen weiteren Transformationsprozess dar.

Die Details in den dargestellten Beispielen sind bei weitem nicht vollständig. Sie zeigen aber schon, dass das vorgestellte Prinzip der offenen Systeme für alle Landschaften, einschließlich ihrer Subsysteme und Elemente gültig ist. Alle diese Objekte funktionieren nach dem gleichen Grundsatz.

3.2.6 Welche Konsequenzen resultieren aus der Existenz der Landschaften als offene Systeme?

Durch die Anwendung auf ein simples Beispiel aus dem täglichen Leben sollen die weitreichenden Konsequenzen dieses holistischen Ansatzes sichtbar gemacht werden (vgl. Abb. 3.2-5 und Wolkenstein 1990):

Flüssigkeit fließt aus einem Gefäß, welches mit einem Absperrhahn versehen ist, in ein zweites gleicher Bauweise. Es lassen sich unter Vernachlässigung eines gasförmigen Wasseraustrages folgende Szenarien unterscheiden:

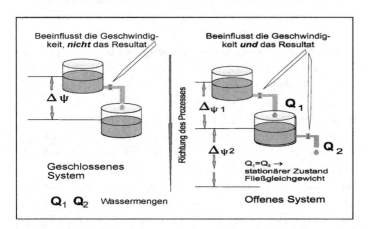

Abb. 3.2-5 Modellvorstellung: Dynamik eines geschlossenen und eines offenen Systems

1. Besitzt das untere Gefäß kein Ventil, liegt ein geschlossenes System vor. Der erste Absperrhahn beeinflusst nur die Geschwindigkeit des Füllprozesses im zweiten Gefäß, nicht sein Resultat. In jedem Fall wird dieser Behälter ir-

gendwann seine maximale Füllhöhe erreicht haben. Versieht man ihn mit einem abdichtenden Deckel, hört jede Wasserbewegung auf. Es ist ein Gleichgewicht erreicht, bei welchem keine Dynamik und auch keine weitere Entwicklung der Struktur (Größe des Wasserkörpers) mehr möglich ist. Man kann diesen Zustand mit dem thermodynamischen Gleichgewicht vergleichen.

Landschaften können sich in einem Zustand nahe dem Fließgleichgewicht befinden. In diesem Fall bleiben ihre Strukturen weitgehend erhalten.

2. Besitzen beide Gefäße ein Ventil und sind diese geöffnet, kann der Flüssigkeitsstand reguliert und damit auch das Ergebnis des Prozesses beeinflusst werden. In diesem jetzt offenen System ist bei gleicher Öffnungsweite beider Ventile die Menge des Inputs gleich der des Outputs. Es findet zwar ein Wasserfluss statt, aber die Füllhöhe im zweiten Gefäß verändert sich nicht. Trotz dieser Dynamik findet keine sichtbare Strukturveränderung des Wasserkörpers statt. In diesem Fall ist ein Fließgleichgewicht oder stationärer Zustand (*steady state*) erreicht.

3. Wenn der zweite Absperrhahn mehr geöffnet wird als der erste, verringert sich die Füllhöhe. Ist er weniger geöffnet, steigt der Wasserstand an. In jedem Fall finden aber Flüsse statt, die Struktur des Wasserkörpers, repräsentiert durch den Füllstand, verändert sich. Die alte Struktur (bisheriger Flüssigkeitsstand) wird zerstört, eine neue (zukünftiger Wasserspiegel) wird gebildet.

Die geschilderte Dynamik ist in ihren Grundprinzipien auf alle Systeme anwendbar. Es sind zunächst zwei Arten von Gleichgewichten zu unterscheiden:

– das **thermodynamische Gleichgewicht**, bei welchen jegliche Entwicklung aufhört und

– das **Fließgleichgewicht**, bei dem Prozesse stattfinden, ohne dass die großen Strukturen sich verändern.

Spricht man als Landschaftsökologe von einem Gleichgewicht, muss deshalb stets präzise angegeben werden, welche Art gemeint ist. Auf alle Fälle dürfen beide nicht verwechselt werden. Leider passiert das allzu oft!

Befindet sich Landschaft weit entfernt vom Fließgleichgewichtszustand, kommt es zur Zerstörung alter und gleichzeitiger Bildung neuer Strukturen.

Da Landschaften offene Systeme sind, ist unschwer abzuleiten, dass für ihre Zustandsbeschreibung nur die Beispiele 2 und 3 von Bedeutung sind. Sie können sich entweder in einem Fließgleichgewicht ihrer Stoff- und Energieströme befinden oder weit ab davon. Das gilt auch für alle Subsysteme in unterschiedlichen Dimensionen. Im Fließgleichgewicht herrscht Strukturerhaltung, entfernt davon kommt es zu Strukturveränderungen. In beiden Fällen wird die Dynamik durch typische Eigenschaften geprägt, die zu weitreichenden Konsequenzen in Hinblick auf das allgemeine Verständnis von landschaftsökologischen Zusammenhängen führen(vgl. hierzu auch Rasmussen et al. 2010).

3.3 Typische Systemeigenschaften von Landschaften

3.3.1 Was sind typische Systemeigenschaften?

Das wichtigste Kriterium eines Systems ist, dass es im Vergleich zu den ihn aufbauenden Elementen neue Eigenschaften besitzt. Mit dem Übergang von einer niederen Organisationsebene (Element) in eine höhere (System) treten neue Eigenschaften auf, es entstehen typische Systemeigenschaften (Bossel 1992). Diese werden umso zahlreicher, je komplexer die Systemstruktur ist.

Dieses Phänomen wird spätestens dann deutlich, wenn man das Verhalten eines biederen Bankangestellten, im Alltag gut gekleidet und höflich zu seinen Kunden, am Wochenende unter Gleichgesinnten im Fanblock eines großen Stadions wieder trifft. Mit dieser Menschenmasse johlt und pfeift er, Schlips und Kragen sind durch einschlägige Vereinsutensilien ersetzt worden. Auch seine Umgangsformen gegenüber den gegnerischen Fans sind, solange er in der Masse agiert, völlig verändert.

Man kann das Phänomen der typischen Systemeigenschaften wiederum in die Kategorie „Landschaft" übertragen. Zwei Beispiele hierzu.

1. Ein einzelnes Sandkorn ist z.B. durch eine bestimmte Größe, Oberflächeneigenschaften und Härte gekennzeichnet. Für die Düne, die aus einer Vielzahl solcher Elemente besteht, werden aber andere Merkmale entscheidend, so die Lagerungsdichte, Höhe, Exposition oder Form. Diese beeinflussen wiederum die Windverhältnisse, die Niederschlagsverteilung und schließlich auch das Pflanzenwachstum im Raum.

2. Ein einzelner Baum wird durch seine biometrischen Merkmale wie Höhe, Stammdurchmesser oder Produktivität gekennzeichnet. Der Wald, dem er angehört, bildet ein typisches Bestandsklima aus, an der Erdoberfläche entwickeln sich charakteristische Biotope. Die Dynamik des Bodens, des Reliefs oder der Grundwasserbildung kann entscheidend von der des einzelnen Baumstandortes abweichen.

Als typische allgemeine Systemeigenschaften gelten:
- die Nichtlinearität der Prozessdynamik,
- die Entropie,
- die Irreversibilität und
- die Historizität.

Umfangreiche Erläuterungen zur Bedeutung dieser System-
merkmale finden sich in Blumenstein und Schachtzabel
(2000). Im Folgenden sollen einige Aspekte, welche für
Landschaften bedeutsam sind, diskutiert werden.

3.3.2 Was ist unter Nichtlinearität der Dynamik zu verstehen?

Das Phänomen der Nichtlinearität lässt sich am besten an-
hand eines Flusses, der eine Landschaft durchfließt, erklären.
Schaut man auf die Wasserfläche, können zwei Arten von
Strömungen unterschieden werden Abb. 3.3-1):

1. Bei **laminarer Strömung** verlaufen die Stromlinien, welche durch die Bahnen der Wasserteilchen beschrieben
   werden, nahezu geradlinig und weitgehend parallel zueinander. Die größte Strömungsgeschwindigkeit v_{max}
   (Stromstrich) tritt in der Mitte des Flusslaufes auf. Wird
   in den Wasserstrom ein Stück Holz geworfen, lässt sich
   ziemlich genau vorhersagen, wohin es treibt und wann es
   an einer bestimmten Stelle vorbei schwimmen wird. Ort
   und Zeitpunkt der Bewegung lassen sich somit eindeutig
   voraussagen.

2. Wenn die Wassermenge durch starke Niederschläge erhöht wird, entsteht eine **turbulente Strömung**. Durch
   mehr Elemente im gleichen Raum sind vielfältigere Interaktionen möglich. Die Stromlinien verlaufen nicht mehr
   parallel, die Teilchen verwirbeln, können sich eine kurze
   Zeit vertikal bewegen oder sogar in die entgegengesetzte
   Richtung schwimmen.

   Es kann zur Ausbildung von Strudeln und Walzen kommen, die Strömungsmuster werden mit wachsender Geschwindigkeit immer komplizierter (vgl. Haken 1983).
   Das Holzstück wird zwischen schnellen und langsamen
   Strömungsabschnitten hin und her geschleudert, in einem
   Strudel eingefangen und nach einiger Zeit wieder freige-
   geben. Die turbulente Strömung ist ein typischer nichtlinearer Prozess. Niemand kann genau vorhersagen, zu
   welchem konkreten Zeitpunkt das Holz an einem bestimmten Ort vorbeikommen wird.

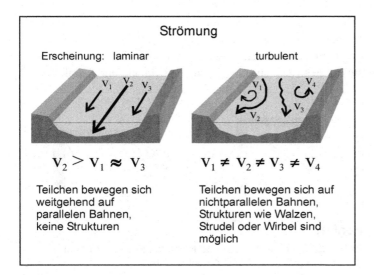

Abb. 3.3-1 Laminare (lineare) und turbulente (nichtlineare) Strömung

Lineare Eigenschaften kann man durch eine Gerade darstellen. Wie Abb. 3.3-2 zeigt, hat diese überall den gleichen Anstieg. Jedem Δx kann ein Δf zugeordnet werden. Ist ein Messwert zwischen den Zeitpunkten 0,0 und 1,0 oder 3,5 und 4,5 gewonnen worden, sind präzise Aussagen für andere Zeiträume (z.B. 5,5 und 6,5) möglich. Es reicht also die Kenntnis eines Zeitraumes oder, zur Absicherung, zweier Intervalle aus, um die weitere Entwicklung voraussagen zu können. Dadurch können Prognosen zu landschaftlichen Prozessen ohne Probleme verallgemeinert werden.

Bei Nichtlinearität sind Aussagen zunächst nur für einen engen Bereich gültig. Bei ihrer Übertragung in einen anderen kann es zu unerwarteten Erscheinungen kommen. Bei gleichen Δx sind völlig unterschiedliche Δf möglich. Hat man für den Zeitraum 2,5 bis 3,5 festgestellt, das es keine Veränderungen für f gibt, muss das nicht für die Zukunft (zwischen 5,5 und 6,5) gelten.

Warum die ausführliche Erklärung? Fast alle Prozesse in unseren Landschaften besitzen einen nichtlinearen Charakter. Dies ist darauf zurückzuführen, dass Landschaften die Eigenschaften offener Systeme besitzen. In der quantitativ arbeitenden Landschaftsökologie, die sich auf gemessene Daten stützt, muss man sich deshalb sehr vor langfristigen Prognosen hüten. Was in einem kurzen Zeitraum ermittelt wurde (und das sind bei landschaftlichen Prozessen Monate oder wenige Jahre!) muss noch lange nicht für die Zukunft

Lineare Eigenschaften ermöglichen präzise und verallgemeinerungsfähige Aussagen über vergangene und zukünftige Entwicklungen.

Bei Nichtlinearität sind Angaben im Allgemeinen nur für einen engen Bereich gültig. Präzise und verallgemeinerungsfähige Aussagen für vergangene und zukünftige Entwicklungen sind deshalb sehr erschwert.

gelten. Analog trifft dies auch für die Vergangenheit zu. Unter dieser Sicht besitzen auch heute noch z.B. Darstellungen des Klimas eines Landschaftsraumes für das Jahr 2030, wie sie oft zu finden sind, weitgehend spekulativen Charakter!

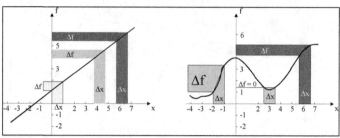

Fehler!

Abb. 3.3-2 Lineare (links) und Nichtlineare (rechts) Funktion (aus Blumenstein und Schachtzabel 2000)

Auf mathematische Methoden der Unterscheidung zwischen linearen und nichtlinearen Funktionen, die landschaftliche Prozesse beschreiben, und auf die einzelnen Ursachen dieser Zusammenhänge wird in Blumenstein und Schachtzabel (2000) eingegangen.

Fast alle landschaftlichen Prozesse besitzen nichtlinearen Charakter. Vor allem landschaftliche Wachstums- und Zerfallsprozesse werden durch ein nichtlineares Verhalten gekennzeichnet. Wenn Veränderungen auf das gleiche Element, Subsystem oder das Gesamtsystem zurückwirken, entstehen typische Phänomene. Man spricht dann von einer **Rückkopplung** *(feedback)*. Für den Rückkopplungsfaktor a können drei Möglichkeiten unterschieden werden.

Wie man aus Abb. 3.3-3 ableiten kann, sind die Kategorien „positiv" und „negativ" in ihrem Bezug auf die menschliche Existenz völlig wertfrei. Es geht also nicht darum, ob diese Trends unsere Lebensbedingungen verbessern oder verschlechtern.

Ist $a > 0$ wird der Prozess verstärkt (**Amplifikation** durch **positive Rückkopplung**), ist

$a = 0$ bleibt der Prozess unverändert, es ist keine Rückkopplung zu verzeichnen und ist

$a < 0$ wird der Prozess abgeschwächt (**Pufferung** oder **Dämpfung** durch **negative Rückkopplung**).

Um diesen Unterschied deutlich zu machen, sollen deshalb die Rückkopplungseffekte an zwei Beispielen erläutert werden:

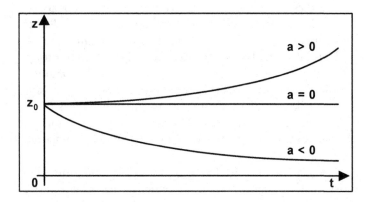

Abb. 3.3-3 Veränderung einer Zustandsgröße bei Rückkopplungsprozessen

1. Wasserdampf ist ein wichtiges thermisch aktives Gas. Das heißt, eine Erhöhung der Luftfeuchtigkeit bewirkt einen ähnlichen Effekt wie die Vergrößerung der CO_2-Gehalte. Man schätzt, dass eine Zunahme der globalen Temperatur um 1°C die Verdunstung um 6% intensivieren würde. Durch den höheren Wassergehalt der Luft kommt es bei gleichem Strahlungsinput aber dann zu einer Temperaturerhöhung von 1,2° C. Das verstärkt wiederum die Abschmelzung von festländischen und marinen Eisdecken, wodurch sich die **Albedo** (das Rückstrahlvermögen) verringert. Dieser Effekt forciert dann wiederum den Erwärmungsprozess.

   Das sind bisher eindeutig positive Rückkopplungseffekte. Kommt es jedoch durch die höhere Luftfeuchtigkeit zu einer vorrangigen Bildung von Haufenwolken (Cumulus), setzt eine negative Rückkopplung ein. Der gesamte Strahlungsinput wird verringert.

2. Das wohl berühmteste Beispiel nichtlinearer Wachstumsprozesse in der Landschaft beschreibt die Beziehung zwischen einer Population von Beutetieren (Hasen) und Räubern (Füchsen) in einem Weidegebiet (vgl. Wissel 1989, Bosssel 1992). Es basiert auf den Gleichungen von Lotka und Volterra, die für **trophische** (die Nahrung betreffenden) Beziehungen entwickelt wurden (vgl. Busch et al. 1989).

   Das Beispiel geht von einer Reihe vereinfachender Bedingungen aus. Es wird angenommen, dass in einer Wiesenlandschaft einige Hasenpaare (**Herbivoren** = Pflanzenfresser) leben. Ist dieses Areal genügend groß, können diese Tiere sich solange vermehren, bis die Kapazität des Nahrungsangebotes erreicht ist (positive Rückkopplung). Kommen jedoch Füchse (**Karnivoren** = Fleischfresser) hinzu, wird die Anzahl der Hasen infolge des Verzehrs verringert (negative Rückkopplung). Gleichzeitig vergrößert sich die Fuchspopulation (positive Rückkopplung), denn es ist noch ein günstiges Nahrungsangebot vorhanden. Mit den stark geschwundenen Fleischreserven an Hasen verringert sich aber wieder die Anzahl der Füchse.

Die skizzierte Entwicklung geht so lange vonstatten, bis sich ein optimales Verhältnis zwischen der Kapazität der Weidelandschaft, der Anzahl der Hasen und der Zahl der Füchse einstellt. Es stellt sich ein Fließgleichgewicht zwischen den beiden Tiergruppen ein.

In einer realen Landschaft läuft natürlich eine Vielzahl von positiven und negativen Rückkopplungsprozessen gleichzeitig ab. So entstehen **typische Phänomene der Nichtlinearität** (vgl. Ebeling und Feistel 1986). Am Beispiel der Veränderungen von Oberflächenformen durch Massenverlagerung sollen diese charakteristischen Erscheinungen verdeutlicht werden:

1. **Phänomen: Verstärkung oder Abschwächung komplexer Prozesse**

   Die Intensität und der Verlauf der Massenverlagerungsprozesse sind von den aktuellen Randbedingungen wie dem Klima, dem anstehenden Material, Reliefunterschieden und dem Charakter der anthropogenen Maßnahmen abhängig. Jede der genannten Randbedingungen ist mit der anderen über ein vielfältiges Netz von nichtlinearen Wechselwirkungen zwischen den Parametern verknüpft, so dass allein schon die Änderung einer Variablen forcierend wirksam werden kann oder zum Abklingen der Dynamik führt. Bei gleicher Konstellation können auch **externale** (systemäußere) Vernetzungen, die z.B. durch Größen der geotektonischen Prozesse wie Hebungen, Senkungen oder Horizontalverdriftungen gegeben sind, die Intensität und den Verlauf verstärken oder abschwächen.

2. **Phänomen: Einstellung mehrerer Gleichgewichtspunkte**

   In der gleichen Landschaft können sich unter verschiedenen klimatischen Zuständen Fließgleichgewichte zwischen Abtragung und Akkumulation ausbilden. In allen diesen Fällen werden sich für einen längeren Zeitraum die

Relationen zwischen den Reliefstrukturen kaum verändern. Von großer Prozessintensität sind jedoch die Übergangszeiträume geprägt. Die typischen Relieformen eines Raumes, die sich in vergangenen geologischen Epochen entwickelten, sind ein Beleg hierfür.

3. **Phänomen: Aperiodizität und Irregularität**
   Die Dynamik der Massenverlagerungsprozesse ist nicht kontinuierlich, sondern hängt natürlich z.B. von den Zufälligkeiten der aktuellen Witterung oder anthropogenen Maßnahmen ab. Abweichungen im Zeitverhalten und der Intensität der Massenverlagerungsprozesse sind deshalb als etwas „Normales" zu begreifen

4. **Phänomen: Auftreten eines möglichen Chaos**
   Chaotische Ereignisse, wie plötzliche Massenrutschungen, Muren oder Steinlawinen, sind extreme Verlaufsformen und kaum prognostizierbar. Im Prinzip sind sie nicht etwas Ungewöhnliches, sondern liegen im nichtlinearen Charakter der Dynamik begründet. Bei chaotischen Ereignissen können Akkumulations- und Erosionsprozesse räumlich und zeitlich zufällig, die entstandenen Formen ohne interpretierbare Regelhaftigkeit auftreten.

Ausführlich setzt sich Phillips (1995b) mit nichtlinearen Phänomenen bei der Entwicklung des Landschaftsreliefs auseinander. Mit seinem Konzept beschreibt er fünf stabile (besser kontinuierliche) und fünf chaotische Varianten. Wie er nachweist, können alle Varianten zwar in räumlich enger Nachbarschaft existieren, über längere geologische Zeiträume hinweg jedoch nicht allein fortbestehen. Phillips geht deshalb von einer räumlichen Koexistenz und zeitlichen Endlichkeit kontinuierlicher bzw. chaotischer Entwicklungsvarianten des Reliefs aus.

Infolge der Nichtlinearität können kleine Störungen von Ausgangsbedingungen extreme Veränderungen in den Landschaften auslösen.

Weitere klassische Beispiele für nichtlineare Phänomene sind die Prozesse, die in der Hydro- und Atmosphäre von Landschaften ablaufen. Szenarien für nichtlineare Prozesse im Boden finden sich z.B. in Ross 1989, Yong, Mohamed und Warkentin 1992, Hamer und Sieger 1994. Untersuchungen zur Bedeutung der Nichtlinearität bei der Modellierung landschaftlicher Prozesse finden sich in Claessens et al. (2009).

Blumenstein und Schachtzabel (2000) zeigen anhand einfacher Wachstumsfunktionen die Schwierigkeiten bei der Vorhersagbarkeit nichtlinearer Prozesse sowie den Einfluss kleiner Störungen von Ausgangsbedingungen. Wer sich mit diesen Zahlen befasst, wird recht schnell verstehen, wie sich plötzliches Chaos einstellen kann.

Dass extreme Veränderungen landschaftlicher Systeme schon durch geringfügige „Störungen" ausgelöst werden können, ist eine alltägliche Erfahrung. So genügt in dem vorgestellten Beispiel aus dem Nahrungsnetz schon das Abschießen weniger Hasen, um ein verstärktes Absterben der Füchse in Gang zu setzen. Der unterirdische Gang eines Bodenbewohners, wie z.B. einer Wühlmaus, kann in Lößgebieten intensive Erosionsprozesse auslösen, der durch Bergwanderer losgetretene Schnee eine Lawine.

Die Nichtlinearität der meisten landschaftlichen Prozesse verringert die Chancen für eine exakte mathematische Modellierung ihrer Dynamik. Und mehr noch: es existiert deshalb auch kein Automatismus zwischen der genauen Kenntnis einer Landschaftsstruktur und der eindeutigen Vorhersagbarkeit ihrer Entwicklung. Immer wieder zeigen unvorhergesehene Ereignisse: der Funktionswert $x(t)$ kann mehr oder minder eine Zufallsgröße sein.

3.3.3 Was versteht man unter der Entropie S?

Verschiedene Energieformen und Stoffe sowie ein bestimmtes Ordnungsmuster ihrer Strukturen sind wichtige Merkmale einer Landschaft. Sie charakterisieren deren Zustand. Auch können Organismen und der Mensch nicht ohne Informationen, die sie aus ihrem Lebensraum gewinnen, existieren.

Die Entropie *S* verknüpft Aussagen über stoffliche Eigenschaften, Energieformen, Informationen und Ordnungsmuster einer Landschaft miteinander.

Diese Grundeigenschaften einer Landschaft lassen sich durch ein einziges Merkmal miteinander verknüpfen. Es ist die **Entropie *S***. Obwohl sie zu den grundlegenden landschaftlichen Systemmerkmalen gehört, ist sie in der einschlägigen Fachliteratur nur ungenügend berücksichtigt worden.

Was ist darunter zu verstehen? Rennert et al. 1987 unterscheiden verschiedene Energiequalitäten. Auf dieser Basis wurde in der klassischen Ökologie das Exergie-Anergie-Prinzip entwickelt. Dabei stellt **Exergie** denjenigen Anteil dar, welcher vollständig in physikalische Arbeit umgewandelt werden kann. **Anergie** ist dagegen nicht mehr für Arbeitsprozesse nutzbar.

Analog hierzu spiegelt die Entropie wider, in welchem Grad die in einer Landschaft vorhandene Energie in andere Formen umgewandelt werden kann. Es gilt als Grundsatz: Sobald bei einem landschaftlichen Prozess Wärme entsteht, ist ihre vollständige Wiedergewinnung in Form eines „Energie-Recyclings", unmöglich (vgl. Kummert und Stumm 1992).

Hierzu ein Beispiel: Der Energiefluss durch eine Landschaft erfolgt in Form einer „Kaskade" (vgl. u.a. Odum 1980, Gregory 1987). Nach einem Input von Sonnenenergie finden an jeder festen und flüssigen Oberfläche des geographischen Raumes die **Absorption** (nicht umkehrbare Aufnahme) eines bestimmten Strahlungsanteils und seine Transformation in andere Energieformen statt, so z.B. an der Erd- oder Blattoberfläche. Stets wird dabei Wärmeenergie produziert, im Blatt durch die Photosynthese zusätzlich auch chemische Energie. Diese wird im Nahrungsnetz weitergegeben, wobei weitere Transformationsprozesse stattfinden. Dabei kommt der Atmung die größte Bedeutung zu.

Die entstehende Wärme führt zwar zur Temperaturerhöhung der Umgebung, sie kann aber nur noch eingeschränkt in andere Energieformen umgewandelt werden. Selbst eine Nutzung durch den Menschen ist nur dann möglich, wenn eine kältere Struktur zur Verfügung steht. Wärmeenergie besitzt deshalb den höchsten Entropieanteil.

Die Verbindung zwischen Energie und Stoff wird durch die räumliche Ordnung der Teilchen (**Konfigurationsentropie**) und ihre temperaturabhängige Bewegung (**thermische Entropie**) hergestellt. Auf dieser Basis lassen sich in den Landschaften Aggregatzustände, Molekülstrukturen und -mengen hinsichtlich ihres Entropiegehaltes beurteilen (vgl. Blumenstein und Schachtzabel 2000). Will man dabei naturwissenschaftlich exakt vorgehen, müssen die Bedingungen von Volumen V, Druck p sowie Temperatur T berücksichtigt werden.

Die Entropie ist auch ein Maß für fehlende Information oder Unordnung (vgl. Ebeling und Feistel 1986, Wolkenstein 1990). Auch hierfür lassen sich mühelos Beispiele finden. Während kinetische Energie (Bewegungsenergie) eine **kohärente**, also zusammenhängende Bewegung der Elemente unserer Landschaften (Atome, Ionen, Moleküle) in gleiche Richtung bedingt, erzeugt Wärmeenergie eine **inkohärent**, also „ziellose" Bewegung (Dickerson und Geis 1986).

Als Beispiel kann wiederum das Wasser eines Flusses dienen. Seine kinetische Energie bedingt, dass alle Moleküle sich in Richtung des Gefälles und damit der Gravitationswirkung bewegen. Die Wärmeenergie des Wassers hat jedoch zur Folge, dass die Moleküle, die durch Wasserstoffbrücken miteinander verbunden sind, ungeordnete Eigenbewegungen durchführen.

Bei Temperaturerhöhung nimmt die Intensität der inkohärenten Bewegung zu, die Information über den Ort oder

Bewegungsrichtung der Systemelemente aber ab. Damit ist der Beweis erbracht, dass **Stoff, Energie** und **Information** durch das Konzept der Entropie miteinander verkoppelt sind.

3.3.4 Welche Bedeutung besitzt das Entropiekonzept für die Erfassung landschaftlicher Strukturen und Prozesse?

Bei allen von selbst ablaufenden landschaftlichen Prozessen vergrößert sich die Entropie des Systems. Die Folge ist eine Irreversibilität der Dynamik.

Jeder weiß, dass die Wärmemenge, die im Verdunstungsprozess bei dem Übergang vom flüssigen in den gasförmigen Aggregatzustand verbraucht wird, von der Masse des Wassers abhängig ist. Der Betrag der Entropie ändert sich somit proportional zur Masse oder Teilchenzahl. Man spricht deshalb von dem extensiven Charakter dieser Systemeigenschaft.

Nach Tyler Miller (1971) bzw. Dickerson und Geis (1986) vergrößert sich die Entropie u.a. mit einer **nichtadiabatischen** (nicht durch Druck- bzw. Volumenränderung bedingten) Temperaturzunahme. Weitere Möglichkeiten einer Entropieerhöhung sind gegeben durch eine Zunahme

- der Teilchenzahl je Volumeneinheit,
- der Durchmischung und Verdünnung von Stoffkomponenten,
- der Verzweigung der Molekülstruktur und der chemischen Komplexität.

Darüber hinaus tritt eine Entropieerhöhung ein bei

- der Änderung des Aggregatzustandes von fest über flüssig nach gasförmig,
- der Lösung von Festkörpern in Flüssigkeiten sowie
- einer abnehmenden Bindungsstärke und Starrheit von Stoffen.

Welche Konsequenzen ergeben sich daraus? Eine „spontane" landschaftliche Dynamik ist durch Prozesse gekennzeichnet, die von selbst ablaufen. Solche Abläufe finden immer in Richtung Unordnung statt, in denen die Entropie also zunimmt (Abb. 3.3-4).

Abb. 3.3-4 (Teil 1) Entropieänderung durch Landschaftsprozesse

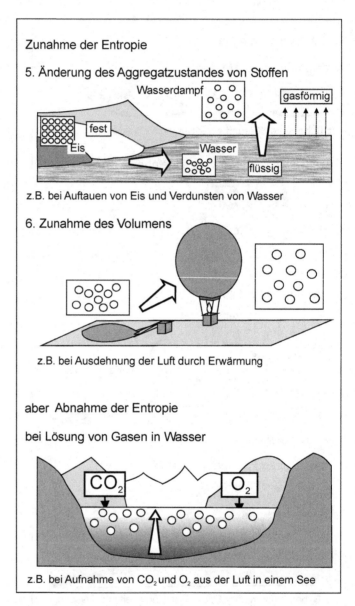

Abb. 3.3-4 (Teil 2) Entropieänderung durch Landschaftsprozesse

Der Physiker Boltzmann formulierte:

$$\text{Entropie } S = k_B \cdot \ln W$$

(k_B = BOLTZMANN-Konstante,
W = Wahrscheinlichkeit eines Zustandes).

Was sagt diese kurze Formel? Die Zustände mit höherer Entropie sind immer die wahrscheinlicheren! Überdies kann die Entropie S innerhalb eines Systems nicht vernichtet werden. Für ihre Verringerung existieren nur zwei Möglichkeiten:

1. Sie ist durch einen „Export" in Richtung benachbarter Räume, also in die Systemumgebung möglich. Ein plausibles Beispiel ist die Wärmeenergie, die von der Erdoberfläche an die Atmosphäre abgegeben wird. Wird dieser „Exportprozess" behindert, verstärkt sich die allgemeine Erwärmung der Atmosphäre. Genauso problematisch ist die Abgabe von Schadstoffen, die im Boden gespeichert waren, an das Grundwasser. Im Ergebnis sind zwar dann im Boden weniger schädliche Stoffkomponenten gespeichert (Entropie verringert sich), dafür sind diese aber im benachbarten Raum (Aquifer) zu finden.

2. Ohne die Möglichkeit für einen „Export" wird für die Entropieverringerung immer „wertvolle" Energie (s.o.) benötigt. Nur so können z.B. der Ordnungszustand vergrößert, Informationen erhalten oder die Vermischungen verschiedener Stoffe getrennt werden. Ein gutes Beispiel hierfür ist der Photosyntheseprozess, in welchem gasförmige und flüssige energiearme Stoffe zu fester Biomasse mit einem hohen Anteil „wertvoller" Energie verarbeitet werden. Wie man unschwer ableiten kann, ist die Anwendung dieser Strategie jedoch wiederum mit einer Entropieproduktion verbunden.

Man kann also festhalten, dass sich durch einen Export von Entropie S generell der Entropieanteil in der Systemumgebung erhöht. Eine Verminderung im System geht immer zu Lasten seiner Umwelt.

Ist Entropie erst einmal erhöht worden, nimmt diese Veränderung einen **irreversiblen** (unumkehrbaren) Charakter an.

Für die Prozessdynamik der Landschaften ergeben sich nachstehende Konsequenzen:

1. Alle einfachen physikalischen, chemischen und biologischen Vorgänge, die von selbst ablaufen, vergrößern die Entropie im System.

2. Um Information zu gewinnen, Ordnung herzustellen oder Unordnung zu beseitigen muss entweder wertvolle Energie umgesetzt werden, was zur Vergrößerung der Gesamtentropie beiträgt, oder das Problem wird in benachbarte Landschaften verlagert.

3. Während in der molekularen Dimensionsstufe (vgl. Kap. 2.2) noch **reversible** (umkehrbare) Prozesse auftreten

---

Entropie kann nicht vernichtet werden.
Ihre Verringerung ist durch einen Export in benachbarte Räume oder durch einen Verbrauch „wertvoller" Energie möglich.

können, sind Landschaften, die sich durch eine hohe Komplexität auszeichnen, durch Irreversibilität ihrer Dynamik gekennzeichnet.

Physikalisch-mathematisch exakte Begründungen für diese Phänomene finden sich in Blumenstein und Schachtzabel (2000).

3.3.5 Welche weiteren Konsequenzen ergeben sich aus dem Phänomen der Entropie?

Wie gezeigt wurde, resultiert aus der Entropiezunahme **Irreversibilität**. Diese Unumkehrbarkeit von landschaftlichen Prozessen ist die naturwissenschaftliche Basis für **Translokationen**, d.h. Prozesse mit einer Ortsveränderung.

So bewegt sich Lockermaterial, welches hangabwärts verlagert wird, nicht einfach an den Ausgangsort zurück. Es sei denn, „wertvolle" Energie wird aufgewandt. Das Gleiche gilt für die Bewegung des Oberflächenwassers. Die Pumpspeicherwerke von Spitzenlastkraftwerken funktionieren auf Basis dieses Prinzips.

Translokations-
prozesse, ge-
richtete Zeitab-
läufe und In-
formationsver-
lust sind weite-
re Folgen des
Entropie-
phänomens.

Aus der Irreversibilität ergibt sich logischerweise aber auch ein „Vorher" und „Nachher". Die „positive Verlaufsrichtung" der Zeit resultiert somit gleichfalls aus der Zunahme der Entropie während einer Abfolge von Ereignissen. Nichts bleibt, wie es war, das gilt auch für Landschaften.

Unschwer erkennt man jetzt die herausragende Bedeutung der Entropie für die Landschaftsentwicklung (Golubev 1991). Hierauf wird in Kap. 4.2 und 4.3 tiefer eingegangen.

Die Entropiezunahme führt auch dazu, dass viele Informationen verloren gehen. Je länger ein landschaftlicher Entwicklungsprozess zurückliegt, um so weniger weiß man in der Regel über dessen Merkmale, Verlaufsform und Ergebnisse. Diese müssen mühsam aus geologischen und evolutionsbiologischen Befunden abgeleitet werden, wie z.B. aus dem Streichen und Einfallen von Schichten oder aus Fossilien. Die Durchführung aufwendiger Verfahren der Altersdatierungen ist ein gutes Beispiel für den Aufwand an wertvoller Energie, der zur Verringerung der Informationsentropie aufgewandt werden muss.

Andererseits bleiben in einer Landschaft auch Informationen erhalten, denn die Entropie erreicht ja kein Maximum. Diese gespeicherten Informationen werden als das „Gedächtnis" der Landschaft bezeichnet. In der Vergangenheit entstandene Strukturen sind deshalb der Lage, die Intensität und die Richtung aktueller und zukünftiger Prozesse zu beeinflussen.

So z.B. bestimmen die geologischen Strukturen, die in vergangenen Erdepochen angelegt wurden, auch heute noch die Größe des unterirdischen Einzugsgebietes der Flüsse sowie die Strukturen des Reliefs. Dieses beeinflusst wiederum die aktuelle Fließrichtung und -geschwindigkeit der Flüsse.

Auf dem Gedächtnis der Landschaften beruht ihre Historizität, die ein weiteres wichtiges Systemmerkmal darstellt. In Abb. 3.3-5 sind verschiedene Varianten dargestellt:

Variante 1 zeigt, dass der aktuelle Zustand erreicht worden ist, ohne dass die Vergangenheit einen Einfluss darauf hatte. Eine eindeutige Vorhersage der Zukunft ist möglich. Solche Systeme sind deterministisch und besitzen kein Gedächtnis.

Variante 2 zeigt den gleichen Weg bis zur Erreichung des Ist-Zustandes. Allerdings sind zukünftige Entwicklungen nicht eindeutig vorhersagbar. Es sind stochastische Systeme ohne Gedächtnis.

Variante 3 zeigt, dass der gegenwärtige Zustand auf verschiedenen Wegen in der Vergangenheit entstanden sein kann. Die Information hierüber ist teilweise noch vorhanden. Es sind deshalb aber auch verschiedene Entwicklungen in der Zukunft möglich. Sie hängen sowohl von der Ursache als auch von der Vorgeschichte des Systems ab.

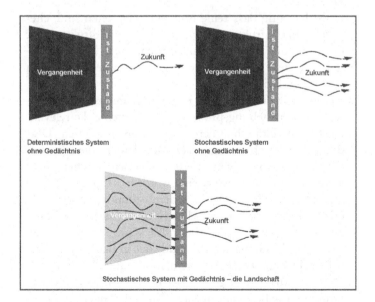

Abb. 3.3-5 Varianten der Historizität von Systemen

Man erkennt sofort, dass diese Variante für die Landschaften zutrifft. Sie besitzen ein Gedächtnis und ihre Entwicklung weist einen stochastischen Charakter auf. Wie schon gezeigt wurde, ist eine eindeutige Prognose für ihre Entwicklung in der Zukunft nicht oder nur bedingt möglich.

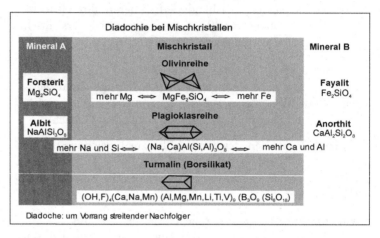

Abb. 3.3-6 Beispiel für die Entropie bei der Bildung von Mischkristallen

Abschließend sollen noch einige Beispiele für die Anwendung des Entropiekonzepts in der Landschaftsökologie gegeben werden:

1. Es ist bekannt, dass reine Minerale sehr selten sind, chemische und strukturelle Fehler in ihrem Strukturgitter hingegen die Regel. Wozu benötigt man sonst Reinsträume oder Weltraumlaboratorien für die Produktion von reinen Kristallen?

Ursache für die Seltenheit reiner Minerale ist, dass während des Entstehungsprozesses der Gesteine die relevanten Elemente durch andere ersetzt werden können (**Diadochie**). Gitterbausteine, die einen Unterschied im Radius von < 15% (Seim 1970) aufweisen, können nicht voneinander unterschieden werden. Ergebnis sind Mischkristallreihen, die in jedem Grundlagenwerk der Geochemie zu finden sind. Die Formeln für solche Mineralien wachsen zu einer beeindruckenden Länge heran (Abb. 3.3-6). Geringere Eindeutigkeit in der Struktur bedeutet jedoch weniger Information und abnehmender Ordnungszustand. Ergebnis der höheren Entropie dieser Strukturen äußert sich in einer Veränderungen der Erosionswiderständigkeit und der Stabilität bei einem Wechsel des Landschaftsmilieus. Die Verwitterbarkeit sowie die Intensität der Bildung bzw. Umwandlung von Lockergesteinen sind deshalb breiten Schwankungen unterworfen.

2. Die Tonminerale des Bodens sind noch weniger perfekt ausgebildet. Ihre Kristallgitter werden regelrecht von Fehlstellen durchsetzt. Die negative Überschussladung der Strukturoberfläche ist auf den diadochen Ersatz von Si^{4+} durch Al^{3+} in den Tetraederschichten und von Al^{3+} durch Mg^{2+} in den Oktaederschichten zurückzuführen (vgl. Scheffer und Schachtschabel 2000). Unter dieser Sicht sind die Reaktivität der Tonminerale, ihre geochemische Katalysatorwirkung und hervorragenden pflanzenbaulichen Eigenschaften gleichfalls ein Ergebnis des Entropiephänomens.

3. Jede menschliche Tätigkeit verwandelt eine Ressource zu einem **Artefakt** (künstlich Geschaffenem). In einer Vielzahl von Bearbeitungsvorgängen wird durch Stoff- und Energieumwandlungsprozesse die Entropie vergrößert und in Form von Abwärme, Abluft, Abwasser oder Abfall in die Umwelt abgegeben. Analog gilt dieses Prinzip auch für Dienstleistungen wie Autotransporte, Flugverkehr oder chemische Reinigung.

Die Kleidung, das Auto, selbst das Haus oder die Straße verwandeln sich nach ihrem Gebrauch in ein „Abprodukt", gekennzeichnet durch einen höheren Entropiezustand. Ursachen sind unter anderem die Vermischung der Teilchen bzw. die hohe strukturelle und chemische Komplexität, vor allem bei organischen Verbindungen. Die Kontamination der Landschaften mit Last- und Schadstoffen, Wärme und anderen, nicht mehr nutzbaren, Energieformen ist ein Musterbeispiel für die Entropiezunahme in diesen Systemen. Dieser Trend wird durch fehlende Informationen über unsere Lebensräume verstärkt. Man weiß immer weniger, welche Produkte menschlicher Tätigkeit sich zu einer bestimmten Zeit in einem konkreten Raum einer Landschaft befinden und dort vielleicht sogar miteinander reagieren.

Für die **Dekontamination** (Schadstoffbeseitigung) oder Rückgewinnung dieser Stoff- und Energiekomponenten müssen entsprechend dem Entropiekonzept erneut wertvolle Energie verbraucht und stoffliche Produkte eingesetzt werden. Je höher der Entropiegehalt eines Kompartiments ist, d.h. je vielfältiger der Schadstoffcocktail und der Vermischungsgrad, umso größer wird der Bedarf für den Dekontaminations-, Aufbereitungs- oder Rückgewinnungsprozess. Der erforderliche Aufwand wird räumlich und zeitlich immer weiter „nach hinten durchgereicht", man spricht vom Prinzip des *end-of-pipe*. Großkläranlagen für Mischwasser machen aus dieser Sicht wenig Sinn.

4. Regionalisierung und Modellierung (vgl. Kap. 5.8) sind Methoden der Landschaftsökologie, die der Gewinnung und Übertragung von Informationen über Zustandsgrößen, Parameter und Funktionen dienen. Damit verbunden sind Verfahren der Simulation von Prozessen und der Erstellung von Prognosen (vgl. Lee et al. 2008). Es herrscht aber ein permanenter Mangel an Informationen, denn man kann aus logistischen und finanziellen Gründen nicht alles messen, was messbar oder neu berechnen, was zu bestimmen ist.

    Um dieser Misere zu entgehen, werden z.B. Untersuchungen nur an repräsentativen Punkten durchgeführt, obwohl die Aussagen für den gesamten Landschaftsraum gebraucht werden. Außerdem stehen nur wenige Jahre zur Verfügung, benötigt werden aber Informationen, die **prognostisch** (voraussagend) oder **retrospektiv** (rückwärts blickend) ganze Jahrzehnte oder gar Jahrhunderte abdecken sollen. Zunehmend müssen auch Daten aus Archiven einbezogen werden, deren geowissenschaftlicher Kontext (wann, wo und unter welchen Bedingungen wurden sie gewonnen?) nicht mehr bekannt ist.

    Da die Entropie eine extensive Größe ist, wird klar, dass es mit einer größeren Komplexität der Landschaft und dem Anwachsen des Gültigkeitszeitraumes für die darzustellenden Modelle auch zu einer Vergrößerung der Informationsdefizite und damit Verringerung der Güte der gewünschten Aussagen kommt.

3.4 Landschaften als dissipative Systeme

3.4.1 Was ist unter einem dissipativen System zu verstehen und welche typischen Eigenschaften besitzt es?

Wie in den vorangegangenen Kapiteln gezeigt wurde, resultieren aus den besonderen Eigenschaften der Entropie eine Tendenz zur Minderung des Wertes der Energie und zur Vergrößerung der Unordnung im Systeminneren. Als Ursache wurde erklärt, dass alle von selbst ablaufenden physikalischen, chemischen und biologischen Prozesse mit Energie-umsetzung bzw. -übertragung verbunden sind. Dabei wird stets die Entropie vergrößert. Jede Dynamik, die in einer natürlichen Landschaft eigenständig abläuft, verstärkt diesen Trend.

Durchdenkt man die Konsequenz, würde eine solche Entwicklung zu einer allmählichen Aufhebung jeglicher Ordnungszustände führen, eine Landschaft sich damit selbst zerstören. Tatsächlich, im Extremfall, so bei isolierten Systemen, stellt sich durch diese Dynamik ein thermodynamisches Gleichgewicht ein (vgl. Kap. 3.2). Alle Strukturen zerfallen, weil eine Gleichverteilung der Teilchen im System entsteht. Damit hört jegliche zeitliche Entwicklung und räumliche Dynamik auf.

Die Erfahrung lehrt, dass Landschaften diesem verhängnisvollen Schicksal nicht preisgegeben sind. Die Begründung ergibt sich aus ihrem Charakter als offene Systeme. Es ist aber auch klar, dass dieser Vorteil durch einen ständigen Verbrauch an „wertvoller" Energie erkauft wird, der absichert, dass Entropie exportiert und der Ordnungszustand vergrößert werden können.

Deshalb ist landschaftliche Dynamik durch eine ständige **Dissipation** (Zerstreuung) wertvoller Energie gekennzeichnet. Diese wird vor allem durch die Sonnenstrahlung und die **Gravitation** (Massenanziehung durch die Erde) zur Verfügung gestellt. Beide Energiequellen gehören somit zu der Grundvoraussetzung der Existenz von Landschaften. Intuitiv ist diese Tatsache bereits jedem bewusst, der sich schon einmal mit erdwissenschaftlichen Fragestellungen beschäftigt hat.

Durch diese Besonderheiten kann das System „Landschaft" weitab von einem thermodynamischen Gleichgewicht existieren. Es ist deshalb im Sinne von Ebeling et al. 1990 als dissipative Struktur zu kennzeichnen.

Dissipative Systeme besitzen Eigenschaften, die für die Existenz der Landschaften von grundlegender Bedeutung sind:

1. Sie weisen eine gewisse **Stabilität** gegenüber kleineren Störungen auf (Wolkenstein 1990).
2. Es kann zur Bildung von neuen, „geordneten" Elementen kommen, d.h. sie sind zu einer **Selbstorganisation** von Strukturen fähig.

Stabilität und die Fähigkeit zur Selbstorganisation von Strukturen sind typische Eigenschaften von dissipativen Systemen.

3.4.2 Wie ist die Stabilität einer Landschaft zu interpretieren?

Von „außen" auf die Landschaft wirkende Einflüsse werden als Kontrollparameter bezeichnet, wenn sie maßgeblich die Existenzbedingungen des Landschaftssystems bestimmen.

Stabilität soll zunächst so verstanden werden, dass die Anzahl der wechselwirkenden Landschaftselemente sowie die Art und Intensität ihrer Interaktionen trotz einer Störung weitgehend gleich bleiben. Am besten wird diese Anforderung in einem **stationären Zustand** erreicht, der durch ein Fließgleichgewicht (*steady state*) gekennzeichnet ist (vgl. Kap. 3.2). Er wurde als ein "Durchschnittsverhalten" dargestellt, bei dem die äußerlich wahrnehmbaren Merkmale des Systems sich nicht ändern.

Man kann den stationären Zustand auch als die typische Dynamik auffassen und sich bei Vergleichen darauf beziehen. Er dient deshalb als Referenzdynamik (vgl. Abb. 3.4-2).

Wie bereits gezeigt wurde, verlässt ein dissipatives System nicht spontan den *steady state*. Man darf sich diesen aber nicht als etwas Starres vorstellen, denn es findet ja eine vielfältige Dynamik statt. Die Landschaft führt in diesem Zustand „Schwingungen um eine Ruhelage" durch, vergleichbar mit den Bewegungen eines Strukturelements in einem Kristall. Den Raum, der diese oszillierenden Bewegungen des Systems umfasst, kann man als sein **Stabilitätsfeld** auffassen (vgl. Abb. 3.4-1), repräsentiert durch eine Potenzialmulde (vgl. Abb. 3.4-2).

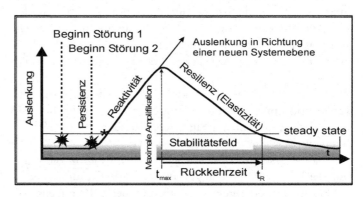

Abb. 3.4-1 Zeitkurven des Verhaltens einer Landschaft nach einer Störung

Solche Stabilitätsfelder werden in den Natur- und Erdwissenschaften häufig gebraucht, um bestimmte Systemzustände bei definierten äußeren Bedingungen darzustellen. Zum Beispiel können auf diese Weise die Existenzformen chemischer Verbindungen unter den herrschenden Temperatur-, Druck-

oder pH-Bedingungen erklärt werden (vgl. z.B. Seim und Tischendorf 1990 oder Voigt 1989).

In Verbindung mit der Systemtheorie lässt sich dieses Verhalten auch als eine Bewegung des Systems „Landschaft" in einer Potenzialmulde darstellen (vgl. Abb. 3.4-2).

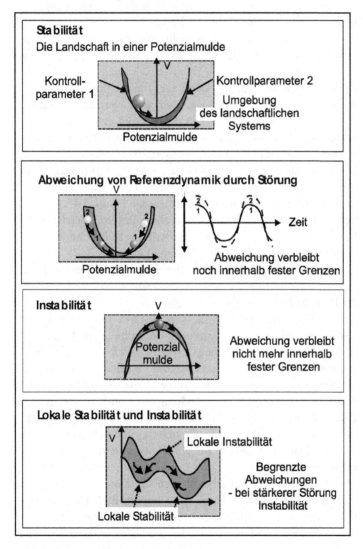

Kontrollparameter bestimmen Ausdehnung und Form eines Stabilitätsfeldes bzw. einer Potenzialmulde.
Beide repräsentieren einen theoretischen „Aufenthaltsraum", in welchem sich die Landschaft während ihrer Entwicklung bewegt und der nicht ohne weiteres verlassen werden kann.

Abb. 3.4-2 Stabiles Gleichgewicht, instabiles Gleichgewicht, Referenzdynamik

Die Landschaft „rollt" hin und her, wird aber diese Vertiefung nicht verlassen. Diese Beschränkung auf die Mulde bleibt bestehen, obwohl die Intensität der **externalen** (von außen wirkenden) Einflüsse auf die Landschaft nicht konstant ist. Beispielsweise wechseln in der Zone des gemäßigten Klimas ständig die Temperaturen, die Niederschläge oder der Luftdruck. Diese ständig stattfindenden externalen Veränderungen werden als **Fluktuationen** bezeichnet.

Einige der externalen Einflüsse dominieren. Sie bestimmen die Ausdehnung und Form des Stabilitätsfelds bzw. der Potenzialmulde, in der sich die Landschaft bewegt. Man bezeichnet sie deshalb als **Kontrollparameter**. Ihre hervorragende Bedeutung basiert auf den wichtigsten Stoff- bzw. Energieeinträgen.

Landschaften sind also in der Lage, Fluktuationen und Veränderungen, die als Störungen wirksam werden, auszugleichen. Das Vermögen hierzu ist durch ihren dissipativen Charakter gegeben und wird als ihre **Resilienz** oder auch **Elastizität** bezeichnet (vgl. hierzu Hilbert 2007).

Da damit die Landschaft einer möglichen Veränderung ihrer Strukturen und Dynamik widersteht, kann man auch von ihrer Persistenz sprechen. Wie Abb. 3.4-1 und 3.4-2 zeigen, kehrt nach einer Auslenkung aus ihrer Referenzdynamik die Kurve, welche die der Landschaftsdynamik beschreibt, wieder in das ursprüngliche Stabilitätsfeld zurück.

Die Größe der Auslenkung widerspiegelt die Intensität, mit der das System auf die Störungen reagiert. Sie wird deshalb als **Reaktivität** bezeichnet.

Attraktoren sind Zustandsbereiche in deren Richtung landschaftliche Prozesse aus verschiedenen Ausgangsbedingungen heraus zulaufen. Je nach Anzahl der Dimensionen nehmen sie unterschiedliche Formen an.

Beschreibt man mit $Z'(t)$ die Größe bzw. Geschwindigkeit der Veränderung der Systemzustände, ist bei $Z'(t) = F(Z, t) = 0$ der Gleichgewichtszustand erreicht. Weil dissipative Systeme von sich aus immer versuchen, wieder in das Gleichgewicht zu gelangen, werden diese Zustände häufig als **Attraktoren** bezeichnet. In Abhängigkeit von der Anzahl der Dimensionen und den mathematischen Grundstrukturen, den so genannten Eigenwerten, nehmen die Attraktoren sehr unterschiedliche Formen an (vgl. Blumenstein und Schachtzabel 2000).

Man kann dieses Stabilitätsverhalten der Landschaft mit dem Entropiephänomen erklären. Wie bereits mehrfach dargestellt, existieren dissipative Systeme auf Basis der Flüsse von Stoff, Energie und Entropie. Im Fließgleichgewicht ist die auch die Entropieänderung in der Zeit $dS \approx 0$. Deshalb bleibt alles so, wie es war: Strukturen werden weder gebildet noch zerstört.

Natürlich kann die Intensität einer Störung aber auch so stark sein, dass eine Rückkehr in den ursprünglichen Fließgleichgewichtszustand nicht mehr möglich ist. Wenn z.B. ein Tal durch Murenabgänge so versperrt wird, dass der Wasser-

und Stofftransport in Richtung Vorflut nicht mehr gewährleistet sind, entsteht mit dem Aufstauen des Wassers eine
völlig neue Landschaft. Zu diesen gravierenden Störungen
zählen z.B. auch Erdbebenereignisse mit relevanter Relief-
veränderung oder das Absterben ganzer Wälder durch
Schädlingsbefall.

Mit der Entwicklung der neuen Strukturen nehmen die meisten Stoff- und Energieflüsse in der Landschaft eine neue
Qualität an. Der ursprüngliche Landschaftscharakter geht
verloren. Es entwickelt sich ein neues Fließgleichgewicht. In
diesen Fall kehrt die Kurve, welche die Landschaftsdynamik
in Abhängigkeit von der Zeit beschreibt (vgl. Abb. 3.4-1)
nicht mehr in das alte Stabilitätsfeld zurück.

> Bei gravierenden Störungen kann ein Landschaftssystem nicht mehr in sein ursprüngliches Fließgleichgewicht zurückkehren.
> Der ursprüngliche Charakter der Landschaft geht verloren.

3.4.3 Was passiert bei trendhaften Veränderungen der Kontrollparameter?

Oft sind solche Störungen mit einer trendhaften Veränderung der Kontrollparameter gekoppelt. Von großer Bedeutung ist dabei die Kulturtätigkeit des Menschen. Sie bewirkt
umfassende Änderungen stofflicher und energetischer Existenzbedingungen der Landschaft. Deshalb kann man kann
von einer anthropogenen Veränderung der Kontrollparameter sprechen.

Ein einfaches Beispiel sind umfangreiche Be- oder Entwäs-
serungsmaßnahmen, welche die Wirksamkeit des natürlichen
Kontrollparameters „Niederschlagsmenge" in die eine oder
andere Richtung abändern. Auch Massenbewegungen durch
die Anlage von Tagebauen oder das Aufschütten von Halden
gehören hierzu.

Bei solchen Kontrollparameteränderungen erfolgt gleichfalls
eine spontane Bewegung der Zeitkurve der Landschaftsdynamik in ein neues Stabilitätsfeld. Dies bedeutet, dass sich
ein neues Fließgleichgewicht ausbildet. Zwar deutet sich die
Möglichkeit dieser Entwicklung in vielen Fällen langfristig
an, jedoch sind ihr Zeitpunkt und Verlauf kaum vorhersagbar. Diese Phänomene sind bereits unter dem Problem
Nichtlinearität (Kap. 3.3.2) diskutiert worden.

Dort war auch zu lesen, dass nichtlineare Systeme mehrere
Attraktoren besitzen können. Diese weisen wiederum verschiedene Stabilitätseigenschaften auf. Es sind deshalb **stabile** von **instabilen** Gleichgewichtszuständen zu unterscheiden. Bei letzteren genügen schon geringfügige Schwankungen in den Ausgangsbedingungen einer Entwicklung, um
dem Prozess eine völlig andere Richtung zu geben. Man

> Durch die Tätigkeit des Menschen können manche Kontrollparameter der Landschaftssysteme gravierend verändert werden. In diesem Fall verändert sich entscheidend deren Dynamik.

In einem instabilen Gleichgewichtszustand reichen schon geringfügige Schwankungen der Bedingungen aus, um die Entwicklungsrichtung der Landschaft entscheidend zu verändern.

kann sich das instabile Gleichgewicht im einfachsten Fall als Potenzialberg vorstellen (Abb. 3.4-2).

Die Möglichkeiten, diese Varianten der Gleichgewichtszustände mit Hilfe von Modellen prognostizieren zu können, sind bisher sehr begrenzt gewesen. Ursache ist die hohe Komplexität der Landschaften.

Welche Konsequenz ergibt sich aus den beiden verschiedenen Arten von Gleichgewichtszuständen?

Die Landschaften intensiv genutzter Räume sind durch die Tätigkeit des Menschen oft so stark umgestaltet worden, dass sie von einem stabilen in ein instabiles Gleichgewicht übergegangen sein können. Dieser Wechsel wird zunächst kaum wahrgenommen, da ja trotz allem noch der Fließgleichgewichtszustand existiert. Allerdings wirken die anthropogen stark überprägten Kontrollparameterbedingungen. Sie wandeln mehr oder minder unbemerkt die „Potenzialmulde" in einen „Potenzialberg" um.

Wenn sich das Landschaftssystem jedoch dann in einem instabilen Gleichgewicht befindet, reichen manchmal schon geringfügige Ursachen aus, um eine völlige Veränderung der Dynamik hervorzurufen. Das berühmte „Fliegenbein auf der Waagenschale" führt dazu, dass z.B. ganz plötzlich riesige Muren entstehen, Kliffbereiche oder Hänge absacken, Arten aus ihren Lebensräumen verschwinden oder Teile der Nahrungsnetze zusammenbrechen.

Während des Übergangsprozesses von einem Fließgleichgewichtszustand in einen anderen wird in einer Landschaft sehr viel Energie umgesetzt und dissipatiert. Diese hohe Intensität der Dynamik vergrößert erheblich die Entropie des Systems. Die Konsequenz ist eine Aufhebung des Ordnungszustandes, gleichbedeutend mit einer Zerstörung vieler bisher in der Landschaft vorhandener Strukturen.

Allmählich wird danach jedoch Entropie in die Systemumgebung abgegeben. Somit entsteht die Möglichkeit für die Herausbildung neuer Strukturen.

Die Fragen der Stabilität von Landschaften, der Zerstörung des bestehenden und der Selbstorganisation eines neuen Formenschatzes sind deshalb eng miteinander verkoppelt. Landschaften sind somit typische Beispiele für dissipative Systeme. Infolge seiner Bedeutung wird auf die Phänomene der Strukturentwicklung in Kap. 4.2 eingegangen.

3.4.4 Welcher Systemzweck liegt der Existenz von Landschaften zu Grunde?

Die Durchflussprozesse (lineare Komponente) sowie Speicherprozess (zyklische Komponente) des dissipativen Systems „Landschaft" (vgl. Abb. 3.2-4) bilden die Basis für die Realisierung des Systemzwecks. Für das Verständnis der Zusammenhänge ist es notwendig, einige bisher diskutierte Grundlagen am Beispiel eines allbekannten technischen Systems zu erweitern.

Systemzweck eines Autos ist der Transport von Personen- und Lasten. Um fahren zu können, benötigt es zunächst Kraftstoff. Es muss also Stoff und Energie mit geringer Entropie aus der Systemumgebung (Tankstelle) aufnehmen. Das Fahrzeug funktioniert aber auch nur dann, wenn Abgase, also Stoffe mit hoher Entropie, sowie Wärmeenergie mit hoher Entropie an die Umwelt abgegeben werden können. Ansonsten würden die meisten Teile zerstört. Auf den ersten Blick erfüllt das Auto die Bedingungen für ein offenes System.

Seine Funktionsfähigkeit setzt jedoch auch voraus, dass ein bestimmter Anteil von Stoff und Energie bereits im Inneren des Fahrzeugs gespeichert sein muss, damit es starten und eine Strecke fahren kann. Dieser Vorrat wird durch den Tank, die Benzinleitung, den Vergaser und die Batterie zur Verfügung gestellt. Dadurch wird das Auto für eine gewisse Zeit in die Lage versetzt, unabhängig von einem Input aus der Umwelt **Arbeit** zu verrichten.

Johnson(1990) beschäftigte sich mit diesen Zusammenhängen näher. Er stellte heraus, dass die **zyklische** Komponente (alle Speichervorgänge) zu einer Verzögerung des Flusses von Materie, also Stoff und Energie, führt. Im System nehmen die Masse, das Volumen und die Energie zu. Ein voll getanktes Auto ist schwerer und besitzt einen hohen Anteil potenzieller chemischer Energie, der ausreicht, um es mehrere hundert Kilometer zu bewegen.

Masse- und Volumenzunahme sind oft deutlich messbar. Deshalb hat Johnson die von der zyklischen Komponente bewirkten Veränderungen als **Wirkung** bezeichnet.

Ein parkendes, voll getanktes Auto ist aber nur schwerer als eines mit leerem Tank und besitzt einen hohen Vorrat an potenzieller Energie. Es hat bisher nur eine Akkumulation, aber kein Umsatz stattgefunden, die Entropieproduktion geht gegen Null. Das heißt: würde nur der zyklische Prozess existieren, bliebe jede Dynamik aus.

Speicherprozesse sind die „zyklische Komponente" der Landschaftsdynamik. Infolge der Zunahme von Masse, Volumen bzw. Energie werden sie auch „Wirkung" gekennzeichnet.

Durchflussprozesse sind die „lineare Komponente" der Landschaftsdynamik. Es wird Arbeit verrichtet und die Entropieproduktion verstärkt.

Die Funktionsfähigkeit setzt deshalb einen gegenläufigen Prozess voraus. Dieser wird durch die **lineare** Komponente (alle Durchflussprozesse) bewirkt. Durch sie wird Arbeit verrichtet und die Entropieproduktion verstärkt.

Bezogen auf das Autos bedeutet das: erst wenn der Kraftstoff vom Tank über den Vergaser in den Motor fließt und dort nach dem Verbrennen die Rückstände über den Auspuff an die Umwelt abgegeben werden, kann die Fortbewegung stattfinden. Die abgegebene Wärme und die Abgase haben eine höhere Entropie, sie müssen deshalb „exportiert" werden. Zur Absicherung der Kontinuität des Prozesses muss ab und zu eine Zapfsäule angefahren werden, um nachzutanken.

Johnson (1990) reduziert die Problematik auf den grundlegenden Widerspruch:

Die Dynamik eines Landschaftssystems wird durch den grundlegenden Antagonismus zwischen „Minimierung der Arbeit" und „Minimierung der Wirkung" bestimmt.

Eine Systemexistenz, die allein auf den Durchflussprozessen beruht, würde durch die Verrichtung von Arbeit ständig die Entropie so erhöhen, dass es zur Strukturzerstörung kommt. Finden hingegen nur Speicherprozesse statt, entsteht die Gefahr, dass durch die Wirkung jegliche Dynamik unterbunden wird.

Es muss also gleichzeitig die Dominanz beider gegenläufiger Trends vermieden werden. Johnson spricht deshalb von der „**Minimaxbedingung der Dissipation**".

Ihr Kern ist der grundlegende Antagonismus zwischen der

– Minimierung der Wirkung und
– Minimierung der Arbeit.

3.4.5 Wie spiegelt sich der Antagonismus von Minimierung der Wirkung und Minimierung der Arbeit in realen Landschaften wieder?

Wenn man diesen Ansatz bis in seine letzte Konsequenz durchdenkt, wird klar, dass ein Zustand, der beide Trends in sich vereint, am ehesten mit einem **Fließgleichgewicht** mit der Systemumgebung erreicht ist.

Zwei einfache Beispiele sollen nun belegen, dass dieser interessante Antagonismus nicht nur für ein Auto oder andere technische Systeme, sondern auch für Landschaften gilt.

1. In einem grobsandigen oder kiesigen Boden fließt das Wasser schnell über die Makroporen ab. Infolge der ungünstigen Oberflächeneigenschaften fehlt auch weitgehend ein Nährstoffrückhalt. Eindeutig dominiert die lineare Komponente, Speicherprozesse sind kaum vorhanden. Das Ausbleiben der Wirkung zeigt sich in der ent-

stehenden Unfruchtbarkeit des Substrates, die Erdoberfläche bleibt vegetationslos oder kann nur im beschränkten Umfang mit einer Pioniervegetation besiedelt werden.
Eine Humusakkumulation bleibt aus.

Hingegen können die feinkörnigen Böden einer Landschaft unter den klimatischen Bedingungen Mitteleuropas
pflanzenverfügbares Wasser speichern. Sie besitzen darüber hinaus eine hohe Kationenaustauschkapazität. Infolge
dieser günstigen Bedingungen entwickelt sich eine **Sukzession** von Organismen weiter bis hin zu einem **Klimaxstadium**. Dieses wird im gemäßigten Klima auf an-
hydromorphen Standorten in der Regel durch die Entfaltung eines Laub- und Mischwaldes erreicht.

Während dieses Entwicklungsprozesses nimmt die Bedeutung der Speicherprozesse zu (Akkumulation von
Biomasse, organischer Bodensubstanz und damit Wasser
bzw. Nährstoffen). Das Klimaxstadium repräsentiert ein
Fließgleichgewicht, in welchem annähernd beide Prozess-
typen etwa gleich sind.

Wird der Laub- und Mischwald abgeholzt, verstärkt sich
wieder der lineare Stoff- und Energiedurchsatz. So tritt
ein verstärkter Oberflächenabfluss ein, die Nährstoffver-
lagerung wird intensiviert. Diese Vorgänge sind Ausdruck
einer höheren Entropie, denn im System werden größere
Wassermengen mit vergleichsweise größerer Fließgeschwindigkeit umgesetzt, in denen auch ein höherer Anteil an gelösten Substanzen enthalten ist.

Es erfolgt eine Zerstörung von Strukturen. Der Oberboden wird abgetragen, das Relief verändert. Die fehlende
Vegetationsdecke bedingt wiederum eine höhere Intensität des Strahlungsumsatzes an der Erdoberfläche, welche
sich darum stärker erwärmt. Es wird somit „wertlose
Wärmeenergie" mit hoher Entropie produziert. Diese
verstärkt wiederum die Konvektionsvorgänge in der Troposphäre und zerstört deren Schichtungen.

Positiv rückkoppelnd und somit verstärkend auf das
landschaftliche Prozessgeschehen wirken die Abnahme
der gespeicherten Wassermenge im Lockergesteinsbereich und die Erhöhung des Benetzungswiderstandes
durch die stärkere Austrocknung. Die natürliche Wieder-
besiedelung der Flächen kann erst allmählich wieder über
eine Sukzession erfolgen und dauert demzufolge sehr
lange.

2. Eine Begradigung und Kanalisierung natürlicher Flussläu-
fe einer Landschaft erhöht den Abfluss je Zeiteinheit und

die kinetische Energie des Wassers. Der lineare Prozess wird also verstärkt.

Auch ohne die energetischen Einzelprozesse im Wasserkörper zu berücksichtigen, kann man feststellen, dass die Entropie vergrößert wird, nachweisbar an der Erhöhung der Menge transportierter Feststoffe je Volumeneinheit.

Vorhandene Strukturen im Flusslauf werden zerstört, dadurch die Vielfalt kleinzelliger Lebensräume beseitigt. Die Chancen für die Entwicklung einer vielseitigen Artenstruktur gehen verloren. Es kommt somit zu einer Verringerung der Speicherprozesse, denn die Biomasse nimmt ab. Besonders trägt hierzu die Beseitigung von Überflutungsbereichen bei, die eine **Retardation** (Zurückhaltung) von Wasser an der Erdoberfläche bewirken. Mit der Begradigung verringert sich auch die Wassermenge, die durch Uferfiltration im Lockergesteinsbereich gespeichert werden kann.

Das herrschende Fließgleichgewicht des Systems ist zugunsten des Trends zur Erhöhung des Anteils physikalischer Arbeit beseitigt worden. Demzufolge müssen ständig Schutz- und Erhaltungsmaßnahmen durchgeführt werden, da der Fluss entsprechend seines Systemzweckes mehr Arbeit, unter intensiver Entropieproduktion, verrichten kann (Zerstörung von Strukturen, vor allem bei Auftreten einer Hochwasserwelle). Darüber hinaus versucht er permanent, den Anteil der Speicherprozesse wieder zu erhöhen (Überflutung seiner ehemaligen Auen).

3.4.6 Worin besteht der Systemzweck von Landschaften?

Der Systemzweck von Landschaften besteht darin, dass sie eine Struktur entwickeln müssen, welche den Antagonismus zwischen „Minimierung der Wirkung" und „Minimierung der Arbeit" optimiert.

Es wird aus den Beispielen deutlich, dass Landschaften, die sich im Fließgleichgewicht befinden, ein Optimum zwischen den beiden Grundprozessen „Minimierung der Arbeit" und „Minimierung der Wirkung" besitzen. Somit lässt sich jetzt der Systemzweck von Landschaften definieren. Als offene Systeme müssen sie unter den gegebenen Kontrollparameterbedingungen eine Struktur entwickeln, welche in ihren Wechselwirkungen die beiden gegensätzlichen Trends zur

- Minimierung der Wirkung und
- Minimierung der Arbeit

so optimiert, dass ihre Dynamik einem *steady state* nahe kommt. Dadurch können eine relative Stabilität und eine

Nachhaltigkeit in der Systemdynamik aufrechterhalten werden.

Diese Optimierung garantiert, dass die notwendigen stofflichen und energetischen Wechselwirkungen bei gleichzeitig geringer Entropieproduktion realisiert werden können.

Alle Naturlandschaften entwickeln sich nach diesem Prinzip. Sie streben also nicht ein Maximum an zyklischen Prozessen an (vgl. Doing 1997), sondern ein Optimum gegenüber der linearen Dynamik.

Aber die realen Phänomene sind noch komplizierter. Da offene Systeme durch eine Nichtlinearität ihrer Prozesse (vgl. Kap. 3.3) gekennzeichnet werden, sind mehrere Gleichgewichtspunkte möglich. Damit ist auch eine **Polyoptimalität** erreichbar.

Das bedeutet, das annährende Gleichgewicht zwischen beiden Trends kann auf verschiedene Art und Weise erreicht werden. Selbst wenn also durch wissenschaftlich begründete Umgestaltungsmaßnahmen sich ein naturnahes Fließgleichgewicht einstellen würde, kann es bei geringfügigen Parameteränderungen durch ein anderes ersetzt werden. Leider ist dieses dann oft kaum planbar. Das Wissen über die nachhaltige Wirkung von Umgestaltungsmaßnahmen konnte deshalb bisher weitgehend nur durch Versuch-Irrtum-Strategien entwickelt werden (vgl. Hauhs et al. 1998).

Da sich im Verlauf der Erdgeschichte die Kontrollparameterbedingungen ständig ändern, ist das Idealverhältnis zwischen beiden Trends nur für einen begrenzten Zeitraum gegeben. Veränderungen der Landschaften sind also in ihrem Charakter als dissipative Systeme begründet und somit ein grundlegendes Naturgesetz.

Anthropogene Umgestaltungen beeinflussen das bestehende Optimum zwischen Arbeit und Wirkung erheblich. Sofort nach ihrem Beginn setzt jedoch der Trend zu dessen Wiedereinstellung ein. Die dabei ablaufenden Prozesse folgen aber nicht immer den Zielen des menschlichen Wollens und Handelns, sondern unterliegen nur dem dargestellten Systemzweck. Demzufolge müssen ständig Eingriffs- und Kontrollsysteme entwickelt werden (vgl. Hauhs et al. 1998).

Infolge der Nichtlinearität der Prozesse besitzen Landschaften eine „Polyoptimalität".

Ein Fließgleichgewicht kann sich auf unterschiedliche Art und Weise ausbilden.

Veränderungen von Landschaften sind ein Naturgesetz. Nach einer anthropogenen Umgestaltung realisiert eine Landschaft selbstständig ihren Systemoptimierungsprozess unabhängig vom Willen des Menschen.

Noch einmal nachgefragt - Einige Fragen zu Kapitel 3

1. Welche Bedeutung besitzt der Systemansatz für landschaftsökologische Fragestellungen?
2. Welche Merkmale müssen Landschaften besitzen, wenn sie die Kriterien eines Geosystems erfüllen sollen?
3. Was sind die Grundbedingungen für die Entstehung von Interaktionen zwischen Landschaftselementen?
4. Was ist bei der Festlegung von Landschaftsgrenzen zu berücksichtigen?
5. Wie lassen sich Landschaftsgrenzen klassifizieren?
6. Welche Zusammenhänge bestehen zwischen der Nähe bzw. Entfernung von einem Fließgleichgewichtszustand und der Entwicklung von Landschaftsstrukturen?
7. Was ist unter einer nichtlinearen Dynamik zu verstehen?
8. Welche Konsequenzen erwachsen aus den nichtlinearen Prozessen in Landschaften?
9. Welche Folgen hat die Zunahme der Entropie durch Landschaftsprozesse?
10. Inwiefern können Landschaften als dissipative Systeme aufgefasst werden?
11. Welche Entwicklungsvarianten ergeben sich nach einer Störung von Landschaften?
12. Welcher Systemzweck liegt der Existenz von Landschaften zugrunde?

4 Landschaft in der Zeit: Evolution und Dynamik

4.1 Selbstorganisation und Evolution – eine Einführung

> Panta rhei!
>
> Heraklit (544 – 483 v. u. Z.)

4.1.1 Inwieweit sind „Landschaft" und „Evolution" überhaupt miteinander vereinbar?

So ein Glück, als Kind aufgewachsen zu sein in einem Häuschen im Grünen! Man schaut aus dem Fenster, wenn der Schnee den Bäumen weiße Hauben aufsetzt, spielt im Vorgarten, wenn die Vögel das erste Grün mit Gesang begrüßen. Während die Blumen mit ihrem Duft und ihrer Farbenpracht in Wettstreit treten, aalt man sich faul in der heißen Sonne, genießt später den Herbstduft von Laub und Pilzen, der vom nahen Wald herüberweht. Nichts Aufregendes an dem Wechselspiel der Natur, alles kehrt wieder in einem immerwährenden Kreislauf.

Später, nach langer Arbeitszeit in der Fremde, kehrt man zurück und plötzlich ist alles anders. Verschwunden ein großes Stück Wald, zerfressen von Schadgasen und gierigen Insekten. Zerfurcht von tiefen Rinnen der Hang, auf dem die Schlittenbahn entlang führte. Ausgetrocknet und verschüttet der kleine Bach, an dessen Rand sich einst die Salamander tummelten. Und die kleinen Fichten, die den Vorgarten umsäumten, verdecken jetzt als riesige Bäume jede Sicht. Die heimatliche Landschaft, wie hat sie sich verändert). Erfahrungen wie diese, in jeder Generation wiederkehrend, machen begreiflich, dass sich die Frage nach Stetigkeit und Veränderlichkeit in der Natur immer wieder stellt. Sie ist nicht Ausdruck irgendeines Zeitgeistes, einer Rückwärtsgewandtheit oder Zukunftsangst.

Schon in der Antike stellte der griechische Dichter Hesiod (um 700 v. u. Z.) in seinem mythologischen Werk *"Theogonia"* die Frage nach einem "Grundstoff" (Arche), welcher „...den Naturobjekten zugrunde liegt und der sich im Wechsel des Geschehens erhält" (zitiert nach Messer 1932, S. 10). Theogonia beinhaltete eine erste geistige Auseinandersetzung mit dem Werden und Vergehen, mit dem also, was man heute unter „Evolution" versteht.

Die Diskussion dieser Fragen ist bis heute von großem Interesse und wird mit großer Leidenschaft geführt. Ob Schöpfung, Urknall oder Darwinsche Abstammungslehre: der Gegenstand der Auseinandersetzungen über das Entstehen und Vergehen von Strukturen ist einem breiten Spektrum, das von den Religionen, der Philosophie über die Naturwissenschaften bis hin zu den Bereich der Hochtechnologie reicht, zuzuordnen (vgl. Siewing 1987).

Ursache der zeitlichen Veränderungen von Landschaften ist ihre Existenz als komplexes offenes System; die treibende Kraft ist die Entropie.

Die folgenden Abschnitte beschränken sich jedoch darauf, Ursprung, Triebkräfte und Richtung der Entwicklung von Landschaften aus holistischer Sicht darzustellen. Basis bilden die Ausführungen des Kap. 3.4.

Dort wurde deutlich, dass eine Landschaft nicht etwas Statisches, Unveränderliches ist. Durch ihren Charakter als dissipatives System ist sie ständigen Veränderungen unterworfen. Die Ursache der zeitlichen Veränderungen ist deshalb ihre Existenz als **komplexes, offenes System**, Die treibende Kraft ist die **Entropie**.

Unter Evolution versteht man eine zeitliche Entwicklung, die alle Strukturen und Prozesse eines Systems erfasst. Sie ist ein Produkt des Wechselspiels zwischen externalen und internalen Faktoren.

Nach Ebeling et al. (1990) unterliegen alle komplexen Systeme, die aus einer hinreichend großen Zahl von wechselwirkenden Elementen bestehen, einer Evolution. Die Autoren verstehen darunter eine zeitliche Entwicklung, die alle Strukturen und Prozesse eines Systems erfasst. Die Evolution ist ein Produkt des Wechselspiels zwischen **externalen** (systemäußeren) und **internalen** (systeminneren) Faktoren und setzt darüber hinaus hierarchisch organisierte Strukturen voraus.

Der komplexen Charakter von Landschaften (vgl. Kap. 3.1), ihr hierarchisch organisiertes Gefüge (Kap. 5.1) und das Wechselverhältnis zwischen ihren inneren und äußeren Faktoren (Kap. 3.4) sind ausführlich beschrieben worden.

Ziel der Evolution von Landschaften ist die optimale Anpassung ihrer Strukturen an die Veränderungen der Kontrollparameter.

Auch das Ziel des Prozesses wurde schon formuliert: das offene System passt seine Strukturen optimal an die Veränderungen an, die sich in seiner Umgebung vollziehen. Die **externalen** Bedingungen, die für den jeweiligen Zustand des Systems entscheidend sind, wurden als **Kontrollparameter** bezeichnet.

Die innere Logik dieses Ansatzes ist schon lange ein Bestandteil von Paradigmen der Geographie und anderer Raumwissenschaften gewesen. Zu nennen sind die Lehre von den unterschiedlichen klimamorphologischen Strukturformen der Landschaften, deren herausragender Vertreter Büdel (z.B. 1937, 1944) war, oder die Ausprägung verschiedener terrestrischer Lebensformen der Organismen in Abhängigkeit von der Temperatur und der Niederschlagsmenge, wie sie z.B. durch Walther (z.B. 1970, 1979) systematisiert dargestellt wurde. Derzeit kann man eine intensive Beschäftigung mit dem Evolutionsphänomen in Landschaften feststellen (Berthling u. Etzelmüller 2011, Fujioka u. Chappell J 2011, Phillips 2009, Temme et al. 2011).

4.1.2 Welche Evolutionstheoreme sind bisher bekannt?

Im deutschen Sprachraum hat sich zunächst vor allem Herz (1982, 1984, vgl. Kap. 2.3.1) mit den Fragen der Evolution von Landschaften auseinandergesetzt. In ihrer theoretischen Durchdringung gingen seine Vorstellungen über damalige Denkansätze hinaus. Leider ist er aber dem aktuellen Trend der Geographie der siebziger und achtziger Jahre des letzten Jahrhunderts gefolgt und hat sich durch ein eigenständiges fachinternes Vokabular (vgl. Kap. 2.3) von den übrigen, zwar naturwissenschaftlich nicht immer klar definierten, aber dennoch gängigen Termini entfernt. So erwecken seine Ansätze oft den Eindruck von Isolation und Praxisferne.

Für Herz stellt die Landschaftssphäre eine Strukturform dar, die innerhalb des Sonnensystems einmalig ist. Sie unterlag spezifischen Entstehungsbedingungen, die für jede Landschaft eigenständig durchlaufen wurden. Herz betont damit, wenn auch indirekt, die Einmaligkeit, Individualität und somit den irreversiblen Charakter der Landschaftsentwicklung.

Kriterien der Evolution macht er vor allem an der Entwicklung der landschaftlichen **Korrelativität** (wechselwirkenden Bedingtheit) fest. Ihre Gesetzmäßigkeit kommt in der arealbezogenen Übereinstimmung von Merkmalen der Komponenten zum Ausdruck.

Folgende Stufen, die aufeinander folgen, werden von Herz unterschieden:

1. Urlandschaft,
2. Biolandschaft,
3. Kulturlandschaft.

Die Logik dieses Ansatzes einer zeitlichen Typisierung der Landschaftsentwicklung erschließt sich durch die nachgestellten Erläuterungen (Tab. 4.1-1).

Trotz hervorragender Systematisierung erkennt man auch die mangelnde Kopplung an die Termini der naturwissenschaftlichen Holistik (vgl. Kap. 3.1). Kritikpunkte sind zum Beispiel:

– Der geographische Raum wird als ein quasi **abgeschlossenes System** dargestellt.

– Ein **Potenzial** ist das Vermögen eines Systems, Arbeit zu verrichten. Eine „Ingangsetzung" von Potentialen ist deshalb nicht möglich.

Tab. 4.1-1 Die Evolutionsstufen von Landschaften und ihre Charakteristika (nach Herz 1984, gekürzt)

Stufe	Struktur	Prozesse
Urlandschaft seit ≥ 3,8 Mrd. Jahren	Arealgefüge natürlicher Merkmalskorrelationen der vier Landschaftskomponenten Relief, Bau, Wasserregime, Klima.	**Substratumwälzung** Abbau des Stoff- und Energiepotenzials der Landoberflächen durch selektive laterale Stoffverlagerung
Biolandschaft seit ≥ 60 Mio. Jahren	Arealgefüge natürlicher Merkmalskorrelationen der sechs Landschaftskomponenten Relief, Bau, Wasserregime, Klima, Bios, Boden.	**Biotisierung** Entwicklung terrestrischer Formen des Lebens und lebensadäquater Umwelt auf der Landoberfläche. Hemmung der lateralen Stoffverlagerung, verlangsamter Abbau des Stoff- und Energiepotenzials der Landoberfläche.
Kulturlandschaft seit 12.000 Jahren	Arealgefüge künstlich (durch gesellschaftliche Arbeit) veränderter und künstlich erzeugter Merkmalskorrelationen der sechs Landschaftskomponenten.	**Humanisierung** Auf gesellschaftliche Bedürfnisse des Menschen gerichtete Umgestaltung der natürlichen Umwelt, Erschließung und Schädigung bio- und urlandschaftlicher Leistungspotenzen.

Für Herz „leben" die grundlegenden Mechanismen der erdgeschichtlich vorausgehenden Stufen in der nachfolgenden weiter. Als Beweis dient ihm die Tatsache, dass auch in der Kulturlandschaft alle Naturgesetze weiter wirksam sind. Das ist unbestritten der Fall. Mit der Entwicklung einer weiteren Stufe treten stets neue Bewegungsformen auf. Somit wird es möglich, aus **rezenten** (gegenwärtigen) Strukturen die Entwicklung einer Landschaft zu rekonstruieren. Die Richtigkeit dieses Ansatzes wird nicht nur durch die vielen landschaftsgenetischen Gesetzmäßigkeiten, sondern auch durch viele angewandte Methoden bis hin zu den modernen geoarcheologischen Untersuchungen belegt. Zusammenfassend sind im folgenden die wesentlichen Aussagen (vgl. Herz 1984) dargestellt:

1. Die strukturelle Einheitlichkeit des Landschaftsphänomens kommt in Analogien zum Ausdruck.
2. Die Umgestaltung durch den Menschen vermag die Landschaften zwar bedürfnisgerechter zu entwickeln, seine Bindung an die Natur verringert sich dadurch aber nicht.
3. Die anthropogene Veränderung von Landschaften ist in einem weiten Feld von Varianten denkbar. Diese reichen von bestmöglicher Naturverträglichkeit (im heutigen Sinne einer Nachhaltigkeit) bis hin zu einer risikobelasteten Dynamik.
4. Die Evolution hat in verschiedenen Gebieten einen unterschiedlichen Stand erreicht. Dies kommt in der engen räumlichen Nachbarschaft verschiedener Entwicklungsstufen zum Ausdruck. Für Gestaltungsmaßnahmen erfordern die ständigen Interaktionen zwischen solchen Räumen keine isoliert technologische, sondern insgesamt **systemare** Problemlösungen.

Die Bedeutung der zuletzt genannten Aussage bedarf noch einmal einer besonderen Betonung.

4.2 Selbstorganisation landschaftlicher Strukturen

Eine Oase, die in der Wüste geschaffen wird, bleibt ein Teil der Wüste, solange die äußeren Bedingungen erhalten bleiben oder der Mensch die Fähigkeit besitzt, die solare Einstrahlung, die Luftmassenzirkulation und die tektonischen Prozesse zu verändern. (Isacenko in Goudi 1994)

4.2.1 Worin besteht das Grundprinzip der Selbstorganisation?

Die Worte Isacenkos widerspiegeln eine wesentliche Erkenntnis aus den bisherigen Kapiteln (Kap. 3, Kap. 4.1). Landschaftliche Strukturen existieren so lange, bis äußere Bedingungen sich maßgeblich ändern. Ursache ist der dissipative Charakter der Landschaften.

Dieser ist dafür ausschlaggebend, dass die Systemelemente so lange optimiert werden, bis der Übergang in ein Fließgleichgewicht möglich wird. In diesem Falle ist die Entropieproduktion am geringsten, die Landschaft gegenüber kleineren Störungen stabil (vgl. Kap. 3.4).

Wenn Landschaften sich weitab von einem Gleichgewicht befinden, können sich von selbst Strukturen bilden. Dieser Prozess wird Selbstorganisation genannt.

Wie alle dissipativen Systeme, so besitzen auch Landschaften die Fähigkeit zur Bildung von neuen, „geordneten" Elementen. Sie müssen sich allerdings weitab von einem Fließgleichgewicht befinden. Da diese Strukturbildung „von selbst" stattfindet, wird der Prozess als **Selbstorganisation** bezeichnet. Dieser Vorgang findet ohne irgendeinen Einfluss des Menschen, ohne sein Wollen oder Nichtwollen statt. Beispiele für einige Selbstorganisationsprozesse beschreiben Gauchengel (2009), Targulian u. Krasilnikov (2007) oder Reuter et al. (2010).

Wie ist es möglich, dass irgendwann etwas von selbst entsteht, dort wo vorher scheinbar nichts vorhanden war? Zur Beantwortung dieser Frage muss man sich die Landschaft in ihre ureigensten Elemente (Moleküle, Partikel) zerlegt vorstellen. Damit wird zwar der Bereich geographischer Dimensionen (Kap. 2.2) verlassen, jedoch sind die Grundvorstellungen der holistischen Wissenschaften für das Verständnis nachfolgender Zusammenhänge unerlässlich.

Die unermessliche Anzahl dieser Elemente weist vielfach chaotische Merkmale auf. Die Wassermoleküle in der Luft (Luftfeuchtigkeit) wirbeln nach den Gesetzen der Brownschen Bewegung herum, die Partikel und Ionen in einer Bodenlösung oder einem See bewegen sich nach einem ähnlichen Prinzip. Sandkörner scheinen bei Wind in der Luft zu tanzen, selbst ein Rudel Wildtiere scheint sich ohne erkennbare Ordnung durch den Wald zu bewegen. Alle diese willkürlich aufgeführten Landschaftselemente haben jedoch eines gemeinsam: treten Veränderungen in der Umgebung auf, können sie ihr Verhalten umstellen.

Ändern sich physikalische oder chemische Bedingungen, können die Grundbausteine der Landschaft ein gemeinsames Verhalten zeigen und werden dadurch sichtbar.

Diese Veränderungen können **Gradienten** (räumliche Änderungen einer naturwissenschaftlichen Größe), aber auch Reize, die als Information wahrgenommen werden, sein. Das chaotische Verhalten ordnet sich. Durch ihre Wechselwirkungen führen die Elemente plötzlich eine weitgehend gleiche Bewegung durch. Nach einer bestimmten „Markierungsdichte" treten sie in ein „kollektives Verhalten" ein, was zu einem plötzlich sichtbaren Auftauchen einer Struktur führt. Dieser Vorgang wird **Emergenz** genannt.

Weithin bekannte Belege aus der Physik, z.B. die Strukturmusterbildung in Flüssigkeiten oder das Verhalten **aktiver Brownscher Partikel** sind in Haken (1983), Kriz (1992) oder Ebeling et al. (1990) zu finden.

Bezieht man sich auf das erste der oben genannten Beispiele, werden die Wassermoleküle z.B. als Haufenwolken sichtbar, weil bei ihrer Bewegung in die Höhe die Temperatur abnimmt. Dort wo Aerosole oder andere Partikel vorhanden sind, lagern sie sich an und verbinden sich mit anderen Molekülen über Wasserstoffbrücken zu Tröpfchen. Diese bewegen sich jetzt weiter gemeinsam weiter als „Aggregate", die im Sonnenlicht sichtbar sind. Die Wolkenform wird durch die gemeinsame räumliche Bewegungsrichtung vorgegeben.

Sinkt die Temperatur in der Nähe der Erdoberfläche ab, entsteht Tau oder bei Gefrornis Rauhreif.

Bei lang anhaltender Wärme verdunstet ein Teil des Bodenwassers und die Ionen der Lösung kristallisieren als Salze aus und werden sichtbar.

Die Wassermoleküle eines Sees bilden die bekannten Schichtungen aus (Epi-, Meta- und Hypolimnion), weil sie bei ihrer Bewegung in Bereiche kommen, in der die Umgebungstemperatur zu- oder abnimmt. Die mitgeführten Schwebstoffe setzen sich ab, weil Gravitationwirksam wird, die in Richtung auf den Massenschwerpunkt der Erde gerichtet ist.

Die Sandkörper bilden im Leebereich eines Hindernisses herrliche Primärdünen aus, weil hier die Windkraft abnimmt und Gravitation dominiert.

Und die Reh- oder Wildschweinrudel? Sie nutzen Informationen aus der Umwelt (Existenz eines Hindernisses, potenzielle Gefährlichkeit einer Geländeabschnittes), um sich eine optimale Wegstrecke zu schaffen, die es ermöglicht mit möglichst geringem Kräfteverbrauch von A nach B zu kommen. Als „Wildwechsel" sind diese sichtbaren Zeichen kollektiven Verhaltens, welches zur Strukturbildung führt, jedem umherirrenden Wanderer bekannt.

Konsequent wandte Schweitzer (1997, 1998) diese Prinzipien auf die spontane Entstehung anthropogener Wegesysteme, z.B. bei Erstbesiedelung eines Raumes, an. Jeder Landschafts- und Raumplaner sollte vor der Niederschrift seiner Vorstellungen sich mit diesen Phänomenen, die enge Verknüpfungen zu psychologischen Aspekten aufweisen (vgl. Kap. 1.2), auseinandersetzen.

4.2.2 Welche Mechanismen werden bei der Selbstorganisation wirksam?

Ebeling et al. (1990) erklären ausführlich die Mechanismen der Selbstorganisation von Strukturen in offenen Systemen. Als Grundlage dient ihnen die Vorstellung Hegels, der die Evolution als eine Spirale auffasst, welche zu immer „höheren" Ebenen führt.

In Abb. 4.2-1 ist deshalb eine Ellipse mit einem Abzweig zu einer nächsten dargestellt worden. Beide Figuren repräsentieren eine alte bzw. eine neu entstehende Systemebene, die durch einen möglichen Übergang verbunden sind.

Die Selbstorganisation ist der Grundprozess, der in immer fortlaufenden Zyklen abläuft. Das bedeutet, dass alle Landschaftsstrukturen keineswegs aus einem Nichts auftauchen, sondern vorher in einer anderen Zustandsform schon existierten.

Ein Zyklus, der im Folgenden dargestellt wird, ist durch einen ständigen Wechsel von **stabilen Phasen und Phasenübergängen** gekennzeichnet. Die stabile Phase wird durch den Fließgleichgewichtszustand repräsentiert, in welchem sich die äußerlich wahrnehmbaren Merkmale nicht ändern. Während des Phasenübergangs vollziehen sich innerhalb kürzester Zeit die entscheidenden Veränderungen (vgl. hierzu Kap. 3.4).

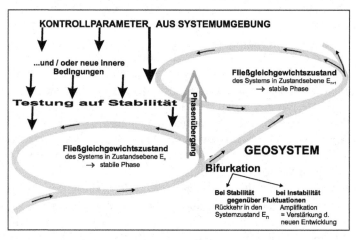

Abb. 4.2.-1 Die Mechanismen der Selbstorganisation

Landschaftsstrukturen werden bei Veränderung von Kontrollparametern auf ihre Stabilität hin getestet.

Die einzelnen Teilschritte der Selbstorganisation sollen am Beispiel der Entstehung einer Hangschutthalde erklärt werden. Die von Ebeling et al. (1990) formulierten allgemeinen Mechanismen werden kursiv hervorgehoben. Des besseren Verständnisses halber erfolgt ihre Wiedergabe sinngemäß.

1. *Während einer stabilen Phase ändern sich wichtige Bedingungen der Kontrollparameter. Eine bestehende Struktur wird auf ihre Stabilität hin „getestet".*

   Nach einer langen Winterperiode taut in den Klüften und Spalten einer Felswand aus klastischen Sedimenten (z.B. Konglomeraten) das Eis auf. Es kommt zur Durchfeuchtung der Hohlraumsysteme, die während des nächtlichen Gefrierens weiter verbreitet werden. Bei erneutem Auftauen verringert sich über bindigen Substratbereichen die Haftreibung, durch die Verbreiterung der Klüfte verlagert sich der Masseschwerpunkt nach außen. Ganze Hangbereiche gehen in einen instabilen Gleichgewichtszustand über.

2. *Nach erfolgter „Testung auf Stabilität" kehren Teilsysteme, die gegenüber diesen Fluktuationen von Kontrollparametern stabil sind, in den Ausgangszustand zurück.*

   Gesteinspakete, die sich schon geringfügig zu bewegen begonnen haben und deren Massenschwerpunkt sich dadurch wieder in das Innere verlagert hat bzw. die auf einen Untergrund mit größerer Haftreibung gelangt sind, verbleiben am Ort.

   > Strukturen, die stabil sind, kehren nach geringfügigen Veränderungen in den Ausgangszustand zurück.

3. *Bei Instabilität tritt eine „Symmetriebrechung" oder „Bifurkation" ein. Eine neue Strukturvariante wird nach dem Zufallsprinzip ausgewählt, eine andere ausgeschlossen. In einem Selektionsprozess erfolgt eine Verdrängung der vorherigen Struktur.*

   Bei anderen Gesteinspaketen bleibt nach der ersten Rutschbewegung der Massenschwerpunkt außerhalb der Struktur oder die Hangbereiche sind besonders feucht, so dass ihre Erstbewegung nicht mehr abgebremst werden kann. Damit ist die „Prozess-Symmetrie" gebrochen. Ein Teil des Materials rutscht weiter. Die vorher kompakte Felswand nimmt eine andere Gestalt an. Es setzt die Irreversibilität des Landschaftsprozesses ein.

   > Es können neue Strukturvarianten gebildet werden die eine höhere Stabilität aufweisen.
   > Diese können die bisherige Struktur verdrängen.

4. *Durch Amplifikation wird die Entwicklung verstärkt. Hierbei ist das Prinzip der Notwendigkeit entscheidend.*

   Positive Rückkopplungen können wirksam werden, so zum Beispiel, wenn gespeichertes Kluftwasser austritt und den Untergrund zusätzlich durchfeuchtet oder mitgeführtes Material die Masse vergrößert. Die rutschende Bewegung geht in eine rollende über. Es ensteht ein Felssturz

   Der Selbstorganisationsprozess ist solange wirksam, bis er durch eine Erschöpfung von Ressourcen gestoppt wird. Es stehen dann weder Stoff noch Energie zur Verfügung, um die neue Struktur weiter zu entwickeln.

   Das Material bleibt erst am Hangfuß liegen, wenn seine kinetische Energie vollständig durch Abbremsung verbraucht worden ist. Die Hangschutthalde wächst solange an, wie transportiertes Lockermaterial abgelagert werden kann.

   > Das Wachstum einer Struktur verstärkt sich, so lange genügend Stoff- und Energievorräte vorhanden sind.

5. *Im Wechselspiel zwischen Verstärkung und Selektion wird eine neue Systemebene aufgebaut, welche die Einstellung eines neuen Fließgleichgewichtes kennzeichnet. Dieser neue stationäre Zustand kann Ausgangspunkt eines neuen Selbstorganisationszyklusses sein.*

Am nächsten Tag oder später wird weiter neues Lockermaterial abgelagert. Ein Teil des Hangschuttes wird aber auch gleich wieder erodiert und weiter verlagert. Der Prozess des Wachstums der Schutthalde hält so lange an, bis sich ein Fließgleichgewicht zwischen der Zufuhr an neuem Abtragungsmaterial und Abtransport des akkumulierten Materials einstellen kann.

Ordnungsparameter sind Steuergrößen im Systeminneren, die gegenüber kleineren Änderungen der Kontrollparameter stabil sind. Bei starker Kontrollparameteränderung werden Ordnungsparameter instabil.

In der Dynamik des Selbstorganisationsprozesses landschaftlicher Strukturen besitzen **Ordnungsparameter** eine große Bedeutung. Hierunter sind Steuergrößen zu verstehen, die sich in ihrem „Inneren" der Landschaft befinden. Sie sind gegenüber kleineren Änderungen der Kontrollparameter weitgehend stabil. Erst wenn diese sich sehr stark ändern, gehen typische Ordnungsparameter in einen instabilen Zustand über. Diese Eigenschaft wird als **metastabil** bezeichnet, denn sie können dadurch sich noch in einem Zustand befinden, der den äußeren Bedingungen nicht mehr entspricht.

Wie Haken und Wunderlin (1991) nachweisen konnten, ist mit der langsamen Veränderung eines Ordnungsparameters oberhalb eines bestimmten Bereiches die Tendenz zum Anwachsen gekoppelt. Das bedeutet: Zeigt erst einmal ein Ordnungsparameter in seiner Veränderung einen bestimmten Trend, setzt sich diese Entwicklung verstärkt fort. Diese **Autokatalyse** (sich selbst beschleunigende Dynamik) folgt einer naturwissenschaftlich begründeten Notwendigkeit.

Ein Ordnungsparameter beeinflusst entscheidend andere Zustandsgrößen der Landschaft. Dieser Prozess wird als Versklavung (*slaving*) bezeichnet.

Ein Beispiel für einen typischen Ordnungsparameter ist die organische Substanz des Bodens. Trotz der Jahresrhythmik der Bildungs- und Zersatzprozesse bleibt sie über einem Längeren Zeitraum in ihren Anteilen und der chemischen Zusammensetzung weitgehend konstant. Erst wenn sich die Temperatur, Niederschlagshöhe oder Grundwasserverhältnisse nachhaltig verändern, setzen qualitative und quantitative Merkmalsänderungen der organischen Bodensubstanz ein. Ein typischer Ordnungsparameter beeinflusst entscheidend andere Zustandsgrößen. Dieser Prozess wird als **Versklavung** (*slaving*) bezeichnet. Damit definieren die wenigen metastabilen Ordnungsparameter die Entwicklung einer Landschaft. Will man über ihre Entwicklung genauere Prognosen geben, muss man die Ordnungsparameter und deren Dynamik kennen.

Basierend auf diesem Prinzip kann durch die Reduzierung auf wenige relevante Größen die mathematische Modellierung der sehr komplexen landschaftlichen Entwicklung vereinfacht werden. Ausführlich wird diese Methode unter Nutzung der von Haken und Wunderlin (1991) entwickelten Ordnungsparametergleichung in Ansatz, Durchführung und Konsequenzen bei Blumenstein und Schachtzabel (2000) beschrieben.

Wenn zum Beispiel infolge einer Temperaturzunahme der Zersatz der organischen Bodensubstanz durch Mineralisierung beschleunigt wird, ändert sich die gesamte Stoffdynamik einer Landschaft. Mit der Verringerung ihrer Gehalte vergrößert sich der Stoffaustrag durch das Sicker- und Oberflächenwasser, denn die organische Bodensubstanz ist einer der wichtigsten Speicher für Ionen und chemische Verbindungen. Die Wuchsbedingungen für die Vegetation verschlechtern sich, es wird weniger Biomasse erzeugt. Der Artenreichtum und die Anzahl der Individuen des **Edaphons** (Gesamtheit der Bodenlebewesen) nimmt ab. Alle Fakten führen zu einer Verstärkung der Erosionsdisposition, d.h. bei gleicher Intensität von Oberflächenabfluss oder Wind wird die Bodendecke stärker abgetragen.

Die Veränderung eines Ordnungsparameters einer Landschaft beeinflusst ihren gesamten Zustand. Dieser Vorgang ist grundlegend für eine **Selbstorganisation** von Strukturen. Weil das Angebot an verfügbaren Ressourcen von Stoffen und Energie immer begrenzt ist, ist die Neubildung von Strukturen oft mit einer **Selektion** (Auswahl) verbunden. Die Selbstorganisation ist deshalb ein **progressiver** (sich fortschreitend entwickelnder) Prozess, in dem nicht mehr angepasste Elemente verschwinden.

In Landschaftssystemen kommen solche Prozesse im „katastrophalen" Verhalten zum Ausdruck. In diesem Fall extremer Kontrollparameteränderungen tritt nicht nur eine Zerstörung vorhandener Strukturen auf, sondern auch eine Schaffung neuer. Im Falle starker Erosionsprozesse entstehen Kolluvien als Halden oder Deckschichten. Auf diesen neuen Oberflächenformen entwickeln sich mit Pioniergesellschaften der Vegetation weitere neue Landschaftsstrukturen.

Da die Veränderungen nur Teile des Systems erfassen, müssen die neuen Strukturvarianten in die Gesamtorganisation „eingepasst" werden. Durch diese Umorganisation kann die Landschaft ihre **Polyoptimalität** gegenüber den veränderten Kontrollparameterbedingungen verbessern. Nur diejenige Strukturvariante bleibt erhalten, die es gestattet, dass bei größeren Kontrollparameteränderungen das Gesamtsystem stabil bleiben kann.

Während der Selbstorganisation werden die chemischen, physikalischen und biologischen Grundprozesse nicht einfach verändert, sondern erreichen durch Rückkopplungen und Adaptationen eine neue Qualität.

Der Gesamtprozess der Selbstorganisation läuft nicht einfach in der Form ab, dass sich chemische, physikalische und biologische Grundprozesse einfach ändern. Diese werden auf verschiedenste Art und Weise geregelt. Von großer Bedeutung sind dabei positive bzw. negative Rückkopplungen (vgl. Kap. 3.3) oder die darauf aufbauenden Adaptationen (Anpassungen), die in den verschiedenen Kompartimenten der Landschaft wirksam werden.

Organismen sind zu einer aktiven Regelung befähigt, denn sie besitzen ein Steuerungszentrum (z.B. ein Hirn oder Nervenzellen). Bei langsamer Kontrollparameteränderung können sie gut adaptieren. Erfolgen die Veränderungen zu schnell, sind sie in der Lage einen Ortswechsel zu vollziehen. Abiotische Elemente der Landschaft verfügen hingegen über kein „Steuerungszentrum", sie können auch keinen Ortswechsel vollziehen. Ihre Anpassung an eine sich verändernde Systemumwelt erfolgt deshalb passiv.

4.3 Die Evolution von Landschaften

> Gaia (die Erde) erzeugte Uranos (den gestirnten Himmel), Pontos (das Meer) und die Gebirge, dann im Verein mit Uranos den die Erde umfließenden Strom Okeanos und andere göttliche Wesen... (Hesoid, um 700 v.u.Z., zitiert nach Messer 1932, S. 25)

4.3.1 Durch welche Phänomene ist der Evolutionsprozess von Landschaften gekennzeichnet?

Bisher ist die Evolution als ein **Optimierungsprozess**, der durch Anpassung an herrschende Kontrollparameter gekennzeichnet ist, beschrieben worden. Darüber hinaus treten jedoch einige Phänomene auf, deren Erklärung das Verständnis der Landschaftsentwicklung erleichtern sollen.

1. Bergsteigerprozess: Schuster (1997) vergleicht die Evolution bildhaft mit einem **Bergsteiger**. Dieser sucht sich aktiv einen Weg aus, indem er die Richtung und Entfernung für seinen nächsten Schritt aus allen möglichen Zielen heraussucht. Dabei spielen natürlich der Zufall und seine Erfahrung eine Rolle. Innerhalb kürzester Zeit müssen aus dem sich gerade bietenden Blickfeld von der Steilwand Varianten herausgesucht und danach mit der Kenntnis über alpine Unwägbarkeiten abgeglichen werden. Dabei kommt es schon einmal vor, dass der bereits gesetzte Schritt rückgängig gemacht werden muss, weil sich ein unbegehbarer Untergrund zeigt. Vielfach sind auch mehrere Versuche in verschiedene Richtung notwendig, um einen guten Weg zu finden.

Mit „Bergsteigerprozess" zielt Schuster auf den Versuch einer **optimalen Anpassung** an die herrschenden Bedingungen durch eine Mischung aus zufälligen Wegen und anpassenden Schritten ab. Die Evolution ist somit ein iterativer, also schrittweiser Prozess. Um ihn auf Landschaften anwenden zu können, muss man sich deshalb eine Vielzahl von Elementen vorstellen, welche eine Struktur aufbauen können (Schuster 1997). In der Regel sind sie regellos in einem Raum verteilt. Als Beispiel soll unsortiertes Lockermaterial auf einem Hang dienen.

Die Landschaftsevolution ist ein Optimierungsprozess der Strukturen an die herrschenden Bedingungen und vollzieht sich als Mischung aus zufälligen Wegen und anpassenden Schritten („Bergsteigerprozess").

Dieses kann in einer Vielzahl von Möglichkeiten für die Entwicklung von Erosions- oder Akkumulationsformen genutzt werden. So gibt es unerschöpflich viele Varianten dafür, welches der einzelnen Körner oder welcher Gesteinsbrocken irgendwann verlagert und an einem neuen Ort mit einem anderen Baustein des Lockermaterials wieder fixiert wird. Das gilt auch für die nachfolgenden Prozesse der zufälligen Besiedlung mit Pflanzen. Hinsichtlich der Anzahl der Individuen und ihrem möglichen Artenspektrum, welches sich auf dem neu geschaffenen Formenschatz ansiedelt, gibt es viele Varianten.

Es ist möglich, dass diese Pflanzen mit Hilfe ihres Wurzelwerkes ihren Aufenthalt stabilisieren können oder aber auch, dass durch neue Verlagerungsprozesse Abflussbahnen für Oberflächenwasser geschaffen werden. Dann ergibt sich für den Hang eine andere Entwicklungsrichtung.

Es werden immer mehr Varianten entwickelt als später Strukturen aufgebaut werden können. Es besteht eine große „Redundanz".

2. Redundanz der Elemente: Es gibt immer mehrere Gestaltungsmöglichkeiten für landschaftliche Strukturentwicklungsprozesse. Die Varianten werden umso vielfältiger, je intensiver man den mikroskaligen Dimensionsbereich mit einbezieht.

Ein wesentliches Theorem der Evolutionstheorie ist deshalb die Aussage, dass es immer mehr **Sequenzen** (Varianten einer Aufeinanderfolge) gibt, als danach Strukturen entwickelt werden können. Somit existiert ein hoher Grad an **Redundanz** (Überfluss, Existenz weglassbarer Elemente).

In situ übersteigt die Anzahl der möglichen Kombinationen, mit denen eine Strukturentwicklung vollzogen werden kann, alle Vorstellungen. Bezogen auf das Beispiel ist es so, dass theoretisch jedes Lockersteinelement mit einem anderen zufällig zusammengelagert werden kann und sich eine neue Schutthalde entwickelt. Deren Textur, Form und Masse ist somit das Ergebnis einer der vielfältigen Möglichkeiten.

Die Entwicklung einer landschaftlichen Struktur ist jedoch nicht völlig ein Ergebnis des Zufalls. Sie wird durch naturwissenschaftlich determinierte Programme gesteuert. Es sind die bekannten Grundprozesse der Physik, Chemie und Biologie, welche auch bei der Modellierung landschaftlicher Prozesse genutzt werden. Auf diese Weise wird eine gewisse **Kohärenz** (Zusammenhang) erzeugt.

3. Fitness: In einem nächsten Schritt müssen die neu entstandenen Formen ihre **Fitness** (Leistungsfähigkeit) beweisen. Das bedeutet, dass unter den jeweiligen Kontrollparameterbedingungen die wünschenswerte Eigenschaft der Strukturen so optimiert werden muss, dass sie stabil bleiben kann. Diese Eigenschaft entspricht dem lokalen Minimum in der Potenziallandschaft (vgl. Abb. 3.4-2). Dieser Fitness-Prozess basiert auf dem Versuch-Irrtum-Prinzip.

> Neue Formen müssen so optimiert werden, dass sie unter den jeweiligen Kontrollparameterbedingungen stabil bleiben. Sie müssen ihre „Fitness" beweisen.

Weist die Schutthalde unter den gegebenen Bedingungen keine ausreichenden Stabilitätseigenschaften auf, wird sie weiter verändert. Oder es entsteht eine andere, deren Form und Textur besser an die Kontrollparametereinflüsse angepasst ist.

4. Frustrierende Probleme: Der Optimierungsprozess ist nicht einfach, da er in der Regel mehreren Kriterien gerecht werden muss. Dieses Phänomen spiegelt die Theorie der **„frustrierenden Probleme"** wider. Es zeigt, dass die Evolution nicht nur als eine Aneinanderreihung von Prozessen der Selbstorganisationen verstanden werden kann.

> Da im Optimierungsprozess mehrere Kontrollparameter berücksichtigt werden müssen, kann keine Lösung gefunden werden, die alle Einflüsse gleich gut optimiert. Es besteht daher ein „frustrierendes Problem".

Sehr ausführlich haben sich damit Schweitzer (1997) sowie Schweitzer und Steinbrink (1998) am Beispiel der Entwicklung eines Wegenetzes auseinandergesetzt. Plant man ein Neubaugebiet, wäre eine günstige Variante der Anlage von Wegen, jeden Hauseingang mit einem anderen zu verbinden. Dadurch gäbe es keine Umwege, somit minimale Transportkosten bei geringem Aufwand an Zeit. Die einseitige Betonung dieses Vorteils kann man sehr gut an großflächigen Grünanlagen in anonymen Plattenbaugebieten beobachten: Von jeder Gemeinschaftseinrichtung ausgehend, verlaufen querfeldein in Richtung aller Hauseingänge Trampelpfade. Auf diese Art und Weise entsteht aber ein hoher Flächenverbrauch. Zudem würde die große Gesamtlänge des Wegenetzes seinen Bau und Unterhalt unbezahlbar machen. Das alternative Ziel wäre eine Reduzierung der Baukosten und des Flächenverbrauches auf ein Minimum. Dafür müssten aber aufwendige Umwege in Kauf genommen werden. Die Kosten für den Transport und für den Wegebau können deshalb **nicht gleichzeitig** minimiert werden.

Mit der Verkürzung der Ausbaustrecke von Wegen oder Flussabschnitten kann auch der Aufwand zu deren Unterhaltung anwachsen. Das gilt besonders für „raue" Landschaften. Man denke dabei nur an notwendige Überquerungen, Untertunnelungen oder Schleuseneinrichtungen.

Übertragen auf das Beispiel der Schutthalde besteht das frustrierende Problem darin, dass sie umso stabiler gegenüber gravitativer Verlagerung würde, je flacher sie ausgebildet ist. Dadurch erreicht sie jedoch im Verhältnis zu ihrem Volumen eine große Oberfläche. Diese ermöglicht wiederum eine intensivere Wirkung exogener Kräfte. Der Abtragungsprozess würde beschleunigt. Extreme Steilheit einerseits oder ein sehr kleiner Böschungswinkel andererseits laufen immer auf eine Verkürzung der Existenzdauer der Oberflächenform hinaus. Irgendwie muss in Richtung der „Mitte" optimiert werden.

Reduziert man auf das Wesentliche, spiegelt sich in dem Prinzip der frustrierenden Probleme der Antagonismus zwischen Arbeit und Wirkung (vgl. Kap. 3.4) wider: beim Wegenetz geringer Bewegungsaufwand bedeutet hoher Flächenverbrauch und umgekehrt. Bei der Schutthalde führt ein großer Böschungswinkel zu einer geringeren Stabilität aber auch zur Reduzierung der Angriffsfläche gegenüber Wind und Wasser. Eine flache Ausbildung besitzt eine hohe Stabilität, aber auch große Erosionsdisposition.

Es existiert also nie **die einzige Lösung** eines Problems, sondern immer eine Anzahl mehr oder weniger guter Varianten der Ergebnisfindung. Das ist sicherlich frustrierend und zwingt zu Kompromissen.

5. Angemessenheit der Zeit: Schließlich muss bei allen Fragen der Landschaftsentwicklung noch der Faktor „Zeit" einbezogen werden. Die Evolutionstheorie geht davon aus, dass eine gute Optimierungsstrategie in angemessener Zeit eine gute Lösung finden muss. Beispielsweise befinden sich

– jungpleistozäne Räume mit einem unausgeprägten Flussnetz,

Um bestehende Wechselwirkungen aufrecht zu erhalten, muss in „angemessener Zeit" eine neue Variante der Landschaftsstruktur entwickelt werden.

– holozäne Küstenabschnitte mit ständiger Überformung ihrer Strukturen oder auch

– Räume, die durch einen Vulkanausbruch überprägt wurden und vielfältigen Umgestaltungsprozessen unterliegen einer erdgeschichtlich kurzen Entwicklungsphase. Der Optimierungsprozess ist noch intensiv im Gange. Schnell entwickelt sich jedoch in jeder dieser Landschaften ein relativ beständiger Formenschatz.

Es sind auch kurzfristig schlechtere Lösungsvarianten der Strukturentwicklung möglich, um eine langfristig nachhaltige Dynamik zu gewährleisten („Boltzmann-Strategie").

6. **Boltzmann-Strategie**: Evolutionär sind auch Veränderungen, bei denen kurzfristig Verschlechterungen auftreten, um langfristig einen besseren Zustand zu erreichen. Umgekehrt können schnelle Verbesserungen langfristig zu weiteren Verschlechterungen führen. Diese **„Boltzmann-Strategie"** basiert auf einer theoretisch komplizierten Basis, die ein Verweilen in einem lokalen Minimum der Potenziallandschaft berücksichtigt (vgl. Abb. 3.4-2).

Im Kontext von Landnutzung und Landschaftsplanung wird mit der „Boltzmann-Strategie" das Problem der Nachhaltigkeit berührt. Zukunftsfähig sind auch solche Maßnahmen, die erst einmal Verschlechterungen darstellen können. Warum? Nicht die schnellste oder einfachste Lösung ist auch die, welche ökologisch nachhaltig ist. So ist es wenig hilfreich, mit rein ingenieurtechnischen Methoden, die nur auf den Wasserkörper ausgerichtet sind, einen See zu sanieren. Diese schnelle „Optimierung" vernachlässig das Umfeld der Struktur. Mit dieser „Sanierung" ist zügig ein lokales Minimum in der Potenziallandschaft erreicht worden, mittelfristig kann dieser See jedoch wieder eutrophieren und „umkippen". Gleiches gilt für die Begrünung von beliebigen Austauschflächen, auf denen kaum eine Chance für die stabile Ökosystementwicklung gegeben ist.

Es reicht nicht aus, schnell „der Landschaft zuliebe" etwas tun zu wollen. Es ist ein intensiver Lernprozess, bis landschaftliche Evolutionsprozesse als **komplexe Langzeitphänomene** verstanden werden.

4.3.2 Welche Zustandsebenen der landschaftlichen Evolution gibt es?

Wie das Konzept der Evolution von Landschaften (Abb. 4.3-1) zeigt, verläuft deren Entwicklung immer in Richtung einer höheren Zustandsebene. Davon ist jede durch einen Fließgleichgewichtszustand gekennzeichnet, der eine unverwechselbare Dynamik besitzt. In Abb. 4.3-1 sind diese Zustandsebenen durch eine Schleife dargestellt.

Diese Grundvorstellung dient als Basis für eine Systematisierung der Evolution von Landschaften.. Mit jedem höheren Level (Niveaustufe) der Zustandsebene nimmt deren Komplexität zu. Das heißt, es treten immer mehr Landschaftselemente und komplexere Wechselwirkungen auf. Infolge ihres dissipativen Charakters besitzt die Landschaft im Fließgleichgewicht eine gewisse Stabilität gegenüber geringfügigen Änderungen der Kontrollparameter. Deshalb ist sie innerhalb einer Zustandsebene durch ein gewisses Maß an Resilienz gekennzeichnet. Hierdurch sind keine größeren Veränderungen im Sinne einer Evolution zu erwarten.

Von größerem Interesse sind deshalb die Übergänge in die einzelnen Zustandsebenen Z_i. Hier treten charakteristische Prozesse auf, welche deutliche qualitative Veränderungen bewirken, indem neue Strukturen geschaffen werden. Die typischen Übergangsprozesse sind (vgl. Abb. 4.3-1):

1. Die endogene Reliefstrukturierung (Übergang zu Z_1),
2. die exogene Reliefstrukturierung zu (Übergang zu Z_2),
3. die exogene Substratstrukturierung (Übergang zu Z_3),
4. die geochemische Strukturierung (Übergang zu Z_4),
5. die biologische Strukturierung (Übergang zu Z_5) und
6. die anthropogene Strukturierung (Übergang zu Z_6).

> Eine Zustandsebene ist durch ein Fließgleichgewicht gekennzeichnet, das eine unverwechselbare Dynamik besitzt.

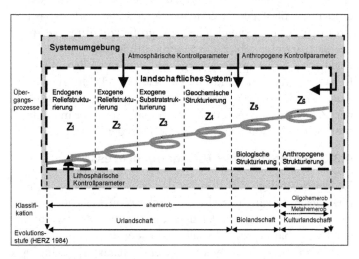

Abb. 4.3-1 Zustandsebenen und Übergangsprozesse in der Landschaftsevolution

Natürlich kann die Veränderung in Richtung der jeweils höheren Zustandsebene Z_{i+1} zeitlich erst nach den Prozessen in den niedrigeren Niveaus Z_i, Z_{i-1}... stattfinden. Beispielsweise können sich in einer Landschaft erst Bodenhorizonte entwickeln (geochemische Strukturentwicklung Z_4), wenn ein Lockersubstrat vorhanden ist (Z_3). In einer solchen Entwicklungsstufe treten aber auch noch Prozesse auf, die für die Entwicklung zu den Zustandebenen Z_1 - Z_3 kennzeichnend waren. Es sind die endogene und exogene Formung des Reliefs und die Entstehung von weiterem Lockermaterial.

Da mit dem Entstehen neuer Strukturen die Komplexität der Landschaft zunimmt, wächst der irreversible Charakter ihrer Entwicklung an. Wie gezeigt wurde, ist diese Unumkehrbarkeit ein eindeutiger Ausdruck der Vergrößerung der Entropie (vgl. Kap. 3.3).

Ist deshalb der Übergang in den nächsten Level vollzogen, kann der ehemalige Ausgangszustand Z_{i-1} nicht mehr erreicht werden. Es sei denn, katastrophale Ereignisse zerstören die Strukturen, die vor dem Übergang in die höhere Niveaustufe entstanden sind.

Auf das Beispiel angewandt bedeutet dies, dass bei entsprechenden Temperaturen und Niederschlagshöhen das vorhandene Lockermaterial chemisch völlig verändert wird. Es entstehen Bodenhorizonte, die in Bau und Funktionen weit komplexer sind als die Lockermaterialschichten, aus denen sie hervorgegangen sind.

Allerdings bleiben auch einige grundlegende Merkmale unverändert. So besitzen der Oxidations- oder der Reduktionshorizont eines Gleys die gleiche Korngrößenzusammensetzung wie das Ausgangssubstrat der Horizontbildung.

Praktische Konsequenzen ergeben sich vor allem für die Renaturierung von Landschaften. Eine Rückkehr zu einem Zustand, welcher einer der vorangegangenen Zustandsebenen Z_{i-1} entspricht, ist nur dann möglich, wenn er mit einem sehr hohen Aufwand an Energie „erzwungen" wird.

4.3.3 Grundzüge der Übergangsprozesse

Es wurde festgestellt, dass in den Zustandsebenen Z_i ein Fließgleichgewicht herrscht und sich somit keine bedeutsamen Veränderungen vollziehen können. Für die Evolution der Landschaften sind deshalb vor allem die Übergangsprozesse von Interesse. Hier bewirkt eine charakteristische Dynamik deutliche qualitative Veränderungen, deren Ergebnis neue Strukturen sind. Nachfolgende typische Merkmale kennzeichnen die Übergangsprozesse.

Die **endogene Reliefstrukturierung** bestimmt den Übergang zu der Zustandsebene Z_1. Ihr Verlauf wird von den lithosphärischen Kontrollparametern Temperatur und Druck bestimmt. Im Ergebnis entstehen die Strukturen der Lithos-

phäre einer Landschaft. Hierzu gehört der geologische Formenschatz wie Kratone, Falten, Bruchschollen oder Linea-
mente.

Die wichtigsten Eigenschaften des Baumaterials dieser Strukturen, so z.B. der **Aggregatzustand** (Schmelze oder Festgestein), die **Dichte**, **Viskosität** (Zähigkeit), die „Form" und
„Stabilität" der Kristallgitter oder der pH-Wert, werden unter den aktuellen Temperatur- und Druckbedingungen von
der chemischen Zusammensetzung des Materials bestimmt.

Der **Ordnungsparameter** ist deshalb die Konzentration der
verschiedenen chemischen Elemente im Baumaterial. Worin
besteht die Metastabilität? Bei hohem Druck oder hohen
Temperaturen wird die Bausubstanz quasi flüssig, außerdem
enthält sie gasförmige Bestandteile. Bestes Beispiel hierfür ist
das Magma.

Unter den genannten Bedingungen kann sich die chemische
Zusammensetzung schnell ändern, man spricht von der geochemischen Differenzierung.

Ein wichtiger Versklavungsprozess im mikroskaligen Bereich
ist die Mineralbildung. Die damit verbundene Möglichkeit
einer **Diadochie** (gegenseitige Ersetzbarkeit der Atome und
Moleküle infolge ähnlicher Radien) lässt vielfältige Varianten
der chemischen Zusammensetzung von Gesteinen und Mineralien zu. Sie ist Ausdruck der Konfigurationsentropie (vgl.
Kap. 3.3).

Im makroskaligen Bereich ist z.B. die Art und Weise des
Magmaaufstieges (Plutonismus) und der Lavaförderung
(Vulkanismus) eine Folge der chemisch-physikalischen Ei-
genschaften der Schmelzen. Die Form und die Tätigkeit der
Vulkane stehen im engen Zusammenhang mit der stofflichen
Ausbildung des Materials (vgl. Rast 1982), ebenso der Bau
der im Erdinneren erstarrenden Plutonkörper.

Die Rolle des Versklavungsprozesses durch den Ordnungsparameter Konzentration der Elemente wird auch bei den
chemischen Sedimentgesteinen deutlich. Ihre chemische
Zusammensetzung bestimmt z.B. den Umfang der Lösungs-
oder Fällungsprozesse.

Die **exogene Reliefstrukturierung** kennzeichnet den Übergang zu der Zustandsebene Z_2. Natürlich findet auch weiterhin eine endogene Reliefstrukturierung statt.

Für die Dynamik in diesem Übergangsprozess sind die **atmosphärischen Kontrollparameter** Temperatur, Partialdruck atmosphärischer Gase und die Niederschlagsmenge
von Bedeutung.

Die lithosphäri-
schen *Kontrollpa-
rameter* Tempera-
tur und Druck
bestimmen die
Dynamik der en-
dogenen Relief-
strukturierung.
*Ordnungsparame-
ter* ist die Kon-
zentration der
verschiedenen
chemischen Ele-
mente im geologi-
schen Untergrund
der Landschaft,
denn sie bestimmt
die vielfältigen
geochemischen
und -physika-
lischen Eigen-
schaften.

So bedingt zum Beispiel das Wechselverhältnis von Temperatur und Niederschlagsmenge unterschiedliche Abflussintensitäten, die formenbildend wirken. Bei Temperaturen <0°C werden Schnee und Eis als exogene Kräfte wirksam.

Luftdruckveränderungen, hervorgerufen durch Temperaturunterschiede führen zu einer Windwirkung, die ebenfalls reliefgestaltend ist. Der atmosphärische CO_2-Partialdruck beeinflusst u.a. die Intensität der Kohlensäureverwitterung von Gesteinen.

Die atmosphärischen *Kontrollparameter* Temperatur, Partialdruck atmosphärischer Gase bestimmen die Dynamik der exogenen Reliefstrukturierung. *Ordnungsparameter* ist die Erodierbarkeit des Festgesteins, denn sie bestimmt die Ausprägung der Reliefunterschiede.

Ordnungsparameter ist die **Erodierbarkeit** des anstehenden Gesteins. Sie hängt von komplizierten Wechselwirkungen zwischen dessen Zustandsgrößen ab. Zu nennen sind die Farbe, Härte, Kristallinität, Gefüge und Textur. Bei annährend gleicher exogener Kraftwirkung können sich die Unterschiede in der Erodierbarkeit im Extremfall sogar in einer Reliefumkehr äußern.

Die Evolutionstheorie sagt, dass sich bei extremer Kontrollparameteränderung auch der metastabile Ordnungsparameter verändern muss. Das Gefüge eines massigen Gesteins wird z.B. durch die mechanischen Kräfte der Temperaturverwitterung gelockert. Je höher die Amplitude dieses Einflusses ist, umso stärker wird der Fels beansprucht. Auch **kryoklastische** (frostsprengende) Prozesse, die **Hydratation** oder **Hydrolyse** besitzen eine große Klimaabhängigkeit. So verändern die Einflüsse der Kontrollparameter spürbar die Erodierbarkeit des Gesteins.

Der **Versklavungsprozess** äußert sich darin, dass von der Erodierbarkeit des Gesteins die Größe des sich entwickelnden Reliefunterschiedes abhängt. Dieser ist wiederum ausschlaggebend für Ausprägung weiterer Zustandsgrößen, wie z.B. die Fließgeschwindigkeit des Wassers, die Intensität von Erosions- und Akkumulationsprozessen, das Verhältnis von Tiefen- zu Seitenerosion. Auf diese Weise werden die Grob- und Feinformen des Reliefs herausmodelliert. Die unterschiedlichen Intensitäten der Kontrollparameter stellen weitere Steuergrößen dar.

Das resultierende Relief gibt die räumliche Verteilung des Wassers in der Landschaft vor. In geschlossenen Hohlformen entstehen Seen. In glazialen Perioden entwickeln sich hier und auf den Plateaus Akkumulationsbereiche von Schnee sowie Gletschereis. Dort wo Lockermaterial mit hoher über solchem mit geringer Durchlässigkeit oder über Festgestein abgelagert wird, bildet sich ein Grundwasserstockwerk.

Die Ausbildung von Kaltluftseen in den Tälern, warmen Hangzonen und kälteren Plateaus sind weiterere Belege für die Versklavung im Sinne der Evolutionstheorie. Die entstehenden Reliefformen können Luv- und Lee-Effekte bewirken, welche wiederum die Niederschlagsverteilung, Windrichtung und -intensität bestimmen.

Wenn Täler als Abflussbahnen genutzt werden, entsteht eine deutliche **Amplifikation** (Ausweitung) der Reliefstrukturierung, denn hier ist die Herauspräparierung der Höhenunterschiede am intensivsten. Ihre Entwicklung setzt sich konsequent bis zur Erreichung eines theoretisch idealen Längsprofils fort. Dieses beschreibt den vollkommenen Fließgleichgewichtzustand zwischen Erosion und Akkumulation in der Zustandsebene Z_2. Infolge des Antagonismus zwischen den Prinzipien **„Minimierung der Wirkung"** und **„Minimierung der Arbeit"** (vgl. Kap. 3.4) kann dieser Zustand jedoch nicht erreicht werden.

Die **exogene Substratstrukturierung** kennzeichnet den Übergang zu der Zustandsebene Z_3. Die Dynamik dieses Übergangsprozesses wird wiederum durch die **atmosphärischen Kontrollparameter** Temperatur und Niederschlagsmenge gesteuert.

Infolge seiner geringen Größe besitzt das Lockersubstrat eine hohe potenzielle Mobilität. Dadurch sind in relativ kurzen Zeitintervallen Veränderungen in seinem Stabilitätsverhalten und seiner Lage möglich. Die Dynamik dieses Übergangsprozesses wird deshalb durch den Ordnungsparameter **„Verlagerbarkeit"** des Lockermaterials geprägt. Er resultiert vor allem aus dem Äquivalenzdurchmesser, dem Rundungsgrad sowie der Dichte seiner Bestandteile.

Die räumliche Differenzierung des Substrates wird durch zwei Strategien realisiert:

1. Es sind eine Wasser- oder Windströmung notwendig. Diese wirken in den Erosionsgebieten entmischend, in den Akkumulationsgebieten sortierend. Auf diese Weise entstehen durch eine fluviatile, limnische, marine oder äolische Dynamik geschwindigkeitsabhängige Trennungen des Lockermaterials. Langanhaltende Veränderungen der Bewegungsenergie von Strömungen haben Wechsellagerungen von Schichten unterschiedlicher Korngröße und Durchlässigkeit zur Folge.

2. Ohne strömende Medien ist eine Differenzierung des Substrates durch reine **gravitative** (schwerkraftbedingte) Verlagerung möglich. Häufig kann sie mit Quellungs- und Schrumpfungsprozessen verbunden sein. Auch Frost-

Die atmosphärischen Kontrollparameter Temperatur und Niederschlagsmenge bestimmen die Dynamik der exogenen Substratstrukturierung. Ordnungsparameter ist die „Verlagerbarkeit" des Lockermaterials, denn sie bestimmt dessen räumliche Anordnungsmuster und damit Zustandsgrößen des Bodenwassers, der Nährstoffe und des Gashaushaltes.

wechselprozesse in **periglaziären** (vor dem Rand des Gletschereises befindlichen) Räumen, bei denen die Volumenränderung und Schwerkraftwirkung räumliche Substratstrukturmuster erzeugt, gehören dazu. Bekannte Beispiele sind die Polygonböden oder auch die Decksande in den jungpleistozänen Landschaften Mitteleuropas.

Die Beziehung zwischen den Kontrollparametern „Temperatur" und „Niederschlagsmenge" und dem metastabilen Verhalten des Ordnungsparameters „Verlagerbarkeit" wird vor allem durch die Verwitterungsprozesse gekennzeichnet. Sie beeinflussen deutlich den Äquivalenzdurchmesser und den Rundungsgrad. Dichteänderungen sind hingegen kaum möglich.

Die **versklavende Dynamik** ist anhand vieler Zustandsgrößen der Landschaftselemente nachweisbar. Die Substratdifferenzierung prägt die Größe und **Isotropie** (nach allen Richtungen die gleichen Eigenschaften besitzend) der entstehenden Poren. Diese sind wiederum für die Intensität der Wasserbewegung von Bedeutung. Unterschiedliche Poreneigenschaften prägen die Struktur der Grundwasserstockwerke. Sie entscheiden über die Tiefe des Kapillarsaums.

Wichtige Zustandsgrößen des Bodenwassers (z.B. Feldkapazität, permanenter Welkepunkt, pflanzenverfügbare Wassermenge) sind vom Substrat und seinen Differenzierungen abhängig. Darüber hinaus werden der Nährstoff- und Gashaushalt entscheidend gesteuert.

Die Zustandsgrößen des Lockergesteins, des Bodenwassers und des Gashaushaltes beeinflussen wiederum die Temperaturverhältnisse in der Substratdecke und der bodennahen Luftschicht. Diese geländeklimatischen Zustandsgrößen üben einen erheblichen Einfluss auf die später zu beschreibende Entwicklung pflanzlicher und edaphischer (bodenlebender) Organismen aus.

Die **geochemische Strukturierung** kennzeichnet den Übergang zu der Zustandsebene Z_4. Mit der Entstehung und Differenzierung des Lockermaterials sind die Voraussetzungen für die geochemischen Veränderungen geschaffen worden. In dessen Hohlräumen können Gase und Wasser zirkulieren bzw. gespeichert werden. Die spezifische Oberfläche ist vergrößert und damit wächst das Reaktionsvermögen des Lockermaterials. Die Ausgangsstoffe und Produkte chemischer Reaktionen können sehr leicht räumlich verlagert werden. Dadurch wird die **Irreversibilität** der Dynamik verstärkt.

Die Dynamik in diesem Übergangsprozess steuern die **atmosphärischen Kontrollparameter** Temperatur, Partialdruck atmosphärischer Gase und Niederschlagsmenge.

Durch die chemische Verwitterung entstehen Ionen und Verbindungen, die in das Bodenwasser wandern. Gleichzeitig wird das Lockermaterial verändert. Es können Sekundärminerale entstehen wie z.B. die Tone mit negativen Ladungen an ihren Teilchengrenzen. Diese Eigenschaft befähigt sie, vielfache Varianten von Bindungen einzugehen.

Bei sehr hohen Temperaturen und Niederschlagsmengen, z.B. in tropischen Landschaften, verhindert die **Desilifizierung** die Entwicklung solcher Strukturen. Unter subpolaren Bedingungen erzielt die geringe Anzahl von chemischen Verwitterungsprodukten den gleichen Effekt. Beide Beispiele charakterisieren deutlich den entscheidenden Einfluss der atmosphärischen Kontrollparameter.

Analog gilt dies auch für den atmosphärischen Partialdruck der Gase Sauerstoff (O_2) und Kohlendioxid (CO_2). Der Sauerstoffgehalt steuert die Redoxprozesse im Boden, in den Gewässern und in ihrem Sedimentbereich (vgl. Abb. 4.3-2). Bekannte Beispiele sind vor allem die Dynamik des Eisens und Mangans bei der Entwicklung von Horizonten der Gleyböden oder die Rolle des Sauerstoffgehaltes bei der Fällung bzw. Rücklösung von Phosphorverbindungen in eutrophen (nährstoffreichen) Gewässern. Die Bedeutung der Redoxprozesse wächst mit dem Auftreten organischer Substanzen noch weiter an (siehe biologische Strukturierung).

Der Partialdruck des Kohlendioxids reguliert über das Kalk-Kohlensäure-Gleichgewicht die Intensität der Kohlensäureverwitterung bzw. die pH-Werte des Bodens und Wassers.

Die Dynamik der geochemischen Strukturierung wird in den terrestrischen (durch die Erdoberfläche bedeckten) Kompartimenten der Landschaft durch den **Ordnungsparameter „volumetrischer Wassergehalt"** gesteuert. Dessen Metastabilität resultiert vor allem aus seiner extreme Abhängigkeit von den atmosphärischen Kontrollparametern Temperatur und Niederschlagsmenge.

Wie kommt das Versklavungsprinzip zum Ausdruck? Das Wasser verringert die Anteile der Gase, weil sich deren Moleküle im wässrigen Medium nicht mehr frei bewegen können. Es entsteht ein **Diffusionswiderstand** gegenüber der freien Atmosphäre. Die Beweglichkeit ist deshalb annähernd um den Faktor von etwa 10^5 eingeschränkt.

Dadurch werden im Lockergesteinsbereich

— der O_2-Gehalt und damit die Redoxpotenziale E_h sowie

Die atmosphärischen *Kontrollparameter* Temperatur, Niederschlagsmenge und Partialdruck atmosphärischer Gase bestimmen die Dynamik der geochemischen Strukturierung. *Ordnungsparameter* ist für die terrestrischen Kompartimente der volumetrische Wassergehalt, der die Mobilität vieler geochemischer Verbindungen steuert.

– der CO_2-Gehaltes und demzufolge die pH-Werte
entscheidend verändert.

Die ist ein deutlicher Hinweis auf die Wechselwirkungen
zwischen den Parametern (vgl. Ebeling et al. 1990): der Ordnungsparameter wirkt auf die Kontrollparameter zurück.

Die Zustandsgrößen E_h und pH steuern wiederum die Mobilität vieler geochemischer Verbindungen. Ein Beispiel hierzu
zeigt Abb. 4.3-2. Neben der bereits genannten Eisen-, Man-
gan- und Phosphordynamik werden auch Verbindungen der
Metalle, des Schwefels und des Bodenstickstoffs in ihrer
Dynamik entscheidend beeinflusst. Darauf gründet sich der
Versklavungseffekt.

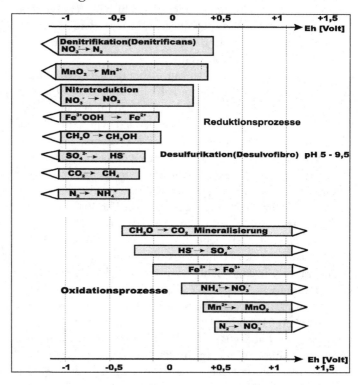

Abb. 4.3.-2 Mobiltätsverändernde Redoxreaktionen (Kummert
und Stumm 1992, verändert)

Die Intensität der Transformationsprozesse wie z.B. Ver-
braunung, Entkalkung oder Versauerung, ist von dem **volu-
metrischen Wassergehalt** in den Poren abhängig. Noch
deutlicher wird dies bei den Translokationsprozessen, die
sich in einer chemischen Horizontdifferenzierung des Subs-
trats zeigen. Lessivierung, Podsolierung, Ferralitisierung,

Desilifizierung, Karbonatisierung oder Versalzung und viele andere mehr stellen Beispiele dafür dar.

Prozesse, die in der Landschaftsgenese großräumige horizontale Muster der chemischen Strukturierung erzeugen, sind als geochemische Rayonierung (Seim und Tischendorf 1990) bekannt. So tritt in den Hohlformen der gemäßigten Breiten eine räumliche Nachbarschaft von Raseneisenerz bzw. Wiesenkalk auf, die auf Akkumulationen herausgelöster Eisen- bzw. Calciumverbindungen aus den Hangbereichen zurückzuführen ist. Für die feuchten Tropen sind die Plinthit- bzw. Silcretbildungen an den Hangfüßen (vgl. Scheffer und Schachtschabel 2002) als Beispiele zu nennen.

Ein weiterer Beleg für den Versklavungseffekt ist die Beeinflussung der Temperaturen im Lockersubstrat durch den Wassergehalt. Dadurch wird wiederum die Intensität der Lösungs- und Fällungsprozesse verändert.

Die **biologische Strukturierung** kennzeichnet den Übergang zu der Zustandsebene Z_5. Neben den bereits benannten atmosphärischen Kontrollparametern Temperatur, Partialdruck atmosphärischer Gase und Niederschlagsmenge kommt der photosynthetisch aktiven Strahlung PHAR große Bedeutung zu.

Sie wird nur in einem geringen Maß von den grünen Pflanzen genutzt. Ihr Wirkungsgrad liegt zumeist unter 2 %, die Effizienz der Bioproduktion scheint gering zu sein. Der große Vorteil besteht jedoch in der Möglichkeit, ein geringes Strahlungsdargebot zur Biomasseproduktion nutzen zu können. Deshalb ist die Photosynthese fast überall auf der Erdoberfläche möglich, selbst in den obersten Bodenbereichen, in Klüften und Spalten der Lithosphäre und in größeren Wassertiefen.

Für die biologische Strukturierung ist jedoch nicht nur die Intensität des Kontrollparameters PHAR von Bedeutung, sondern auch dessen **diurne** (tägliche) und **anuelle** (jährliche) **Rhythmik**. Die Phänomene „Langtags- und Kurztagspflanzen", „Licht- oder Dunkelkeimer" sowie „C_3- und C_4-Strategien" im Photosyntheseprozess sind pflanzenphysiologischer Natur. Sie stellen jedoch hervorragende Beispiele von Anpassungsstrategien der Pflanzen an landschaftliche Besonderheiten dar.

Die **Assimilation** (biotische Stoffproduktion) dient dem Aufbau von Biomasse und der Speicherung von Energie. Die Biomasse besitzt im Vergleich zu ihren Ausgangsprodukten eine geringere Entropie. Die Pflanze ist deshalb in der Lage, damit Arbeit zu verrichten. Die gespeicherte Energie kann

Die atmosphärischen *Kontrollparameter* Temperatur, Niederschlagsmenge, Partialdruck atmosphärischer Gase und photosynthetisch aktive Strahlung (PHAR) bestimmen die Dynamik der biologischen Strukturierung.

Ordnungsparameter in den terrestrischen Kompartimenten ist die verfügbare Wassermenge, die die Vielfalt physiologischer Prozesse ermöglicht.

durch **Dissimilation** (Stoffabbau) wieder freigesetzt und für die Lebensvorgänge genutzt werden.

Wegen der relativ geringen Strahlungsabhängigkeit ist der Kontrollparameter „Temperatur" für die biologische Strukturentwicklung entscheidend. Dies betrifft alle relevanten Lebensvorgänge. Die Beziehung wird durch das van't Hoffsche Gesetz beschrieben. Die räumliche und zeitliche Gliederung der Biosphäre ist deshalb in erster Linie ein Ergebnis des Temperatureinflusses.

Die vielfältigen Belege reichen von der planetaren Zonierung, über die Höhenstufen der Vegetation bis hin zu der kleinräumigen Differenzierung von Standorten. Grundlegende Bedingung ist zunächst, wie lange die physiologisch aktive Temperatur von $> 5°C$, die mit dem Dichtemaximum des Wassers bei $4°C$ im Zusammenhang steht, überschritten wird.

Sieht man von geologischen Entwicklungszeiträumen ab, unterliegt der Partialdruck der atmosphärischen Gase Kohlendioxid (CO_2) und Sauerstoff (O_2) in der freien Atmosphäre nur geringfügigen zeitlichen und räumlichen Änderungen. Überall dort, wo der Gasaustausch behindert wird, können größere CO_2-Gehalte zur Steigerung der Produktion von Phytomasse (Pflanzenmasse) führen.

Im Lockergesteinsbereich sind Kohlendioxid und Sauerstoff die entscheidenden Kontrollparameter für die biologische Strukturentwicklung. Die Organismen des **Edaphons** (Bodenlebewesen) sowie des **Stygons** (Lebewesen des Grundwasserbereiches) haben sich als **Aerobier** (Sauerstoff benötigend) bzw. **Anaerobier** (ohne Sauerstoff lebend) spezialisiert. Das gelöste CO_2 hat bakterizide (keimtötende) Wirkungen.

Der Ordnungsparameter, welcher in terrestrischen Kompartimenten der Landschaft die biologische Strukturentwicklung bestimmt, ist die „verfügbare Wassermenge". Die ökologisch relevanten Grundgrößen sind für die Vegetation der Landschaft der **„permanente Welkepunkt"** sowie die **„Feldkapazität"**. Bei gleicher Temperatur und Niederschlagsmenge wird die pflanzenverfügbare Wassermenge durch die Struktureigenschaften des Lockermaterials modifiziert. Entscheidend sind dabei die Korngröße, Lagerungsdichte und Isotropie der Hohlräume.

Aus diesem Zusammenhang resultieren für die verschiedenen Gebieten der Erde diametrale (völlig entgegengesetzte) Verhältnisse. Vereinfacht gesagt, sind in den humiden Arealen Standorte mit feinkörnigem Substrat als „feucht" zu

charakterisieren, in den semiariden Gebieten als „trocken"
(vgl. Scheffer und Schachtschabel 2002). Analog gilt dies für
kiesige und grobsandige Lockermaterialien.

Basierend auf den Gesetzen der Ökophysiologie können
Beispiele für die Versklavung von Zustandsgrößen durch
den Ordnungsparameter aufgeführt werden. Das Wasser

- ist Edukt (Ausgangsstoff) im Photosyntheseprozess,
  gleichzeitig Produkt der Dissimilation,
- wirkt als biochemisches Reaktionsmedium,
- ist Lösungs- und Transportmittel für Nährstoffe,
- bestimmt den Turgor (Innendruck der Zellen) und
- besitzt eine temperaturregulierende Funktion.

Auf Kopplungen der verfügbaren Wassermenge mit den
abiotischen Zustandsgrößen der Landschaft wurde schon im
Zusammenhang mit der geochemischen Strukturierung hingewiesen. Auch die Zersetzung von **Nekromasse** (abgestor-
bener organischer Substanz) oder die Bildung bzw. Mineralisierung von Humus sind von der verfügbaren Wassermenge
in den Hohlräumen des Substrates abhängig.

Bei permanenter Wasserbedeckung entwickeln sich **subhyd-
rische** Humusformen. Bei zusätzlicher Sauerstoffarmut erfolgt ein Abbau der organischen Substrate durch anaerobe
Zersetzer. Es laufen Fermentations- oder Fäulnisprozesse
ab. Deren sauerstoffarme bis -freie Endprodukte sind gasförmig und zum Teil giftig. Dieser Abbauprozess begünstigt
die Akkumulation von unvollständig zersetzter organischer
Substanz.

Die **anthropogene Strukturierung** kennzeichnet den Übergang zu der Zustandsebene Z_6. Die Besonderheit dieses
Prozesses ist, dass mit zunehmender Umgestaltung der
Landschaften die anthropogenen (der Tätigkeit des Menschen entstammende) Energie-, Stoff- und Informationsflüsse immer stärker dominieren.

Die Stoffe sind oft noch natürlichen Ursprungs. Es werden
Sande, Kiese oder Biomasse gewonnen und transportiert,
Wasserläufe kanalisiert bzw. drainiert oder Be- und Entlüf-
tungen für atmosphärische Gase installiert. In einigen Landschaften dominiert jedoch schon die Produktion syntheti-
scher Substanzen. Als **Xenobiotica** (der Biosphäre fremde
Stoffe) sind sie an der landschaftlichen Stoffdynamik bis hin
zu dem Nahrungsnetz beteiligt. Vielfach können sie nicht
mehr zu naturidentischen Verbindungen abgebaut werden.

Künstliches Licht sowie freigesetzte Wärme- und Bewegungsenergie aus vielfältigen Quellen dominieren den natürlichen Energieumsatz. Beispiele hierfür betreffen:

- die potenzielle Energie W_{pot}, (Talsperren),
- die kinetische Energie W_{kin} (Begradigung und Kanalisierung von Flüssen; Verkehrsmittel, die durch Verbrennung von Energieträgern angetrieben werden),
- die biochemische Energie (Biomasse, Kompost, Seeschlamm, fossile Energieträger) sowie
- die atomare Energie,
- die Strahlungsenergie (elektrisches Licht).

Die naturbedingten Informationsflüsse, bezieht man sie auf eine Raumeinheit, gehen in der anthropogenen Flut an Signalen, Mitteilungen und Daten weitgehend unter. Etwas poesievoll ausgedrückt: wer kann im Verkehrslärm oder an einem Industriestandort noch den Gesang der Vögel hören, das Zirpen der Grillen? Wer kann sich im gleißenden Licht einer Großstadt nach den Sternen orientieren?

Trotz umfangreicher Datenbanken und ihrer Vernetzungen ist immer weniger bekannt, in welchem Zustand sich ein Standort in einer Landschaft befindet und vor allem, wie sich dieser Zustand entwickeln wird.

Mit seiner Kulturtätigkeit hat der Mensch für seine Lebensräume **anthropogene Kontrollparameter** geschaffen, welche über die naturgenetischen dominieren. Es sind die immensen Einträge an Stoff und Energie, welche den aktuellen Zustand der Landschaft aufrechterhalten. Der Mensch plant nicht nur ihre Entwicklung, sondern versucht sie auch zu steuern und zu regeln.

Nach Odum (1991) muss man eine Intensitätserhöhung der Stoff- und Energieflüsse bis hin zu einem Faktor von 10^3 einkalkulieren, damit der aktuelle Zustand einer durch Kulturtätigkeit geprägten Landschaft aufrechterhalten werden kann. Deshalb definieren die anthropogenen Kontrollparameter ein Stabilitätsfeld, welches weitab von einem naturgegebenen Zustandsraum existiert.

Die Funktion der **natürlichen Ordnungsparameter** geht verloren oder wird zumindest stark eingeschränkt. Vielfach sind die Kopplungen zwischen natürlicher und anthropogener Evolutionsdynamik unbekannt oder nicht mehr überschaubar. So treten Selbstorganisationsprozesse auf, die bezüglich Zeitverlauf, Intensität und Raum immer weniger aufgeklärt werden können.

Tab. 4.3-1 Hemerobiestufen von Landschaften

Kategorie	Merkmale	Stufe
Natürlich bestimmt	Überwiegend aus natürlichen Elementen bestehend, naturnaher Stoff- und Energiedurchsatz dominiert	*Ahemerob* vom Menschen nicht oder kaum beeinflusst, z.B. unzugängliche Bereiche der Hochgebirge, der Wüsten oder der Polarregionen
		Oligohemerob vom Menschen beeinflusst, in Struktur und Dynamik kaum verändert, z.B. Schutzgebiete, extensiv genutzte Waldregionen
		Mesohemerob verstärkter anthropogener Einfluss, nicht bewusst gestaltet, bei Aufhören der Nutzung merkliche Änderung in Struktur und Dynamik, z.B. sekundäre Sukzessionen
anthropogen bestimmt	Überwiegend anthropogen gestaltete, aber meist natürliche Elemente, intensiver anthropogener Stoff- und Energiedurchsatz	*Euhemerob* stark anthropogen überprägt, z.B. Nutzungsökosysteme wie Forsten und Ackerflächen
	Viele Artefakte (künstliche Raumelemente), natürlicher Stoff- und Energiedurchsatz noch vorhanden, anthropogene Steuerung	*Polyhemerob* anthropogen völlig überprägt, z.B. Parks, Wohnsiedlungen
	Fast ausschließlich Artefakte, anthropogener Stoff- und Energiedurchsatz, anthropogene Steuerung	*Metahemerob* z.B. Industrieflächen, Bergbauhalden, Deponien

Durch die Zunahme der Vielfalt und der Intensität der Prozesse vergrößert sich in den anthropogen geprägten Landschaften sehr rasch die Entropie. Analog gilt dies auch für den Entropieexport in die umgebenden Landschaften. Wie gezeigt werden konnte (vgl. Kap. 3.3) verstärkt sich damit der irreversible Trend der Entwicklung. Mit der Verringerung der "Natürlichkeit" der Landschaften erfolgt reziprok eine Zunahme ihrer „Hemerobie" (vgl. Tab. 4.3.-1).

Die anthropogene Umgestaltung einer Landschaft erfolgt mit dem Ziel, Vorteile für die dort wohnenden Menschen in Wirtschaft und Lebenskultur zu erzielen. Infolge der Ungleichverteilung der Ressourcen lässt sich diese Verbesserung jedoch nur erreichen, wenn Stoff- u Energiequellen anderer Räume mit einbezogen werden. Welche Konsequenz resultiert daraus in Hinblick auf das Entropiegesetz?

Die Menschen der „Quellenregion" stellen die notwendigen Ressourcen zur Verfügung. Dafür muss Energie umgesetzt werden. In der „Senkenregion" werden die importierten Stoffe und Energieträger genutzt. Neue Artefakte entstehen. In beiden Landschaften kommt es zur Entstehung von Abfällen sowie zur Freisetzung von Last- und Schadstoffen bzw. Abwärme. Unschwer ist abzuleiten, dass sich in jedem Fall damit die Entropie erhöht.

Im Prozess der anthropogenen Strukturierung werden die natürlichen Kontrollparameter durch anthropogene überprägt. Dadurch wird eine Steuerung der Landschaftsentwicklung durch den Menschen ermöglicht. Die Funktion der natürlichen Ordnungsparameter geht verloren oder wird stark eingeschränkt.

Es ist gezeigt worden (vgl. Kap. 3.3), dass wertvolle Energie aufgewandt werden muss, um die Negativfolgen der Entropieerhöhung zu verringern. Während die Nutzer der importierten Ressourcen in der Senkenregion für sich noch den Vorteil einer Verbesserung ihrer Wirtschaft und Lebenskultur verbuchen können, überwiegen aus landschaftsökologischer Sicht für die Menschen in der Quellenregion in jedem Fall die Nachteile. Man muss nicht erst die großen Bergbaugebiete oder Erdölförderzentren dieser Erde besuchen, um diese Gesetzmäßigkeit bestätigt zu bekommen..

So ist die Ungleichverteilung der materiellen Ressourcen zwischen den Landschaften die Ursache, dass im Prozess der anthropogenen Strukturierung ein ökologisches Konfliktpotenzial entsteht. Dieses ist immanent vorhanden, wird aber in der Regel durch entstehende sozial-ökonomische Widersprüche überdeckt.

Ein weiteres Problem der anthropogenen Strukturierung entsteht durch die vergleichsweise langen Zeiträume, in denen Prozesse der Landschaftsevolution ablaufen. Deren Steuerungsmechanismen, wie Rückkopplungen, Adaptation oder Selbstorganisation neuer Strukturen, brauchen Zeit. Deshalb werden Umweltveränderungen oft erst offensichtlich, wenn in der betreffenden Landschaft durch natürliche **Indikatoren** (Anzeichen) eine irreversible Zustandsänderung angezeigt wird. In einem solchem Fall sind Gegenmaßnahmen sehr kostspielig oder sie kommen sogar zu spät.

Die Wipfeldürre der Nadelbäume zeigt ein fortgeschrittenes Stadium des Baumsterbens an, ein Schadstoffdurchbruch in das Grundwasser, dass die Pufferkapazität des Bodens erschöpft sein kann. In beiden Fällen kann der Zerstörungsprozess kaum noch aufgehalten werden.

Probleme bereiten auch die vielen Xenobiotica. Heute sind sie in fast allen Landschaften nachweisbar. Selbst Untersuchungen in der Antarktis konnten positive Befunde erbringen (vgl. Tschochner et al. 1998). Xenobiotica verbleiben zumeist lange Zeit in den landschaftlichen Kreisläufen, denn sie können nicht oder nur sehr langsam ab- oder umgebaut werden. Der Boden, das Lockergestein oder die Sedimente der Gewässer werden zu Zwischenspeichern. Im Extremfall erfolgen ihre **Inkorporation** (Aufnahme) durch Pflanzen oder Kleinlebewesen und eine Weitergabe im Nahrungsnetz. Sie können dann bei höher entwickelten Tieren oder dem Menschen bleibende Schädigungen hervorrufen.

Im Prozess der anthropogenen Strukturierung wird der Charakter vieler landschaftlicher Grenzen verstärkt. Der Übergang von einem naturnahen Wald zu seinem Umland ist oft weniger deutlich ausgeprägt als zwischen einem Forst und dem angrenzenden Ackerland. Ein regulierter Fluss hebt sich deutlicher von seinem Umland ab als er es in seinem Naturzustand gegenüber seiner Aue tat. Der Humushorizont eines ständig gepflügten Ackers zeichnet sich meist markanter ab als die Horizonte des Bodens, auf dem er angelegt wurde.

Häufig entstehen durch Selbstorganisation völlig neue Raumelemente. Damit wird die räumliche Heterogenität verstärkt. Infolge einer landwirtschaftlichen Nutzung können in Lößgebieten Erosionsformen von erheblichem Ausmaß entstehen. Ein weiteres Beispiel sind die Schadstoffmuster in Böden oder Sedimenten von Oberflächengewässern.

Infolge der Abwasserbodenbehandlung entsteht ein neuer Oberboden mit einer erheblichen Akkumulation an organischer Substanz (vgl. Blumenstein et al. 1997). Durch den Bewässerungsfeldbau entwickeln sich in ariden Gebieten (vgl. Brady und Neil 2002) **Verkrustungen** (*crusting*), es kann die gesamte Aggregatstruktur zusammenbrechen (*hardsetting*). Bodenverändernde Prozesse der **Ferrolyse** und **Redoximorphose** verändern die Böden des Nassfeldanbaus von Reis, so dass es zur Tonzerstörung und Bildung von **Konkretionen** (knolligen Strukturen) kommt (vgl. Juo und Franzluebbers 2003).

Umfangreiche Belege zur Veränderung von Landschaften in Mitteleuropa sind in Bork et al. (1998) zusammengestellt worden. In dem Prozess der anthropogenen Strukturierung entstehen oft komplizierte räumliche Unterschiede von Zustandsgrößen. Die Verteilungsmuster sind dann nur noch systemtypisch und nutzungsspezifisch erfassbar (Lück et. al. 2002). Indikatoren, welche die Konkretheit der Aussage erhöhen, sind dann nicht mehr eindeutig interpretierbar. So widerspiegeln Wildkräuter nicht mehr die natürlichen Standorteigenschaften eines Ackers, sondern den Zyklus der Düngemittelgabe bzw. der Bodenbearbeitung. Die Biomasseproduktion oder die Vitalität von Obstgehölzen ist dann nicht mehr Ausdruck des natürlichen Ertragspotenzials der Böden (vgl. Blumenstein 1996).

Entscheidende Veränderungen der Nutzung lassen sich als eine Umorganisierung der bisherigen anthropogenen Kontrollparameter interpretieren. Bei Trockenlegung von Moorstandorten (vgl. Göttlich 1990, Succow und Jeschke 1990) können Nährstoffausträge auftreten, ebenso bei der Brachlegung von intensiv genutztem Ackerland. Der Wiederanstieg des Wasserspiegels auf Renaturierungsflächen des Braunkohletagebaues ist mit einer erheblichen Versauerung der Gewässer verbunden (Pflug 1998). Unter nicht mehr genutzten Rieselfeldflächen tritt erhebliche Freisetzung von Schad- und Laststoffen auf (Blumenstein et al. 1997).

Zum Schluss stehen noch zwei Fragen zur Beantwortung an. Warum **dominieren** hemerobe Landschaften über naturnahe? Sind sie dadurch „konkurrenzstärker"?

Wie bereits gezeigt wurde, besteht ein wichtiger Unterschied zwischen naturnahen und hemeroben Landschaften im Charakter der Materieflüsse. Die Struktur und die Dynamik der **Naturlandschaften** werden fast ausschließlich durch solare und gravitative Energiequellen geprägt. Stoffe, welche die Natur selbst synthetisiert hat, sind die Grundlage der Landschaftsstrukturen. Die Dynamik wird durch natürliche Zeitcharakteristika bestimmt, wie z.B. diurn (im Tagesrhythmus), lunar (in einem vom Mond gesteuerten Rhythmus) oder saisonal (im jahreszeitliche Rhythmus).

In **hemeroben** Landschaften dominieren hingegen anthropogen erzeugte Energieformen und **allochthone** (an anderer Stelle entstandene) bzw. **xenobiotische** (künstliche) Stoffgruppen. In der Atmosphäre befinden sich Verbrennungsprodukte von Kraftstoffen und Kraftwerken, im Boden und auf Deponien deren Rückstände. In den landwirtschaftlich genutzten Böden erzeugen zumeist künstlich hergestellte Mineraldünger marktwirtschaftlich relevante Erträge. In den Abwässern, die weltweit fast ungeklärt in die Gewässer eingetragen werden, sind über 6000 naturfremde Inhaltsstoffe gefunden worden. Von diesen ist zum Teil noch nicht einmal bekannt, ob überhaupt und in welchen Zyklen sie unter spezifischen natürlichen Bedingungen abgebaut werden.

Neue Zeitcharakteristika in der Rhythmik der Dynamik, z.B. Wochentag - Sonntag, Produktionszeitraum – Schichtwechsel, Vegetationsperiode – Erntezeit dominieren. Während der Urlaubszeit verringert sich in einer urbanen Landschaft die Produktion von Stickoxiden, sie steigt aber in Räumen mit Erholungscharakter an.

Der anthropogen bedingte Stoff- und Energiedurchsatz vervielfacht die Entwicklungsvarianten neuer Strukturen.. Dadurch weisen sie einen Vorteil gegenüber vielen natürlichen Strukturen auf, von denen die meisten nicht an die Vielfalt, Intensität und Rhythmik der anthropogenen Stoff- und Energieflüsse angepasst, und werden zerstört. Ihre Vernichtung und damit der Zusammenbruch natürlicher Wechselwirkungen ist eine objektive Gesetzmäßigkeit des Evolutionsprozesses von Landschaften in der letzten Zustandsebene. Dadurch wird den dort siedelnden Menschen ihre natürliche Lebensgrundlage zerstört.

Was war wesentlich? - Einige Fragen zu Kapitel 4

1. Was ist der Gegenstand des Evolutionsprozesses?
2. Welche Ursachen liegen der Evolution zugrunde, mit welchem Ziel läuft sie ab?
3. Welche Mechanismen werden bei der Selbstorganisation einer Landschaftsstruktur wirksam?
4. Welche Eigenschaften besitzt ein Ordnungsparameter?
5. Was ist im Rahmen von Evolutionsprozessen unter „Bergsteigerprozess", „Frustration" und unter „Fitness" zu verstehen?
6. Was ist unter einer Zustandsebene der Landschaftsevolution zu verstehen?
7. Welche Übergangsprozesse gibt es? Welche charakteristischen Merkmale besitzen sie?

5 Landschaften im Raum: Struktur und Funktion

5.1 Die Ordnung der Mannigfaltigkeit

5.1.1 Welche Ordnungsprinzipien gibt es?

> Ernst Neef (1967, S. 67): "Die naturgegebene Mannigfaltigkeit ist geordnet. Es müssen also die Ordnungsprinzipien klargelegt werden, unter denen die geographische Mannigfaltigkeit überschaubar gemacht werden kann und die sicheren Einordnung einzelner Erkenntnisse und Befunde gewährleistet ist."

Bei manchen Landschaften sieht man sofort, welche Merkmale sie haben und wie diese geordnet sind. Bei anderen braucht es seine Zeit. Doch bei vielen zeichnet sich die innere Gliederung im Landschaftsbild ab. Sie bringt wesentliche Züge der Struktur und Funktion der Land-schaft zum Ausdruck.

Landschaftliche Merkmalskombinationen sind Ausdruck der Struktur und der Funktionsweise von Landschaften.

Im eiszeitlich geprägten Tiefland Norddeutschlands erkennt man bald, dass die Anordnung von Wald, Acker und Grünland einem bestimmten Muster folgt. Schaut man genauer hin, dann bildet sich in diesem Muster eine Abfolge von End- und Grundmoränen, Sandern und Niederungen ab. In der Regel tragen die feuchten Niederungen Grünland, die nährstoffreichen Grundmoränen werden als Ackerland genutzt, und auf den nährstoffarmen Endmoränen oder Sandern stockt Wald.

Anders ist es in den deutschen Mittelgebirgen. Grünland, Acker und Wald folgen hier den Tälern. Beim genauen Hinschauen kann man das Grünland im Tal der Flussaue zuordnen, große Teile des Ackerlandes im Tal der Niederterrasse, Wald den steileren Talhängen, viele Äcker und Wiesen über dem Tal den Mittel- und Hochterrassen.

Strukturen werden durch die Beschaffenheit und die Anordnung raumbezogener Landschaftsmerkmale charakterisiert.

Aber nicht nur die Merkmale des Reliefs oder die Formen der Landnutzung können Struktur und Funktion von Landschaften abbilden. Auch die Beschaffenheit der Bodendecke, die Gestalt der Wasserläufe, das Bodenfeuchteregime oder geländeklimatische Besonderheiten geben Auskunft darüber; denn Landschaften zeichnen sich durch eine spezifische Kombination von Eigenschaften aus, die man als landschaftliche Merkmalskombinationen bezeichnen kann. Diese Eigenschaften betreffen sowohl die Struktur als auch die Funktion von Landschaften.

Sucht man nach den Ordnungsprinzipien, so gilt: Strukturen lassen sich an der Beschaffenheit und der räum-lichen

Anordnung von Landschaftsmerkmalen erkennen, Funktionen an den in der Landschaft ablaufenden Pro-zessen und deren Auswirkungen.

Forman und Godron (1986, S. 11) erläutern vor diesem Hintergrund die Begriffe Struktur und Funktion:

> **Strukturen** ergeben sich aus raumbezogenen Eigenschaften der Ökosystem-Elemente und aus deren räumlichen Beziehungsgeflecht in der Landschaft. In ihnen spiegelt sich die Verteilung von Stoff und Energie in Abhängigkeit von der Größe, der Form, der Anzahl, des Types und der Anordnung von Ökosystemen in der Landschaft wider.
> **Funktionen** beschreiben die Wechselwirkungen zwischen den räumlichen Elementen des Ökosystems, das im Austausch von Stoff und Energie zum Ausdruck kommt.

Forman und Godron betrachten vorrangig ökologische Funktionen in der Landschaft. Im Zeichen einer zunehmenden Inanspruchnahme von Landschaften durch den Menschen stehen heute immer stärker Funktionen im Mittelpunkt des Interesses, die unter sozioökonomischen Gesichtspunkten von Bedeutung sind, insbesondere in Hinblick auf das **Naturkapital** (vgl. Kap. 5.2.4), dem begrenzten Vorrat der Erde an Naturressourcen und deren begrenzter Fähigkeit, Güter und Leistungen für die menschliche Gesellschaft bereitzustellen (TEEB 2010).

Landschaften sind **multifunktional,** einige zur gleichen Zeit auf gleiche Weise, andere in unterschiedlicher Form nebeneinander, wieder andere nacheinander im Laufe der Jahreszeiten oder im Laufe ihrer langjährigen Entwicklung. Ein Tal im Gebirge war früher allein der Lebensraum für wildlebende Tiere, heute stellt es vielerorts ein Wohngebiet und dessen Wohnumfeld dar, das darüber hinaus Wildtiere beherbergt. Manche Landschaftsfunktionen werden zeitweise der räumlich überlagert und stellen nur noch landschaftliche **Potenziale** dar. Gerade in solchen Fällen ist ein sorgfältiges Landschaftsmanagement erforderlich, um Landschaften nachhaltig zu schützen und zu gestalten. Die Untersuchung der Multifunktionalität von Landschaften stellt deshalb heute ein zentrales Konzept zur ganzheitlichen Analyse und zur Entwicklung von Landschaften dar. Zu beachten ist dabei, dass Struktur und Funktion einander bedingen. (Abb. 5.1-1).

Die meisten Landschaften weisen viele Funktionen auf. Sie sind multifunktional.

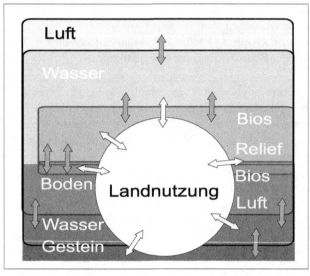

Abb. 5.1-1 Strukturen und Funktionen im Landschaftskom plex

Bei der Betrachtung der Struktur des Landschaftskomplexes werden Vertikal- und Horizontalstruktur unterschieden. Die Funktionen gliedert man in ökologische und sozioökonomische Funktionen.

5.1.2 Die landschaftliche Vertikalstruktur

Die landschaftliche Vertikalstruktur kommt in einer **Stockwerks- und Schichtfolge** zum Ausdruck (Richter 1979, Neumeister 1984), die durch eine Kombination von Landschaftsmerkmalen beschrieben werden kann.

Man unterscheidet drei Stockwerke: atmosphärisches Stockwerk, Hauptstockwerk und Untergrundstockwerk. Schichten untergliedern die Stockwerke. Ihre Anzahl (Abb. 5.1-2) hängt vor allem von der Beschaffenheit der Vegetationsdecke ab. Viele naturnahe Standorte sind strukturreicher als die naturfremden. Dennoch kann man nicht von vornherein Strukturreichtum mit Natürlichkeit gleichsetzen. Eine Sanddüne oder eine Felswand sind strukturarm, ein Obstgarten ist im Vergleich dazu strukturreich. Grundsätzlich gilt, strukturreiche Standorte weisen eine stärker differenzierte Schichtfolge der Vegetation auf als strukturarme.

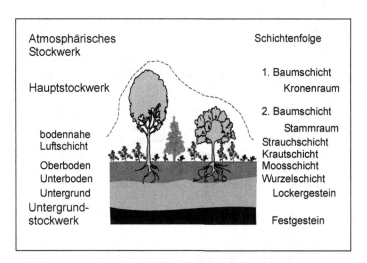

Abb. 5.1-2 Vertikalstruktur eines Waldökosystems in Mitteleuropa

5.1.3 Die landschaftliche Horizontalstruktur

spiegelt sich im räumlichen **Muster der Landschaften** wider, die auf der jeweiligen Ebene der Betrachtungsweise als Basiseinheiten aufgefasst werden können. Das können Regionen, Choren oder Tope sein (vgl. Kap. 2.2).

Tope kennzeichnen einen Einzelstandort, **Choren** eine Gruppe von Standorten, ein Standortgefüge. **Regionen** (im Sprachgebrauch der Landschaftsökologie) umfassen wesentlich größere Räume. Sie werden durch eine Kombination von Merkmalen des weltweiten geographischen Formenwandels geprägt, wie durch ihre Zugehörigkeit zu Zonen, Höhenstufen und durch ihre Lage zum Meer (vgl. Kap. 2).

Die glaziale Serie im Jungmoränengebiet (Abb. 5.1-3) des norddeutschen Tieflands weist ein klassisches räumliches Muster von Choren auf, das durch die Abfolge von Grundmoräne, Endmoräne, Sander und Urstromtal bestimmt wird. Dieses ist während der Weichsel-Eiszeit angelegt worden und heute mit charakteristischen Merkmalskombinationen verbunden.

Das Profil zeigt eine vorwiegend ackerbauliche Landnutzung auf den Parabraunerden und Fahlerden der Grundmoräne, aufgelockert durch kleine Wäldchen über stärker übersandeten Bereichen von kuppiger Grundmoränen und gegliedert durch Seen in den Zungenbecken der flachwelligen Grundmoränen.

Die landschaftliche Horizontalstruktur spiegelt sich im räumlichen Muster von Landschaften wider.

Das räumliche Muster von Landschaften wird genetisch geprägt.

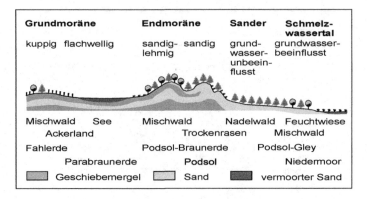

Abb. 5.1-3 Horizontalstruktur von Landschaften in einem Jungmoränengebiet

Endmoränen, in denen Geschiebemergel und Geschiebelehm eingestaucht wurde, können Braunerden mit Mischwald tragen, auf den Podsol-Braunerden tiefgründig sandiger Endmoränen stockt oft reiner Kiefernwald. Das gilt auch für die Podsole der grundwasserunbeeinflussten Sandergebiete. In Grundwassernähe können Stieleichen oder Hainbuchen zu den Kiefern treten. Es beginnt des Gebiet der sandigen Gleyböden. Innerhalb der Urstromtäler sind sie vermoort. Über Niedermoor breitet sich Grünland aus. (Tab. 5.1-1).

Tab. 5.1-1 Charakteristische Merkmale von Topen und Choren in einem Jungmoränengebiet

Merkmalskombinationen	
Chore	Top
kuppige Grundmoräne	Mischwald auf Fahlerde
	Ackerland auf Fahlerde
flachwellige Grundmoräne	Ackerland auf Parabraunerde
	Zungenbeckensee
sandig-lehmige Endmoräne	Mischwald über Braunerde
sandige Endmoräne	Nadelwald über Podsol-Braunerde
grundwasserunbeeinflusster Sander	Nadelwald über Podsol
grundwasserbeeinflusster Sander	Mischwald über Podsol-Gley
grundwasserbeherrschtes Urstromtal	Feuchtwiese über Niedermoor-Gley

5.1.4 Funktionen

beruhen letzlich auf miteinder verkoppelten natürlichen Prozessen, die dem Austausch von Stoff und Energie dienen (Forman und Godron 1986). Darauf lassen sich alle Funktionen zurückführen, unabhängig davon, ob sie rein naturbedingt ablaufen oder vom Menschen ausgelöst sowie beeinflusst werden. Ihre Vielzahl prägt den Landschaftskomplex.

Die **Multifunktionalität** einer Landschaft bildet sich auf vielfältige Weise ab. (Brandt und Vejre 2000). Natürliche und vom Menschen gesteuerte Landschaftsfunktionen kennzeichnen den Landschaftshaushalt. Mit diesen Funktionen kommen Mensch-Umwelt-Beziehungen zur Geltung, nicht nur bei der Produktion materieller Güter, sondern auch in den geistigen Werten einer Landschaft, ihrer Schönheit und ihrer Kultur. Im räumlichen Nebeneinander können konkurrierende oder sich ergänzende Landschaftsfunktionen auftreten, mit dauerhaften oder zeitweiligen Nachbarschaftswirkungen.

> Landschaftliche Funktionen lassen sich auf miteinander verkoppelte Prozesse zurückführen. Sie gliedern sich in ökologische und sozioökonomische Funktionen.

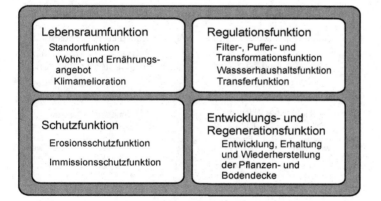

Abb. 5.1-4 Ökologische Funktionen

Ökologische Funktionen ermöglichen die Existenz von Ökosystemen, **sozioökonomische Funktionen** helfen die Existenz der menschlichen Gesellschaft zu sichern. Ökologische Funktionen bestimmen die Eigenschaften der Landschaft als Lebensraum für Menschen, Tiere und Pflanzen, ebenso das Vermögen der Landschaft, Fremdstoffe umzuwandeln oder abzupuffern sowie die Art und Weise der Erhaltung und Wiederherstellung der Landschaftselemente. (Abb. 5.1.-4).

5.2 Die Landschaft im Profil: Näheres zur Vertikalstruktur

5.2.1 Welche Bausteine hat die Landschaft?

Von den drei Stockwerken der Landschaft, schaffen zwei, das atmosphärisches Stockwerk und das Untergrundstockwerk, die Rahmenbedingungen für die Existenz des dritten, des Hauptstockwerkes.

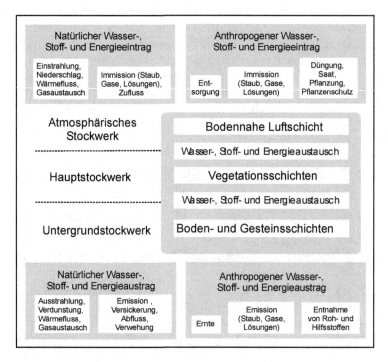

Abb. 5.2-1 Stockwerks- und Schichtenbau der Landschaft (nach Richter 1968 und Neumeister 1984)

Im landschaftlichen Hauptstockwerk durchdringen sich die Erdsphären: Atmosphäre, Hydrosphäre, Biosphäre, Pedosphäre, Lithosphäre und Soziosphäre (vgl. Kap. 2.3).

Das **Hauptstockwerk** ist der Bereich der Landschaftssphäre, in dem sich die anderen Erdsphären gegenseitig durchdringen. Es ist der Lebensraum der meisten Organismen. Seine Obergrenze wird durch die Höhe der Pflanzendecke, seine Untergrenze durch die Tiefe des Wurzelraumes bestimmt (Abb. 5.2-1).

Im landschaftlichen Hauptstockwerk konzentrieren sich die Prozesse des Stoff- und Energieumsatzes. Als Naturprozesse sind sie einem jahreszeitlichen Rhythmus unterworfen, der aber von Jahr zu Jahr erhebliche witterungsbedingte Unterschiede aufweisen kann. Darüber hinaus werden durch den Menschen die Prozesse des Stoff- und Energieumsatzes in der Kulturlandschaft beeinflusst und verändert (vgl. hierzu Kap. 4.3). Über vertikale Stoff- und Energietransfers ist das Hauptstockwerk mit dem atmosphärischen Stockwerk und mit dem Untergrundstockwerk verbunden.

Alle landschaftlichen Stockwerke enthalten Landschaftselemente. Sie stellen die strukturellen Grundmerkmale der Landschaft dar und können durch Beobachtungen und Messungen erfasst werden. Dazu gehören beispielsweise Elemente des Reliefs, wie Kuppen oder Senken, pedologische Elemente, wie Horizonte, Poren oder Bodenwasser, meteorologische Elemente, wie Temperatur, Niederschlag und Verdunstung, oder Elemente des Bios, Pflanzen- und Tierarten sowie deren Gemeinschaften. Je größer die Menge und die Vielfalt der Landschaftselemente ist, desto größer ist die ökologische Diversität der Landschaft. Diese kann sowohl natur- als auch kulturbedingt sein. Naturnahe Landschaften sowie Übergangsräume zwischen verschiedenen Landschaften weisen in der Regel eine hohe Diversität auf, durch Monokulturen genutzte Agrarlandschaften eine geringe (Abb. 5.2-2). Unproduktive Restflächen können deren **Diversität** wesentlich erhöhen (Brandt und Veijre 2003).

> Landschaftselemente stellen die Grundbausteine landschaftlicher Strukturen dar.

Wie bei der Untersuchung der Biodiversität (Whittaker 1972) kann man α-Diversität, die durch die Zahl der Elemente angezeigt wird (Punktediversität), und β-Diversität, die an der Verschiedenheit der Elemente erkennbar ist (das Maß für die ökologische Vielfalt), unterscheiden. Bezugsgrößen sind dann Tier- und Pflanzenarten, funktionelle Gruppen von Tieren und Pflanzen (Gilden) oder Biozönosen, aber auch Formen des Reliefs, Substrat- und Bodentypen. Die γ-Diversität als Zusatzmerkmal bezieht sich ausschließlich auf die Zahl der Elemente in heterogenen Arealen (Nentwig et al. 2004, vgl. Kap. 5.6.1). Dabei ist die räumliche Diversität von der zeitlicher Variabilität zu trennen. Diese kennzeichnet die jahreszeitlich wechselnden Zustandsformen der Landschaftselemente.

> In der ökologischen Diversität kommt die Menge und Vielfalt der Landschaftselemente zum Ausdruck.

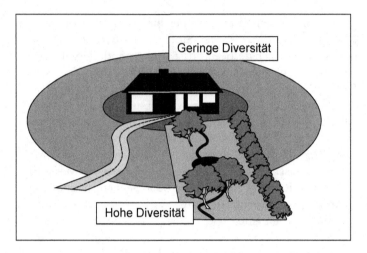

Abb. 5.2-2 Unterschiedliche Diversität von produktiven und nicht produktiven Flächen in der Agrarlandschaft (nach Tress 2002)

5.2.2 Welche topischen Raumeinheiten gibt es?

Ökotope ergeben sich aus der räumlichen Gruppierung von Landschaftselementen, die als strukturell einheitlich betrachtet werden können.

Eine räumliche Gruppierung von Landschaftselementen, die bei großmaßstäbiger Betrachtungsweise als landschaftsökologische Einheit angesehen werden kann, lässt sich als Ökotop beschreiben (vgl. Kap. 2.2). Das geschieht unter Einbeziehung biotischer wie abiotischer Merkmale. Die Bezeichnung Ökotop ist inhaltlich vergleichbar mit dem *ecotope* oder *prism* in der angloamerikanischen Landschaftsökologie (Naveh und Lieberman 1984, 1994) oder der *Fazies* in der russischen Landschaftsökologie (Socava 1970).

Von den meisten Landschaftsökologen wird ein Ökotop auch der topischen Dimension zugeordnet. Eine derartige Definition des Ökotops gibt Leser (1984, S. 134).

> **Ökotop:** „Die räumliche Manifestation des Ökosystems, das von tendenziell einheitlich verlaufenden stofflichen und energetischen Prozessen bestimmt wird, so dass man in der topischen Dimension den Ökotop nach Inhalt und Struktur als homogen betrachtet und damit als abgrenzbare ökologische Raumeinheit darstellt ..."

Eine international einheitliche Definition des Ökotops existiert jedoch nicht. Einige Landschaftsökologen betrachten Ökotope ohne Bindung an eine bestimmte Dimension. Das zeigt die folgende Zusammenstellung:

> **Ökotop:**
> Ein ökologisch homogener Ausschnitt des Landes entsprechend dem Maßstab der Betrachtungsweise (I.S. Zonneveld 1989)
> Landschaftselement, das als relativ homogen in einem Landschaftsmosaik beliebigen Maßstabes erkennbar ist (Forman 1996)
> Ökosystem, das sich als Ausschnitt der Biogeosphäre räumlich manifestiert (Schreiber 1999)

Geotope, die vor allem durch abiotische Merkmale charakterisiert werden, stellen räumliche Einheiten in der topischen Dimensionsstufe dar. Auch sie können als homogen angesehen werden. Eine Definition gibt Leser (1984, S. 353):

> **Geotop**: „Kleinste, geographisch unteilbare landschaftliche Raumeinheit, die von jenen einheitlich verlaufenden stofflichen und energetischen Prozessen bestimmt wird, die im Geosystem wirksam sind und die in der Betrachtungsgrößenordnung der topischen Dimension als homogen angesehen werden, so dass sie über einen für ihn charakteristischen Haushalt verfügt."

Bei Neef (1967) werden derart definierte Raumeinheiten als Physiotope bezeichnet.

Stehen landschaftliche Kompartimente, also Relief, Vegetation, Boden, Wasser und Klima, im Vordergrund der Betrachtungen, kann man topische Raumeinheiten auch unter speziellen Gesichtspunkten kennzeichnen. Dennoch wird eine umfassende Sicht auf alle Elemente des Landschaftskomplexes gefordert. Die Gesamtheit der biotischen Charakteristika geht in die Erkundung eines Biotops ein, die der abiotischen Merkmale in die Beschreibung eines Pedotops oder eines Pedohydrotops ein, wesentliche Züge beider Bereiche in die Darstellung eines Hydrotops oder eines Klimatops. Lediglich die Aufnahme eines Morphotops gründet sich allein auf Merkmale des Reliefs (Tab.5.2-2). Die Definitionen dieser topischen Raumeinheiten sind in den jeweiligen Fachwissenschaften entwickelt worden und unterscheiden sich deshalb im Ansatz erheblich:

Topische Raumeinheiten von Partialkomplexen der Landschaft werden durch Elemente der Partialkomplexe gekennzeichnet.

– **Biotop**: Durch abiotische Umweltbedingungen geprägter Lebensraum einer spezifischen Artengemeinschaft von Pflanzen und Tieren (Biozönose)

- **Habitat**: Lebensstätte einer Tierart, einer Population oder eines Individuums
- **Morphotop**: Fazetten oder Elemente des Georeliefs mit einheitlichen Wölbungsverhältnissen.
- **Pedotop**: Ausschnitt aus der Bodendecke, in dem die bestimmenden sowie lokal-individuellen Merkmale eines Bodentyps weitgehend einheitlich ausgebildet sind
- **Pedohydrotop**: Bereich eines Bodenfeuchteregimes, das durch Art, Ausmaß und Jahresgang der Durchfeuchtung gekennzeichnet wird.
- **Hydrotop**: Hydrogeographische Basiseinheit mit einheitlicher Ausprägungsform von Merkmalen der Oberflächengewässer oder der Gewässereinzugsgebiete
- **Klimatop**: Klimaräumliche Basiseinheit mit einheitlicher Ausprägungsform geländeklimatischer Merkmale.

Sinngemäß gilt die inhaltliche Beschreibung aller topischen Raumeinheiten auch auf chorischer Ebene.

5.2.3 Was sind *patches*?

patches stellen elementare Landschaftseinheiten dar, die sich von ihrer Umgebung abheben.

In der angloamerikanischen Landschaftsökologie geht man pragmatisch vor. Eine elementare Landschaftseinheit, hier als *patch* bezeichnet (vgl. Kap. 2.1), wird als zweckbestimmte Kategorie der Landschaftskartierung aufgefasst und nicht einer bestimmten Dimensionsstufe zugeordnet.

Tab. 5.2-1 Beispiele für *patches*

Bezeichnung	Merkmal
patch	elementare Landschaftseinheit: Nutzfläche, Ökotop, Biotop, Habitat u.ä.
disturbance patches	(durch Naturereignisse wie Buschfeuer u.ä.) gestörte patches
remnant patches	patches, die diesen Störungen widerstanden haben
introduced patches	anthropogene patches
environmental resource patches	patches, die Naturressourcen darstellen (Quellen u.ä.)

Nach Forman und Godron (1986) sind *patches* Areale, die ein Erscheinungsbild aufweisen, das sich von ihrer Umgebung unterscheidet. Diese gilt als *matrix* und wird in der Regel nicht untergliedert. *Patches* stellen in der Regel landschaftliche

Einheiten dar, die sich aus der Landbedeckung oder Landnutzung ergeben (Tab. 5.2-1).

5.2.4 Wie kann man die Vertikalstruktur der Landschaft erkunden?

Erkundung der Vertikalstruktur heißt Untersuchung des Stockwerkbaues.

Landschaftsökologische Komplexanalyse	
Floristisch-vegetationskundliche Geländeaufnahme	
physiognomisch-ökologische Vegetationsanalyse (nach Ellenberg und Müller-Dombois 1967)	Kennzeichnung von Biotoptypen
floristisch-soziologische Analyse (nach Braun-Blanquet 1964)	Ableitung der potentiellen natürlichen Vegetation
floristisch-ökologische Analyse (nach Ellenberg 1992)	Analyse und Bewertung ökologischer Artengruppen
floristisch-physiognomische Analyse (nach Raunkiaer 1934)	Analyse und Bewertung von Lebensformspektren
Bodenkundliche Geländeaufnahme	
Analyse des Bodenprofils nach bodenkundlicher Kartieranleitung (Arbeitsgruppe Boden 1994)	Kennzeichnung von Bodentypen
Erfassung des Reliefs und des geologischen Substrats	
Aufnahme von Formen und Genese des Reliefs	Kennzeichnung von Relieftypen
Aufnahme der oberflächennahen Gesteine	Kennzeichnung von Substrattypen
Erfassung des Geländeklimas	
Aufnahme von Strahlungsgunst, Windoffenheit und Frostgefährdung	Kennzeichnung von geländeklimatischen Besonderheiten

Abb. 5.2-3 Arbeitsschritte bei einer landschaftsökologischen Komplexanalyse (nach Halfmann 2000, Glawion 2002, ergänzt)

Will man es genau wissen und die Vertikalstruktur einer Landschaft umfassend kennzeichnen, so ist eine **landschaftsökologische Komplexanalyse** erforderlich (Haase 1964, Neumeister 1978). Sie ist in der Regel nur in der topischen Dimension durchführbar; denn sie erfordert einen hohen Arbeitsaufwand. Es sollen hierbei alle wesentlichen

Eine landschaftsökologische Komplexanalyse ist nur in der topischen Dimension durchführbar.

Strukureigenschaften der Landschaft und ihr Beziehungsgeflecht ermittelt. werden. Für die Aufnahme der Vegetation und des Bodens gibt es verbindliche Vorgaben (Abb. 5.2-3). Für die Erfassung der anderen landschaftlichen Kompartimente werden unterschiedliche Methoden angeboten (vgl. Marks et al. 1992, Barsch et al. 2000).

Messwerte für eine komplexe Landschaftsanalyse oder eine geoökologische Standortanalyse (KGSA) werden an einer Tessera ermittelt.

Die **landschaftsökologische Komplexanalyse** ist eine Arbeitsmethode der landschaftsökologischen Grundlagenforschung. An repräsentativen Standorten werden Messplätze eingerichtet (Abb. 5.2-4). Der Landschaftsausschnitt am Messplatz wird als **Tessera** bezeichnet. Sie vertritt ein Econ (Löffler 2002c).

Die am Messplatz ermittelten Daten werden auf die gleichartig ausgestatteten Bereiche seiner Umgebung übertragen. Dabei handelt es sich um Ökotope. Werden die Untersuchungen stärker abiotisch ausgerichtet, dann spricht man von einer **komplexen geoökologischen Standortanalyse** (Mosimann 1984, Leser 1997). Durch sie werden Geotope erfasst.

Die komplexe geoökologische Standortanalyse (KGSA) wird an einer Tessera vorgenommen und gilt Geotopen im Sinne von Leser (1984) bzw. Physiotopen im Sinne von Neef (1967).

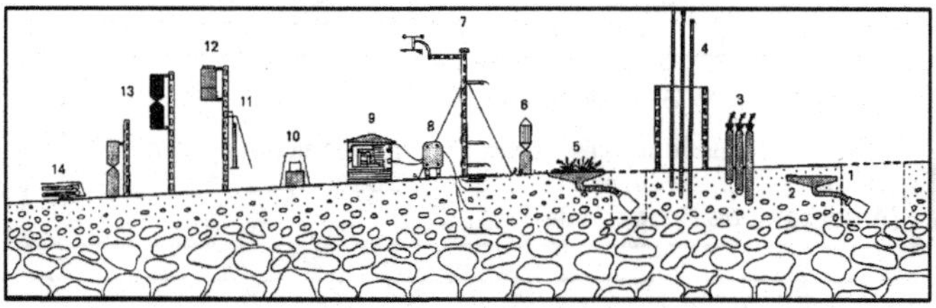

Abb. 5.2-4 Gerätetechnische Ausstattung eines Messplatzes für eine komplexe geoökologische Standortanalyse in der Arktis (aus Leser 1993): 1 - Bodenprofil, 2 - Funnel-Lysimeter (im Boden), 3 - Saugkerzen, 4 - Tensiometer, 5 – Funnel Lysimeter (unter Vegetation), 6 - Nebelsammler, 7 - Luftthermistoren, Anemometer, Pyranometer, Bodenthermistoren, 8 - Datalogger, 9 - Thermohygrograph, Max/Min Thermometer, Thermistor und Feuchtesensor in Wetterhütte, 10 - Tankevaporimeter, 11 - Piché-Evaporimeter, 12,13 - Regensammler, 14 - Max/Min Thermometer (Bodenoberfläche)

Zur Vorbereitung der komplexen geoökologischen Standortanalyse ist eine flächig orientierte Form der Landschaftsanalyse geeignet, die **geoökologische Differenzialanalyse**. Mit ihrer Hilfe können repräsentative Messplätze ausgewählt werden. Das entspricht dem **geoökologischen Arbeitsgang** (GAG) nach Mosimann 1984. Er beginnt mit der geoökologischen Differenzialanalyse und führt zur komplexen geoökologischen Standortanalyse, die die Erarbeitung von

Energie- und Stoffaustauschgrößen sowie ihre Bilanzierung und Modellierung einschließt.

Tab. 5.2-2 Strukturelle Grundgrößen, Prozess- und Bilanzgrößen des Naturhaushaltes (nach Leser 1997, Billwitz 2000)

Strukturelle Grundgrößen	
Relief	Formentyp, Genese, Höhe, Position, Exposition, Neigung, Wölbung
Substrat und Boden	Typ, Gründigkeit, Körnung, Steingehalt, Volumenverhältnisse, Humusgehalt, Humusform, Sorptionskapazität, Carbonatgehalt, Nährstoffgehalt, Bodenfeuchte
Vegetation	Formation, Biotoptyp, Schichtung, Pflanzengesellschaft, ökologische Artengruppen, Zeigerpflanzen, Lebensformen
Klima	Klimatyp, Witterungsablauf, geländeklimatische Besonderheiten
Wasser	Fluss- bzw. Seentyp, Grundwassertiefe, Chemismus von Oberflächen- und Grundwasser
Prozessgrößen mit Kennwertcharakter	
Relief	Denudationsrate, Erosionsrate
Substrat und Boden	Vorrat organischer Substanz, Zersetzungsrate
Vegetation	Biomasseproduktion
Klima	Einstrahlung, Ausstrahlung, Niederschlag, Verdunstung, Temperaturgang, dominante Windrichtung
Wasser	Versickerung, Zu- und Abfluss, Chemismus
Bilanzgrößen	
Klima	Energiebilanz,
Boden	Nährstoffbilanz, Bodenfeuchtebilanz
Wasser	Wasserbilanz (Oberflächen- und Grundwasser)
Vegetation	Pflanzliche Stoffbilanz

Komplexe Analysen erfassen am Messplatz strukturelle Grundgrößen des Naturhaushaltes zusammen mit Prozess- und Bilanzgrößen. Die strukturellen Größen können für den Bezugszeitraum als unveränderlich angesehen werden. Die Prozess- und Bilanzgrößen unterliegen witterungs- oder nutzungsbedingten Schwankungen (Tab. 5.2-2).

In der angewandten Landschaftsökologie belässt man es zumeist bei der **geoökologischen Differenzialanalyse**, allerdings mit einigen Abstrichen an der Informationsdichte. Man orientiert sich dabei auf die Aufnahme der Kompartimente Relief, Vegetation, Boden, Wasser und Klima und kombiniert die Ergebnisse zu einer landschaftsbezogenen Aussage. Vor allem hat sich diese Vorgehensweise in der Landschaftsplanung, bei der Landnutzungsplanung und im Naturschutz bewährt, weil hierbei mit einem zeitlich und finanziell vertretbarem Aufwand aussagekräftige und nachvollziehbare Ergebnisse erzielt werden können.

> Die geoökologische Differenzialanalyse dient der Kennzeichnung landschaftlicher Partialkomplexe. Sie wird für Landschaftsplanung und Naturschutz eingesetzt.

Die geoökologische Differenzialanalyse gilt der Verbreitung von landschaftsökologischen Raumeinheiten, die durch die Eigenschaften bestimmter Kompartimente charakterisiert werden, in deren Beschreibung aber darüber hinaus, mehr oder weniger, auch die Merkmale anderer Kompartimente eingehen. In der topischen Dimension handelt es sich demnach um Standorte (Biotope u.a.). Auch Standortgefüge (Choren) lassen sich auf diese Weise ausscheiden.

5.2.5 Wie lassen sich Landschaften typisieren?

> Bei einer Typisierung werden strukturell wesentliche Eigenschaften hervorgehoben, unwesentliche unterdrückt.

Der Vergleich mehrerer Standorte oder Standortgefüge macht Ähnlichkeiten deutlich. Tope oder Choren, die an unterschiedlichen Stellen vorkommen, aber gemeinsame Merkmale ihres Inventars aufweisen, kann man als Typ beschreiben.

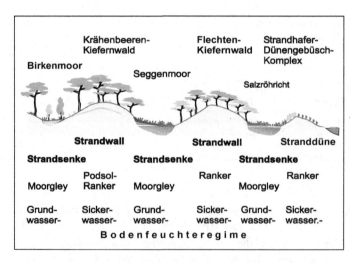

Abb. 5.2-5 Die Ökotoptypen Strandwall sowie Strandsenke auf einer Nehrung an der Ostseeküste

Beispielsweise trifft man auf den Sandhaken und Nehrungen der Ostseeküste eine Folge von Strandwällen und Strandsenken an, deren Ausstattung sich nur unwesentlich voneinander unterscheidet. Typisierung heißt aber: Wesentliches dimensionsspezifisch hervorheben. Demzufolge lassen sich Strandwälle und Strandsenken als Ökotoptypen ausgliedern (Abb. 5.2-5). Sie ordnen sich in den Ökochorentyp Sandhaken oder Nehrung ein.

Die Typisierung kann im Ergebnis von komplexen geoökologischen Standortanalysen ebenso erfolgen wie als Resultat einer geoökologischen Differenzialanalyse. Typenbildung kann demzufolge in der topischen Dimensionen, bei Geotopen und Ökotopen, Biotopen, Pedotopen, und Morphotopen, aber auch in der chorischen Dimension, bei Naturräumen oder Lebensräumen von Pflanzen und Tieren, erfolgen. Größere Raumeinheiten, Regionen, kommen nicht in einer solchen Zahl vor, dass eine nachvollziehbare Typisierung möglich ist. Je höher die Zahl der Individuen wird, desto mehr ist eine Typisierung erforderlich, um den Datenbestand zu ordnen. Von Biotoptypen existieren heute in jedem deutschen Bundesland umfangreiche Listen. Zu schützende Lebensräume des europäischen ökologischen Netzes „NATURA 2000" sind europaweit typisiert worden (vgl. Tab. 5.2-2). Bei Böden ist das weltweit der Fall.

Für Naturraumtypen existieren im deutschen Sprachraum Übersichtsdarstellungen: im deutschen Bundesland Sachsen (Mannsfeld und Richter 1995) und im österreichischen Bundesland Salzburg (Dollinger 1998, vgl. Kap. 2.3). Für Geotope und Ökotope fehlen solche Listen. Hier muss die Typisierung vom Bearbeiter selbst vorgenommen werden. Geotope können (nach Leser und Klink 1988) anhand von Strukturgrößen, wie Hangneigung, Substrat oder Vegetation typisiert werden, Ökotope nach Mosimann (1990) auf Grund ihres wasserhaushaltlichen und bodenchemischen Milieus (Bodenfeuchteregime, Kationentauschkapazität) sowie ihres Energiehaushaltes, ihrer biotischen Aktivität und der vertikalen Transportneigung.

Die unterschiedliche Ansätze der Typisierung in den einzelnen Fachdisziplinen führen zu unterschiedlichen Typenbezeichnungen. Da alle Typisierungen aber mit Blick auf den landschaftsökologischen Hintergrund erfolgt sind, können inhaltlich vergleichbare Ergebnisse erzielt werden, obwohl sie im Einzelnen voneinander abweichen (Tab. 5.2-3). Im Beispielsgebiet sind naturnahe Wälder anzutreffen, die zu

Geotope, Biotope, Pedotope, Pedohydrotope, Hydrotope, Klimatope, Morphotope kann man ebenso wie die entsprechenden chorischen Einheiten typisieren.

den Lebensraumtypen gehören, die in das europäische
Schutzgebietssystem „NATURA 2000" aufgenommen wurden. Am Südhang einer Talmulde haben sich Traubenei-
chen-Hainbuchenwälder ausgebildet, deren Krautschicht
stellenweise Staunässe anzeigt. Parabraunerde geht dann in
Pseudogley über. An einer Störungslinie, an der Tonschiefer
von Quarzschiefer abgelöst wird, ist eine Talkerbe entstanden. Hier wächst Schluchtwald über Felshumusboden und
Ranker. Auf dem anschließenden schattigen Gegenhang der
Talmulde stockt über Braunerde bodensaurer Buchenwald
an, der von Fichtenforst ersetzt wurde.

Tab. 5.2-3 Beispiele für typisierte topische Raumeinheiten

Geotoptyp	Boden-typ/sub-typ	Biotoptyp	Lebensraum-typ (NATURA 2000)
südexponierter Flachhang (mit Lößschleier über Tonschiefer)	Para-braunerde	Trauben-eichen-Hainbuchen-wald	Labkraut-Eichen-Hainbuchen-wald
südexponierte Hangmulde (mit Lößschleier über Tonschiefer)	Para-brauner-de-Pseudo-gley	Trauben-eichen-Hainbuchen-wald wechsel-feuchter Standorte	
Taleinschnitt (in quarzitreichem Schiefer)	Fels-humus-boden	Eschen-Ahorn-Schluchtwald	Schlucht- und Hangmisch-wälder
	Ranker		
nordexponierter Flachhang (über Schiefer)	Braunerde	bodensaurer Buchenwald	Hainsimsen-Buchenwald
		Fichtenforst	-

Wie man sieht, ist der Geotoptyp zwar in einigen Fällen an
einem bestimmten Boden- oder Biotoptyp gebunden, in
anderen aber nicht. Inhaltlich wie räumlich sind deshalb die
Ergebnisse der Typisierung nur in den Grundzügen vergleichbar. Darüber hinaus zeigt sich am Beispiels des Lab-
kraut-Eichen-Hainbuchenwaldes, dass die Lebensraumtypen
nicht nur topische, sondern auch chorische Raumeinheiten
darstellen können.

5.3 Der Blick von oben: Die Muster der Horizontalstruktur

5.3.1 Woran erkennt man Landschaftsgefüge?

Wenn man vom Flugzeug aus auf die Erde schaut und der Himmel wolkenlos ist, dann sieht man oftmals typische Mosaike von Landschaften, beispielsweise die großen Felder des Mittelwestens der USA, das dichte Muster der Siedlungen, Felder und Forsten an der Ostküste der USA oder die Felsgebiete, Wälder und Wiesen in den Rocky Mountains. In Sibirien, Kanada oder Alaska prägen Steinpolygone die Tundra und Schotterbänke die Deltas der verwilderten Flüsse. In der Waldsteppe der mongolischen Gebirge lösen bewaldete nordexponierte Hänge und versteppte südexponierte Hänge einander ab.

Die Landschaftssphäre wird dadurch gegliedert, dass landschaftliche Merkmalskombinationen wechseln. Dies kann durch unterschiedliche Kompartimente verursacht werden, durch die Landnutzung, das Klima, das Relief, den Boden usw. Auf diese Weile entsteht ein **Landschaftsgefüge** durch eine spezifische Vergesellschaftung gleichrangiger landschaftlicher Einheiten (Herz 1980).

Das Landschaftsgefüge wird durch sein Inventar und das Anordnungsmuster dieser Einheiten gekennzeichnet. Zum Beispiel durchragen im östlichen Harzvorland (Abb. 5.3-1) Porphyrkuppen die Lössplatten, welche von der Saale, der Weißen Elster und der Mulde zerschnitten werden. Hier kann man auf den Porphyrkuppen Standorte an den Hängen und auf den Schutthalden von den eigentlichen Kuppenflächen unterscheiden, auf den Lößplatten Standorte auf Sandlöss und (sandigem) Löss, an den Flusstälern Standorte in der Talaue und auf den Flussterrassen.

Diese Unterschiede sind im Bereich der Kuppen und der Täler reliefbedingt, auf den Lössplatten aber substratbedingt. Auf den Kuppen ordnen sich die landschaftlichen Einheiten ringförmig an, in den Tälern folgen sie dem Flusslauf und auf den Platten markieren sie Unterschiede in der Beschaffenheit der Lössablagerungen. Die Gefügemerkmale von Landschaften und die damit verbundenen Nachbarschaftsbeziehungen können wie ihr Inventar typisiert werden.

Landschaftsgefüge können aufgrund ihres Inventars, ihres Anordnungsmusters und ihrer Nachbarschaftsbeziehungen typisiert werden.

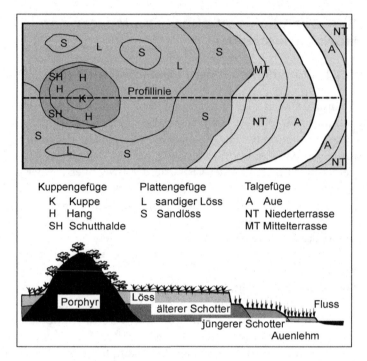

Abb. 5.3-1 Landschaftsgefüge im östlichen Harzvorland (schematische Darstellung)

5.3.2 Welche Gefügetypen gibt es?

Generell unterscheidet man (Abb. 5.3-2):

- **Hochflächen- und Plattengefüge**, die Sickerwasserfluss aufweisen und lateral kaum verkoppelt sind,

- **Kuppen-, Rücken-, Hang- und Senkengefüge**, die durch Denudation, Deflation oder Hangwasserfluss lateral verkoppelt sind,

- **Talgefüge**, die durch Hang- und Grundwasserfluss lateral verkoppelt sind.

Im Kuppen-, Rücken-, Hang- und Senkengefüge dominiert der laterale Wasser- und Stofftransfer in der Bodendecke. Vertikal verlaufende Austauschvorgänge ergänzen dies. In den Tälern kommt der Grundwassereinfluss hinzu. Auf Hochflächen und Platten beherrschen vertikal wirkende Prozesse das Prozessgeschehen. Hier überwiegen interne Stoffkreisläufe.

Den Wechsel landschaftlicher Merkmalskombinationen und die damit verbundenen Landschaftsgefüge kann man in kleinen, mittelgroßen und großen Räumen beobachten (vgl. Kap. 2.2).

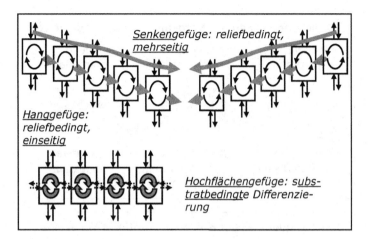

Abb. 5.3-2 Gefügetypen (nach Billwitz 1997)

Kleinmaßstäbig (mikroskalig) betrachtet, erkennt man ein großflächiges Gefüge von Klima-, Vegetations- und Bodenzonen oder -regionen aus Karten oder Fernerkundungsdaten. Mittelmaßstäbig (mesoskalig) ermittelt man ein Gefüge von verschiedenen morphologischen, pedohydrologischen oder vegetationskundlichen Bezugsräumen aus unterschiedlichen Kartierungsunterlagen. Großmaßstäbig (makroskalig) nimmt man ein Gefüge von Standortmerkmalen im Gelände auf.

Wie die Gefügemerkmale im Einzelnen ausgeprägt sind, hängt von den zonalen und regionalen Rahmenbedingungen ab. Ein Dünenfeld an der Nordseeküste weist ein anderes Inventar auf als ein Dünenfeld an der Küste der Karibik in Südamerika (Abb. 5.3-3).

In beiden Fällen handelt es sich um ein Rückengefüge. Die lateralen Beziehungen der Dünenrücken werden durch Deflation und Akkumulation geprägt. An der Nordseeküste folgen auf Weißdünen in der Nähe des Strandes landwärts Grau- und Braundünen. In der Namensgebung kommt eine Bodenentwicklung zum Ausdruck, die vom Rohboden (Lockersyrosem) zum Podsol mit der Horizontfolge Ah/Ae/Bsh führt. Die Vegetationsdecke markiert diese Entwicklung. Strandhafer, Strandroggen und Sandschwingel werden auf den Braundünen durch Krähenbeeere, Heidekraut und Kriechweide abgelöst, zwischen denen sich Pappeln und Eichen ansiedeln können. Damit verbunden ist eine zunehmende Festlegung des Dünensandes von den mobilen Primärdünen zu den weitgehend immobilen Tertiärdünen hin.

Landschaftsgefüge weisen dimensionsspezifische Merkmale auf. Wie ihr Inventar beschaffen ist, hängt von zonalen und regionalen Rahmenbedingungen ab.

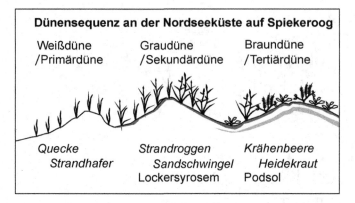

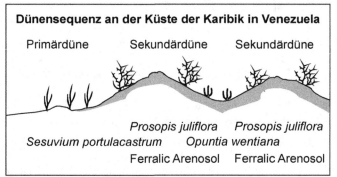

Abb. 5.3-3 Schnitt durch Dünenrücken an der Nordseeküste (nach Richter 2003) und an der Küste der Karibik in der Nähe der Rio Coro-Mündung (nach Walter 1973)

An der Mündung des Rio Oro versickern die Niederschläge während der Regenzeit rasch im Dünensand. Während der Trockenzeit ist über lange Zeiträume kein Wasser im Boden vorhanden. So können sich nur schüttere Bestände von Gräsern (*Sesuvium portulacastrum*) und Sträuchern (*Prosopis juiliflora*) entwickeln, zwischen den Sekundärdünen ergänzt durch Kakteen (*Opuntia wentiana*). Die rote Bodenfarbe weist auf einen Bu-Horizont mit Eisenausscheidungen in dem fast humusfreien Sand hin. Die Bodenoberfläche wird nicht festgelegt. Die Mobilität der Dünen bleibt hoch.

5.3.3 Welche Nachbarschaftseffekte zwischen Landschaften gibt es ? Welche werden anhand von *patches* gekennzeichnet?

Funktionale Zusammenhänge zwischen den Landschaften können durch Stoffflüsse in Wasser und Boden zum Ausdruck kommen sowie durch Lebensprozesse von Pflanzen und Tieren. Derartige Zusammenhänge sind in der amerikanischen Landschaftsökologie am Beispiel einzelner Tierarten eingehend untersucht worden (Forman und Godron 1986, Forman 1995, Wiens 1997). Deren Lebensprozesse weisen neben einer biologischen Komponente (Symbiosen und Antibiosen mit Artgenossen und anderen Arten) und einer physikalisch-chemischen Komponente (Stoffwechsel) auch eine raumstrukturelle Komponente (Raumansprüche) auf (Blab 1993).

In diesem Rahmen werden in der amerikanischen Landschaftsökologie *patches* als räumliche Bezugseinheiten für das Wanderungsverhalten von Tierarten betrachtet (Lang 1999). Dabei sind auch Kleinstrukturen innerhalb der Biotope und die damit verbundenen abiotischen Merkmale (Helligkeit, Luft- und Bodenfeuchte, Temperaturgang u.ä.) von Bedeutung (Riecken 1992). Die Winterquartiere, Laichplätze und Sommerquartiere einer Amphibienpopulation stellen ebenso *patches* dar wie die Winterquatiere, Wochenstuben und Jagdreviere von Fledermäusen. Die räumliche Verflechtung der dort vorhandenen Biotope oder Biotopkomplexe ist für diese und andere Tierarten (Insekten, Vögel, Säugetiere) eine unabdingbare Existenzgrundlage. Dennoch kann man den Biotopbegriff nicht mit dem des *patch* gleichsetzen. Ein *patch* erfüllt Lebensansprüche der Tierarten, die zur Untersuchung anstehen. Deren Verbreitung wird durch populationsökologisch bedeutende *patches* gefördert oder behindert (Abb. 5.3-4): durch Korridore *(corridors)* Barrieren *(barriers)* und Trittsteine *(stepping stones)*.

Beispielsweise stellen Flussauen für viele Tierarten Korridore dar. Dazu gehören Vögel, Käfer, Insekten, Amphibien und auch einige Säugetiere. Trennt eine Straße oder eine Bahnlinie als Barriere das Grünland am Fluss, zergliedert sie damit Lebensräume der tierischen Bewohner. Diese sind oftmals bereits durch die Grünlandbewirtschaftung oder durch Flussbegradigungen verloren gegangen. Dann ist es umso wichtiger, dass Trittsteine erhalten bleiben, durch die populationsökologische Beziehungen aufrecht erhalten werden können. In Abb. 5.3-4 sind es die Altwässer beiderseits des Flusses, die vor allem für die Amphibien und Insekten von Bedeutung sind, und das Laubgebüsch, das Nistplätze für die Avifauna bietet.

Anhand der Anordnung von *patches* kann man funktionale Zusammenhänge landschaftlicher Einheiten in Bezug auf das Wanderungsverhalten von Tierarten darstellen.

Korridore, Barrie-
ren und Trittsteine
müssen stets im
funktionellen Zu-
sammenhang mit
ihrer Umgebung
betrachtet wer-
den.

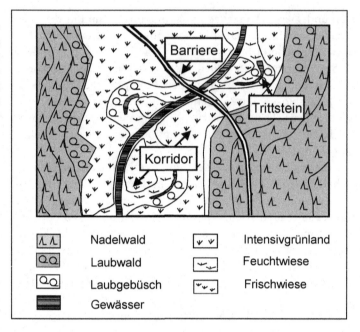

Abb. 5.3-4 Korridore, Barrieren und Trittsteine in einem Fluss-tal

Dabei sei auf die Ambivalenz der Begriffe *barriers* und *corridors* hingewiesen. Ein Bahndamm stellt in einer Flussaue oder in einer Niederung eine Barriere für die Bewohner des feuchten Wirtschaftsgrünlandes dar, kann aber auch ein Korridor für die Bewohner der Ackerflächen beiderseits der Niederung sein. In Großstädten fungiert der Bahndamm ohnehin oftmals als Korridor zwischen den Grünlandinseln in Bahnnähe. Barrieren und Korridore müssen wie andere räumlich-funktionale Eigenschaften stets im Zusammenhang mit ihrer Umgebung betrachtet werden.

5.3.4 Wie erfasst man Landschaftsgefüge? Was versteht man unter naturräumlicher Ordnung und was heißt naturräumliche Gliederung?

Blinder Eifer schadet nur. Ehe man mit der Untersuchung der Horizontalstruktur beginnt, sollte man sich einen Überblick über die landschaftliche Ausstattung des Untersuchungsgebietes verschaffen. Das geschieht anhand von Feldbegehungen sowie von Karten und Luft- oder Satellitenbildern. Fernerkundungsdaten eignen sich vor allem für eine erste Aufnahme der Biotopgliederung. Geologische Karten und Bodenkarten stellen die Grundlage für eine vorläufige Ausgliederung von Pedotopen dar. Topographische Karten lassen Einzugsgebiete von Flüssen erkennen. Arbeitsschritte, in dem die vorhandene Unterlagen genutzt werden, gehören zur **landschaftsökologischen Vorerkundung**.

Die landschaftsökologische Vorerkundung dient einer ersten Kennzeichnung der Horizontalstruktur von Landschaften. Dabei stützt man sich auf vorhandene Unterlagen.

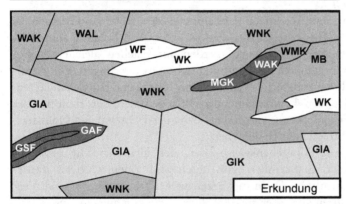

Biotoptypen (nach Kartierungsanleitung Land Brandenburg 1995)

GIA:	aufgelassenes Intensivgrasland	WAK:	Kiefernforst mit Laubholz
GIK:	krautiges Intensivgrasland	WAL:	Lärchenforst mit Laubholz
GAF:	aufgelassenes Grasland feuchter Standorte	WF:	Flechten-Kiefernwald
		WK:	Kiefernforst trockener Standorte
GSF:	Hochstaudenfluren feuchter Standorte		
		WMK:	Kiefern-Moorwald
MB:	Braunmoosmoor	WNK:	Kiefernforst
MGK:	Kiefern-Moorgehölz		

Abb. 5.3-5 Ergebnisse der Vorerkundung und der Erkundung eines Biotopgefüges am Rande des Baruther Urstromtales in Brandenburg

Großflächig angelegte Feldarbeiten im Rahmen der **landschaftsökologischen Erkundung**, schließen sich an. Die flächendeckende Erfassung von Landschaftsmerkmalen kann sich auf die Punkte stützen, an denen eine komplexe geoökologische Standortanalyse (KGSA) erfolgt ist. Dort bestehen die besten Voraussetzungen für die flächendeckende Kennzeichnung und Kartierung von Landschaften. Die flächenhafte Differenzialanalyse ergänzt die komplexen Standortanalysen. Sie kann auch an deren Stelle treten, wenn es die Aufgabenstellung der Arbeiten zulässt. In jedem Fall erfolgt die Geländeaufnahme bei der landschaftsökologischen Erkundung mit bedeutend höherer Genauigkeit als in der Vorerkundung (Abb. 5.3-5).

Landschaftsökologische Erkundung erfordert Geländearbeit.

Die in der Vorerkundung anhand von Luftbildern ausgegliederten Biotope, Pedotope oder Hydrotope lassen sich ohne Feldarbeiten nicht weiter differenzieren. Eine detaillierte Zuordnung vieler Vegetationseinheiten ist nur nach Feldaufnahmen möglich (vgl. Halfmann 2000). Der Fernerkundungssensor kann nicht durch die Bäume oder hohes Gras auf die Einzelpflanze am Boden sehen oder in diesen Boden hinein. Bodentypen muss man ebenfalls im Gelände kartieren.

An repräsentativen Aufnahmeflächen, Bohr- und Messpunkten (Tesserae, Econs, Pedons) erhobene Befunde zum landschaftlichen Inventar werden auf Flächen gleicher (Tope) oder ähnlicher Ausstattung (Choren) übertragen. Die Arealabgrenzung erfolgt anhand von Kenn- und Schwellenwerten, wie den kennzeichnenden Pflanzenarten der Biotope, der Feingliederung des Reliefs bzw. der Horizont- und Substratabfolgen der Bodentypen.

Bei der naturräumlichen Ordnung geht man von unten nach oben vor (bottom up), bei der naturräumlichen Gliederung von oben nach unten (top down).

Diese Vorgehensweise, von der kleineren zur größeren Landschaftseinheit, von unten nach oben, wird als **naturräumliche Ordnung** bezeichnet. Dies ist ein *bottom-up* Verfahren, das bei mikroskaligen Untersuchungen angewandt wird, das heißt, bei Arbeiten in der topischen und chorischen Dimension.

In der regionischen und geosphärischen Dimension sind flächendeckende Feldarbeiten nicht möglich. Man muss anhand von exemplarischen Aufnahmen eine **naturräumliche Gliederung** von oben nach unten vornehmen, das heißt, aus größeren Landschaftseinheiten kleinere ableiten. Diese *top-down* Vorgehensweise ist charakteristisch für meso- und mikroskalige Untersuchungen.

Abschließend wird der Gefügestil bestimmt. Er ergibt sich in aus dem Verteilungsmuster der Tope oder Choren (Abb. 5.3-6).

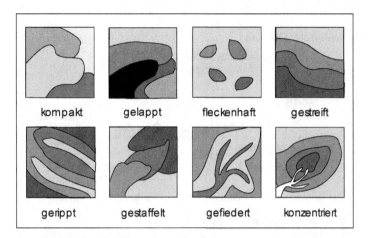

Abb. 5.3-6 Verteilungsmuster von Geotopen (nach Billwitz 1997 und Mannsfeld 1985)

Das Verteilungsmuster von landschaftlichen Einheiten kann regellos sein, wie beim Hochflächen- und Plattengefüge, oder gerichtet, wie beim Kuppen-, Rücken-, Hang- und Senkengefüge sowie beim Talgefüge.

5.3.5 Was sind Catenen? Wie kann man sie aufnehmen?

Gerichtete Verteilungsmuster lassen sich anhand von **Transekten** verfolgen. Das sind Profilschnitte quer zu den Formen des Reliefs. Gibt man die reliefbedingte Abfolge unterschiedlicher landschaftlicher Einheiten (Biotopsequenzen, Pedotopsequenzen u.ä.) typisiert wieder, dann handelt es sich um eine **Catena.** Die landschaftliche Ausstattung einer solchen Catena kann man durch eine **komplexe geoökologische Standortanalyse** unfassend ermitteln. Ein Beispiel dafür gibt Abb. 5.3-7. Mit der glazialen Serie hat sich ebenfalls eine regelhafte Standortabfolge ausgebildet. Diese Catena stellt Abb. 5.1-3 dar.

Eine Catena veranschaulicht die reliefbedingte Abfolge von Landschaften.

Vor der standortbezogenen Aufnahme der landschaftlichen Ausstattung einer solchen Catena wird bei der landschaftsökologischen Erkundung die reliefbedingte Abfolge von Merkmalen der Kompartimente im Gelände erfasst und gekennzeichnet. Das geschieht durch Feldarbeiten. Wird auf dieser Grundlage an repräsentativen Aufnahmeflächen (Tesserae, Econs) ein komplexe geoökologische Standortanalyse durchgeführt, kann man davon ausgehend, gleichartige Areale, Geotope und Ökotope, direkt abgrenzen.

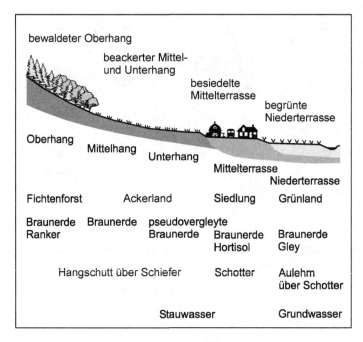

Abb. 5.3-7 Landschaftsökologische Catena an einem Talhang

Die Grenzen der Biotope, Pedotope, Pedohydrotope, Klimatope, Hydrotope decken sich oft nicht, denn der Inhalt dieser topischen Raumeinheiten wird unterschiedlich definiert.

Erfolgt allein eine geoökologische Differenzialanalyse, z. B. mit einer Relief-, Vegetations- und Bodenkartierung, ergänzt durch eine Aufnahme des Geländeklimas, müssen deren Ergebnisse kombiniert werden. Dabei ist ein Problem zu bewältigen: Die Grenzen der landschaftlichen Kompartimente decken sich nicht. Das ist durch unterschiedliche Typenbildungen in den landschaftskundlich arbeitenden bio- oder geowissenschaftlichen Disziplinen bedingt. Diese betrachten den Landschaftskomplex jeweils aus ihrer Sicht. Tab. 5.3-3 verdeutlicht, dass die Grenzen der Biotope, Pedotope sowie Pedohydrotope unterschiedlich verlaufen und sich im Beispielsgebiet (Abb. 5.3-7) lediglich die Klimatope an die Biotope anbinden lassen.

Charakteristische Merkmalskombinationen sind jedoch erkennbar. Im Beispielsgebiet stellt die Bewaldung des Oberhanges, sein Hangwasserregime und die dort auftretenden Braunerde-Ranker eine solche Merkmalskombination dar. Dem schließt sich der ackerbaulich genutzte Mittel und Unterhang mit örtlich pseudovergleyten Braunerden sowie Hang- und Stauwasserregime an. Die Mittelterrasse wird von einer Siedlung belegt, die Niederterrasse von Grünland über Braunerde-Gley mit Grundwasserregime.

Tab. 5.3-3 Abfolge topischer Einheiten an einem Talhang

Vege-tation	Fichten-forst	Intensivacker		Siedlung mit Begleit-grün	Intensiv-grünland
	Biotop 1	Biotop 2		Biotop 3	Biotop 4
Relief	Ober-hang	Mittel-hang	Unter-hang	Mittel-terrasse	Nieder-terrasse
	Morpho-top 1	Morpho-top 2	Morpho-top 3	Morpho-top 4-	Morpho-top 5
Ge-lände-klima	Warmer Hangbereich			Warmer Siedlungs-bereich	Frostge-fährdeter Talbereich
	Klimatop 1			Klimatop 2	Klimatop 3
Boden	Braun erde-Ranker	Braun erde	Pseudo-vergleyte Braun-erde	Braun-erde-Hortisol	Brau-nerde-Gley
	Pedo-top 1	Pedo-top 2	Pedotop 3	Pedotop 4	Pedotop 5
Boden den-wasser	Hangwasser-regime		Hang- und Stau-wasser-regime	Hang- / Sicker-wasser-regime	Grund-wasser-regime
	Pedohydrotop 1		Pedohyd-rotop 2	Pedo-hydrotop 3	Pedo-hydrotop 4
Land-schaft-skom-plex	bewalde-ter Ober-hang	landwirtschaft-lich genutzter Mittel- und Unterhang		Siedlung auf Mittel-ter-rasse	Grünland auf Nie-derter-rasse
	Nano-chore 1	Nanochore 2		Nanchore 3	Nano-chore 4

Die ausgeschiedenen Areale sind nicht homogen. Ihre Ausstattungsmerkmale sind aber ähnlich. Man kann sie als kleinste chorische Einheiten auffassen: als Nanochoren. Sie stellen in vielen Fällen die landschaftsökologische Bezugseinheit dar, mit der man auch bei großmaßstäbigen Untersuchungen die räumliche Differenzierung der Landschaftseigenschaften mit hinreichender Genauigkeit darstellen kann, ohne dass jeder Einzelstandort ausgeschieden werden muss.

5.4 Ökotone - die Grenzräume zwischen Landschaftseinheiten

5.4.1 Was sind Ökotone?

Grenzsäume zwischen Landschaftseinheiten bezeichnet man als Ökotone.

Jede Landschaftseinheit, sei es Top, Chore oder Region, hat Grenzen. Diese sind nur selten linienhaft ausgeprägt. Meist handelt es sich um einen Grenzsaum (vgl. hierzu Kap. 3.2). Diesen Übergang nennt man **Ökoton** (englisch *ecoton*, abgeleitet von griechisch oikos: Haushalt und tonos: Spannung). Nehmen wir als Beispiel die Waldgrenze in den Alpen. Wenn wir unter dem Dach des Bergwaldes bergauf steigen, sind wir von Föhren, Lärchen und Arven umgeben, die Luft ist kühl und das Sonnenlicht dringt nur hier und da bis zum Boden durch. Dann wird der Abstand der Bäume voneinander größer. Der Wald wird lichter. Wir haben den **Kernbereich** des Waldes verlassen und sind in das **Ökoton** eingetreten.

> **Ökotone** sind Zonen, in denen räumliche und zeitliche Veränderungen der ökologischen Struktur oder Funktion im Vergleich zur gesamten Landschaft sehr schnell und abrupt ablaufen (nach Hansen et al. 1992, S. 424).
> **Ökotone** sind Zonen des Überganges zwischen benachbarten Ökosystemen, die besondere Eigenschaften aufweisen, welche von Zeit und Raum definiert werden, sowie von der Stärke der Wechselwirkungen zwischen den benachbarten Systemen (di Castri und Hansen 1992, S. 6).

Legföhren lösen die Föhren ab. Bergheiden setzen ein. Nur kleine Baumgruppen und verkrüppelte Einzelbäume begleiten noch für eine Weile unseren Weg. Wind geht und die Lufttemperatur hat an besonnten Hängen merklich zugenommen. Dort ist der Oberboden trockener als im Wald. Nur die Senken, wo sich das Hangwasser staut, sind feucht und humusreich. Verändert haben sich nicht nur die Vegetation, sondern auch Bodeneigenschaften, Mikroklima, Grundwassereinfluss und die dort lebende Tierwelt.

Nutzflächen weisen in der Regel scharfe Grenzen, schmale Ökotone, auf. In naturnahen Landschaften überwiegen Randsäume, breite Ökotone.

In Mitteleuropa werden viele dieser Ökotone anthropogen beeinflusst. Sie sind schmal und bilden relativ scharfe Grenzen. Waldränder verlaufen linear, Flüsse sind begradigt. In einem natürlichen Ökosystem wird dieser Grenzbereich normalerweise nicht so scharf ausgeprägt sein. Dort nimmt die Baumdichte langsam ab, gefolgt von einzelnen Baumgruppen, bis schließlich nur noch hier und da ein verkrüppelter Baum zu sehen ist. Flüsse mäandern, sind umgeben von

Feuchtwiesen und Altarmen. Diese natürlichen Ökotone sind stabiler und benötigen keine ständige Energiezufuhr (Mähen der Wiese, Abholzen der Baumgruppen, Deichbau), um zu bestehen (vgl. hierzu auch Kap. 3.2).

Ebenso wie alle Landschaftseinheiten spezifischen Dimensionen zugeordnet werden können, lassen sich auch die Ökotone, die diese Landschaftseinheiten begrenzen, dimensionsabhängig betrachten, als kleine, mittelgroße und große Ausschnitte des Gebirges: makro-, meso- oder mikroskalig.

Ökotone weisen dimensionsspezifische Merkmale auf.

Stellen wir uns vor, dass wir am Tag nach unserem Aufstieg in einem Flugzeug über die Alpen fliegen (Abb. 5.4-1). Wir starten in einem breiten Trogtal. An dessen Rändern beginnt der Wald. Dann erkennen wir den Weg, auf dem wir nach oben gestiegen sind. Der Wald endet abrupt, so scheint es, wenn wir unsere Route aus der Ferne betrachten. Erst wenn wir näher kommen, sehen wir die Vorposten des Waldes genauer. Das Übergangsgebiet zwischen Wald und Bergheiden, das wir gestern erwandert haben, ist aus einer Linie zur Fläche geworden.

> Armand (1992, S.361) drückt es folgendermaßen aus:
> „Jede natürliche Grenze ist in Wirklichkeit eine Übergangszone, die auch wieder ihre eigenen zwei Grenzen hat. Diese Grenzen wiederum sind auch Übergangszonen mit eigenen Grenzen und so weiter. Die Lokalisierung einer natürlichen Grenze ist schon vom Prinzip her nicht exakt und daher von Konventionen bestimmt." (vgl. Abb. 5.4-1)

Das heißt: Ändert man die Betrachtungsebene, ändern sich auch die Charakteristika des Betrachtungsgegenstandes. Auf einer Übersichtskarte Norddeutschlands könnten wir unser kleinräumiges Ökoton nicht wiedererkennen, aber dafür können wir Ökotone und Landschaftseinheiten höherer Dimension ausgrenzen, z.B. die Grenzen zwischen Mittelgebirgen und norddeutscher Tiefebene oder den Übergang vom Land zum Meer. Obwohl wir Ökotone als Grenzen und Grenzräume auffassen, sind sie Teil des Kontinuums der Landschaftssphäre. Unser Gehirn funktioniert allerdings so, dass Unterteilungen unserer Umwelt nötig sind, um deren Komplexität in überschaubare Teile zu untergliedern. In diesem Sinne sind Ökotone als Grenzen dieser überschaubaren Teile anthropozentrisch definiert.

Ökotone können als Indikatoren für Veränderungen der Umwelt genutzt werden.

Die theoretische Notwendigkeit der Grenzziehung ergibt sich aus dem Hierarchieprinzip, denn die Einordnung untergeordneter Landschaftseinheiten in die nächsthöhere Ebene erfolgt durch die Grenzziehung. Beispielsweise stellen die externen Grenzen der Tope interne Grenzen für die Choren dar.

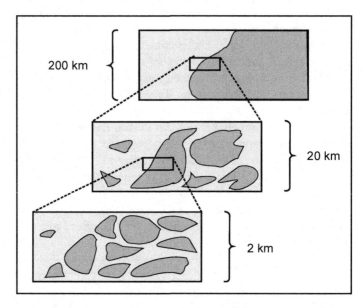

Abb. 5.4.-1 Skalenabhängigkeit von Ökotonen (nach Gosz 1992)

Warum ist ein Ökoton überhaupt von Interesse? Ökotone als Grenzbereiche sind direkt abhängig von Umwelteinflüssen und wenn diese sich verändern, wird das meistens am Ökoton zuerst erkennbar sein. Klimawandel als eine der großen Herausforderungen unserer Zeit beeinflusst alle Ökosysteme auf diesem Planeten. Während im Kernbereich jedes Ökosystems die Pufferkapazität gegenüber Umweltveränderungen relativ hoch ist, nimmt diese zum Ökoton hin stark ab. Nehmen wir als Beispiel den Übergang von Wüste zu Steppe und das mögliche Verhalten gegenüber einer Erwärmung in der Zukunft (natürliche Schwankungen plus anthropogener Treibhauseffekt).

Desertifikation ist ein großes Problem in weiten Teilen Afrikas. Pflanzen, die am Rande einer Wüste leben, werden direkt von jeder Veränderung des Niederschlagsregimes betroffen sein, während sich die Vegetation im Inneren des Steppengürtels an Veränderungen des Niederschlags besser anpassen kann. Das Ökoton, in diesem Fall der Übergangsbereich der Trockensteppe zur Wüste, ist ein deutlicher und früher Indikator, was bei weiterer Niederschlagsverringerung zu erwarten ist. Bestimmte Pflanzenarten verschwinden, die Bodenerosion nimmt zu, Weideland geht verloren.

Ein weiteres Beispiel ist der befürchtete weltweite Anstieg des Meeresspiegels. Wir werden die Auswirkungen natürlich sofort und am deutlichsten im unmittelbaren Küstenbereich sehen, der Grenze zwischen Land und Meer. **Ökotone** können also als **Frühwarnsysteme** für Umweltveränderungen genutzt werden.

5.4.2 Ökotone in Raum und Zeit

Ökotone sind Landschaftsräume. Ihre Existenz hat aber auch eine zeitliche Dimension. Übergangsphasen in der Evolution eines Landschaftsökosystems können verschiedene stabile Phasen trennen (vgl. Kap. 5.2 und 5.3). Ein Fluss verändert sich ständig, transportiert Sedimentfracht, reagiert auf wechselnde Niederschläge. Was heute ein aktiver Teil des Flusslaufes ist, kann in ein paar Jahren zum Altarm werden. Die Übergangsphase von fließendem zu stehendem Wasser kann man als Ökoton in der Zeit auffassen. Zunächst bekommt der neue Altarm bei Hochwasser noch häufig Frischwasserzufuhr, aber im Laufe der Zeit werden diese Ereignisse seltener, bis irgendwann das Stadium eines Altarms erreicht ist. Der einst aktiv fließende Teil des Flusses ist in ein stehendes Gewässer übergegangen und dieser Übergang zwischen den beiden stabilen Phasen fließendes Wasser - stehendes Gewässer ist ein Ökoton in der Zeit.

Neben der räumlichen Dimension weisen Ökotone eine zeitliche Dimension auf.

In Ökotonen erfolgt der Austausch von Stoffen, Energie und Information zwischen verschiedenen Landschaftseinheiten.

5.4.3 Funktion von Ökotonen

Ökotone vermitteln den Transfer von Stoffen, Energie und Information zwischen benachbarten Landschaftseinheiten. Barriereeffekte beeinflussen bzw. beeinträchtigen dabei den Austausch von Stoffen zwischen einzelnen Bestandteilen der Landschaft. Zwei Beispiele von temporären Ökotonen sollen das belegen:

1. Eine Inversionswetterlage mit kalter Luft in Tälern und wärmerer übergelagerter Luft führt zu erhöhten Konzentrationen von Rußpartikeln und Schadstoffen im Tal.
2. Bei einer *El-Nino* Lage wird Warmwasser vor der Westküste Südamerikas nicht nach Westen abgezogen und dadurch das Aufsteigen kalten, sauerstoff- und nährstoffreichen Wassers verhindert, was verheerende Auswirkungen auf den Fischfang haben kann.

5.4.4 Wie findet man Ökotone?

Statistisch gesehen findet man eine Grenze dort, wo die meisten Veränderungen vorkommen (vgl. Kap. 3.2.), oder die höchste Veränderungsrate auftritt (Burrough 1986).

Mit der Entwicklung von Geographischen Informationssystemen (GIS) ist die Analyse von räumlichen Daten zu einem der Grundwerkzeuge der Landschaftsforschung geworden. Auch die Erkennung von Ökotonen kann auf dieser Basis erfolgen, ergänzt durch die statistische Auswertung von Zeitreihendaten oder Flächendaten.

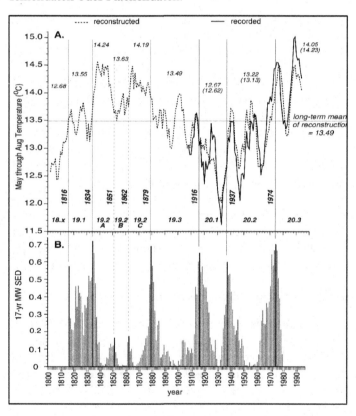

Abb. 5.4-2 Bestimmung von Ökotonen in der Zeit mit „Moving-split-window" Analyse (aus Barber et al. 2003)

Ökotone gliedert man dort aus, wo die Veränderungsrate von Landschaftsmerkmalen am größten ist.

Barber et al. (2003) benutzten Baumringe zur Bestimmung von Klimaregimen in Alaska. Die Zeitreihe der Breite der jährlichen Baumringe wurde mit einem *"moving-split-window"* analysiert, um Zeitpunkte zu bestimmen, an denen die Breite der Baumringe die stärkste Veränderung aufwies. In Abb. 5.4.-2 wurde ein „*moving-split window*" mit 17 Jahren als Fensterbreite gewählt. Zeitpunkte hoher Veränderung werden durch *peaks* dargestellt. In den Jahren der *peaks* veränderte sich das Klimaregime im Inneren Alaskas. In den letzten 200 Jahren fanden sechs große Klimaregimewandel statt, der letzte in 1974. Seit 1974 herrscht das heißeste und trockenste Klima der letzten 200 Jahre. Auch Flächendaten können mit dieser Methode analysiert werden (Abb. 5.4.-3). Hier wird das Fenster zweidimensional und Werte des Zentralpixels mit den umliegenden Werten verglichen.

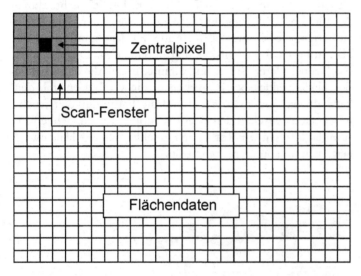

Abb. 5.4-3 *„Moving split window"* Analyse für räumliche Daten

Der Wert des Zentralpixels wird dann durch einen Wert ersetzt, der ausdrückt, wie groß der Unterschied zwischen den umliegenden Werten und dem Wert des Zentralpixels ist. Zonen von Wertesprüngen oder Räume großer Veränderung spiegeln sich in hohen Werten wider, während homogene Werteverteilung im Messfenster zu niedrigen Werten führt.

Neben dem „*moving split window*" können Flächendaten auch durch andere Methoden analysiert werden, aber das Grundprinzip der Ökotonerkennung bleibt, dass bei Zeitdaten der Zeitpunkt von Veränderungen und bei Raumdaten der Ort von Veränderungen bestimmt wird.

5.5 Ökologische Funktionen

5.5.1 Woran erkennt man ökologische Funktionen?

Ökologische Funktionen ergeben sich aus Prozessen und Prozessgruppen.

Landschaften haben einen eigenen saisonalen Rhythmus. Besonders eindrucksvoll ist er an der Kreideküste auf Rügen ausgeprägt. Hier, unter den Buchen der Stubbenkammer nördlich Saßnitz, kündigt sich im Frühjahr die kommende Vegetationsperiode zunächst in der Krautschicht durch Anemonen, Schlüsselblumen, Waldmeister oder Bingelkraut an, Arten, die bis zur vollen Belaubung der Baumkronen die Hauptphasen ihrer Entwicklung durchlaufen. Dann kommt das Grün anderer Gräser und Kräuter hinzu, die die Schatten des Hallenwaldes besser vertragen, die Orchideen, die den kalkhaltigen Boden anzeigen, und die Farne, die den feuchten Senken zwischen den Kreideschuppen folgen. Schließlich sind die Kronen der Rotbuchen geschlossen, der Hallenwald zeigt sich im sommerlichen Grün.

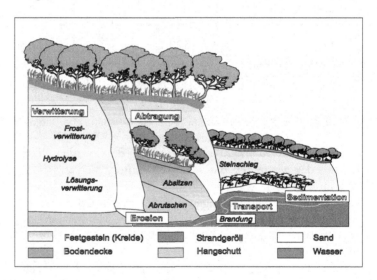

Abb. 5.5-1 Prozesse an der Steilküste Rügens

Das Wasser in dem feinporigen Kreidekalk war im Winter gefroren. Es ist aufgetaut und auf diese Weise hat sich der Gesteinverbund gelockert. Das begünstigt die Ausbreitung der Baumwurzeln, aber auch den Abbruch des Steilufers und das Abrutschen von Kreideschollen hinein in die Ostsee. Wanderwege müssen verlegt oder neu gesichert werden. Veränderungen der Küstenlinie sind genauso ein Ausdruck **ökologischer Funktionen** wie die Begrünungsphase im

sommergrünen Laubwald. Diese zeugt von der Lebensraumfunktion des Waldes. Küstenabbruch und Küstenaufbau
dokumentieren die Entwicklung- und Regenerationsfunktion
einer Landschaft am Meer (Abb. 5.5-1).

In Funktionen kommt das Vermögen einer Landschaft zum
Ausdruck, Prozesse auszulösen und in Gang zu halten.
Funktionen sind auch das Ergebnis dieser Prozesse (Brandt
und Vejre 2004). Dabei bewahren ökologische Funktionen
das Fließgleichgewicht der Landschaft (vgl. Kap. 3.4). Sie
stellen auf diese Weise **Protektivfunktionen** (Haber 1979)
dar.

Beispielsweise wird die Lebensraumfunktion einer Landschaft durch die pflanzliche Stoffproduktion gewährleistet.
Strahlungs-, Gas-, Wasser- und Stoffumsatz ermöglichen
Photosynthese, Assimilation, Dissimilation, Wasserzufuhr
durch Diffusion oder Osmose sowie Ionentausch (Abb. 5.5.-
2). Sind dafür ausreichende Voraussetzungen vorhanden,
können die Bäume in die Höhe wachsen und anderen Pflanzen durch ihre Höhe das Licht und durch die hohe Saugkraft
ihrer Wurzeln das Wasser und die Nährstoffe nehmen. Der
Wald ist nunmehr konkurrenzfähig.

> Die Lebensraum-
> funktion der Land-
> schaft gründet
> sich auf die
> pflanzliche Stoff-
> produktion.

> In Funktionen
> kommt das Ver-
> mögen einer
> Landschaft, Pro-
> zesse auszulösen
> und aufrecht zu
> erhalten, zum
> Ausdruck. Funk-
> tionen sind auch
> das Ergebnis die-
> ser Prozesse.

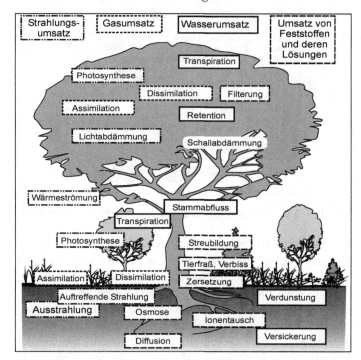

Abb. 5.5.-2 Prozessgruppen und Prozesse, die für die Lebensraumfunktion eines Waldes von Bedeutung sind.

Struktur und Funktion stehen auch hier in enger Beziehung zueinander. Je größer die Blattfläche ist, desto mehr Strahlungsenergie kann in den Bäumen absorbiert werden, desto weniger Licht trifft auf die Krautschicht und desto größer ist die Verdunstungsfläche der Bäume. Je stärker die Baumschicht gegliedert sind, desto vielfältigere Wohnplätze bietet der Wald dem Wild an, desto mehr wird ein spezifisches Waldklima ausgebildet. Der Boden wird abgeschirmt. Niederschlag wird durch Retention zurückgehalten. Extrema der Beleuchtung und der Temperatur sowie Schallwirkungen werden gemindert. Staubeinträge werden gefiltert.

5.5.2 Welche Beziehungen gibt es zwischen den verschiedenen ökologischen Funktionen?

Ökologische Funktionen greifen ineinander. Sie gründen sich auf ein Netzwerk von Prozessen, die den Landschaftshaushalt regulieren (Abb. 5.5-3).

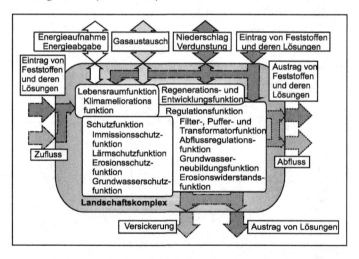

Abb. 5.5-3 Landschaftshaushalt und ökologische Funktionen

Im Landschaftshaushalt erfolgt ein Umsatz von Energie, Wasser, gelösten, gasförmigen und Feststoffen durch biotische und abiotische Prozesse.

Der Landschaftshaushalt ergibt sich aus dem Umsatz von Energie, Wasser, gasförmigen sowie Feststoffen und deren Lösungen im Landschaftskomplex (vgl. Kap. 3.2). Das geschieht durch biotische wie durch abiotische Prozesse. Für die Lebensraumfunktion sind biotische Prozesse von vorrangiger Bedeutung: Assimilation und Dissimilation, Zellstoffwechsel, Nährstoffaufnahme und Ballaststoffabgabe der Pflanzen. Hinzu kommen abiotische Prozessabläufe wie Wassertransfer und Ionentausch. Beide Prozessgruppen, die biotischen wie die abiotischen, ermöglichen die pflanzliche

Stoffproduktion. In Verbindung mit Verwitterung, Abtragung und Sedimentation sind sie auch für die Regenerations- und Entwicklungsfunktion der Landschaft von Bedeutung.

Abiotische Prozesse, deren Wirksamkeit erheblich von Standorteigenschaften abhängt, bestimmen die Regulationsfunktionen der Landschaft. Beispielsweise ist das Filter-, Puffer- und Transformationsvermögen von der Körnung des Substrates abhängig. Diese beeinflusst auch den Erosionswiderstand und die Grundwasserneubildung. Derartige Standorteigenschaften gehen auch in die Schutzfunktionen der Landschaft: das Vermögen, sich gegen äußere Einwirkungen abzuschotten.

5.5.3 Ansätze für eine Bilanz

Versucht man, den Umsatz von Energie, Wasser, Gas sowie Feststoffen und deren Lösungen zu bilanzieren, so zeigt sich fast überall, dass der Haushalt einer Landschaft nicht ausgeglichen ist. Er weist räumliche und zeitliche Ungleichgewichte auf. Das gilt sowohl im kleinräumigen als auch im großräumigen Vergleich. Es betrifft nicht nur die langjährigen Mittel, sondern die Veränderungen im Wechsel der Jahre und der Jahreszeiten.

Der Landschaftshaushalt ist in der Regel nicht ausgeglichen. Es gibt räumliche und zeitliche Unterschiede in der Energie-, Wasser- und Stoffbilanz.

Betrachtet man die abiotische Feststoffbilanz, so ist offenkundig, dass Reliefunterschiede Denudation und Erosion bewirken. Diese Prozesse sorgen dafür, dass ein Gipfelstandort beständig an Verwitterungsschutt verliert. Am Hangstandort wird dieses Material transferiert, zeitweise mit einem positiven, zeitweise mit einem negativen Saldo. Abgesetzt wird es im Tal. Dort ist die Bilanz positiv. Gleiches gilt für den Hangwasserfluss, trotz aller Schwankungen von Jahr zu Jahr und im Laufe eines Jahres.

Die Bilanz der biotischen Stoffproduktion unterliegt auf dem größten Teil des Festlandes der Erde einem jahreszeitlichen Rhythmus. In den wechselfeuchten Tropen dominieren beispielsweise in der Regenzeit Assimilationsprozesse. Mit der Photosynthese wird gasförmiges CO_2 aus der Luft aufgenommen, O_2 abgegeben. Wasser und Nährstoffe werden über die Wurzeln zugeführt. Beim Einsetzen der Trockenzeit steigen die Temperaturen an. Wasser geht zur Neige. Es überwiegen Dissimilationsvorgänge, deren Temperaturoptimum höher liegt als das der Photosynthese. O_2 wird nun aus der Luft aufgenommen, CO_2 abgegeben. Dieser Prozess wird allerdings bei weiter steigenden Temperaturen gedrosselt. Das schafft Voraussetzungen für das Überleben der

Funktionen kön-
nen sich auch auf
wirtschaftliche
oder soziale
Ansprüche des
Menschen an die
Landschaft
beziehen.

Pflanzen während der Trockenzeit. Die Stoffbilanz der Pflanzen ist während der Regenzeit positiv, während der Trockenzeit negativ.

Neben ökologischen Funktionen kann man solche ausweisen, die sich auf wirtschaftliche oder soziale Ansprüche des Menschen an die Landschaft beziehen (vgl. Kap. 6.1). Sie werden jedoch unter Nutzungsaspekten definiert und sind damit inhaltlich nicht ökologischen Funktionen gleichzusetzen.

5.5.4 Was kann und muss ich messen?

Funktionen ergeben sich aus Prozessgruppen. Diese bilden Prozessgefüge, die man systematisieren kann (Abb. 5.5-4).

Funktionen sind
das Ergebnis der
Wirkung von
Prozessgruppen.
Diese kann man
nicht quantifizie-
ren, nur einzelne
Prozesse, die für
die jeweilige
Funktion von
Bedeutung sind.

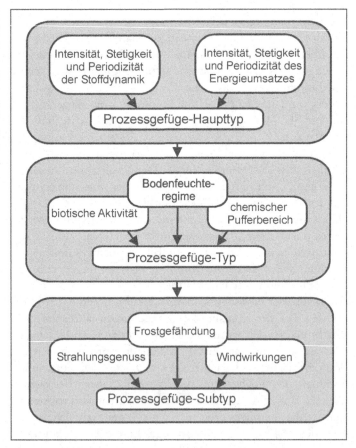

Abb. 5.5.-4 Prozessgefüge (nach Zepp 1994, verändert)

Das heißt, ausgehend von der jeweiligen Problemstellung, sind die Prozessgrößen (vgl. Tab. 5.2-2) auszuwählen, die untersucht werden sollen. Danach ist zu prüfen, ob und in welcher Weise dies messtechnisch realisiert werden kann.

Funktionen kann man nicht direkt quantifizieren, wohl aber Prozesse, die diese Funktionen tragen, und die Rahmenbedingungen, unter denen diese Prozesse ablaufen.

Beispielsweise kann der **Einfluss von Witterung und Klima auf die Lebensraumfunktion** eines Standortes über den Strahlungs- , Wasser- und Stoffumsatz und dessen Auswirkungen auf den Bodenzustand und die pflanzliche Stoffproduktion im Gelände ermittelt werden. Den Gasaustausch kann man nur im Labor bestimmen.

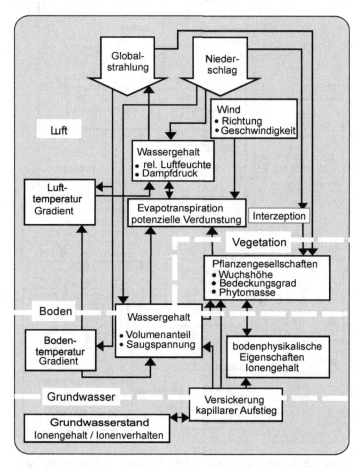

Abb. 5.5-5 Messgrößen für eine geoökologische Standortanalyse zur Erfassung des Einflusses von Witterung und Klima auf die Lebensraumfunktion (nach Krüger et al. 2001)

Einen Ansatz dafür (Abb. 5.5-5) galt es im Rahmen einer geoökologischen Standortanalyse zur Erfassung und Beschreibung des Landschaftszustandes während der Sommer 1997 - 1999 an Standorten im Becken des Salzsees Uvs Nuur und seines westlichen Gebirgsrandes (Nordwest-Mongolei) zu erarbeiten. Unter anderem war von Interesse, inwieweit in extrem heißen und trockenen Sommern Lebensraumfunktionen aufrechterhalten werden. Das Ergebnis der Messung von Regelgrößen des Landschaftszustandes in der Halbwüste gibt zusammenfassend Abb. 5.5-6 wieder. Es bezieht sich auf den Zeitraum vom 23.06. bis zum 08.09. 1998.

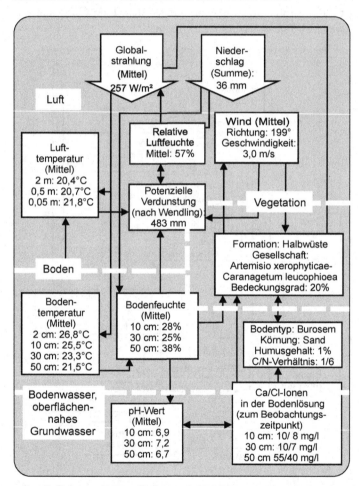

Abb. 5.5-6 Messwerte zur Kennzeichnung des Einflusses von Witterung und Klima auf die Lebensraumfunktion eines Standortes in der mongolischen Halbwüste am Salzsee Uvs Nuur während des Sommers 1998 (nach A. Barsch 2004)

Allerdings kann die Interpretation der **Messergebnisse** nicht nur auf die Mittelwerte aufbauen, die in Abb. 5.5-6 dargestellt worden sind, sondern muss sich auf Daten zum Witterungsablauf während des gesamten Untersuchungszeitraumes gründen. Wie man sieht, konnten nicht alle Werte, die laut Messansatz ermittelt werden sollten, tatsächlich erfasst werden. Das gilt beispielsweise für die Phytomasse des Standortes und die aktuelle Verdunstung. Einige andere Daten, wie die Bodenreaktion und der Ionengehalt in der Bodenlösung, konnten nur an Stichproben bestimmt werden. Für die meteorologischen Daten und für die Bodenfeuchtewerte liegen dagegen Messreihen vor. Sie zeigen, dass während des Sommers 1998 die potenzielle Verdunstung mehr als das Zehnfache des Niederschlages betrug und damit auch für die weitgehend trockenheitsresistenten Beifußsträucher *(Artemisia pectinata)*, Federgras- und Laucharten kritische Lebensbedingungen herrschten. Kommt Überweidung hinzu, nehmen vor allem die Anteile des Federgrases und der Laucharten ab. Der Bedeckungsgrad sinkt unter 20% und die Polster von *Nanophyton erinaceum* dominieren.Mit Hilfe von **mathematisch-statistischen Verfahren** lassen sich die gemessenen Daten bündeln. Durch eine Clusterung der Messwerte kann man Zeiträume ausscheiden, in denen die Gesamtheit der Messwerte bestimmte Zustandsformen der Landschaft anzeigen, beispielsweise extreme Trockenphasen oder relativ feuchte Perioden.

Die Clusteranalyse der witterungsklimatischen Daten des Halbwüstenstandortes am Salzsee Uvs Nuur ergab (Abb. 5.5-7), dass im Sommer 1998 extreme Trockenheit (Zustandsform 2) an 62 der 78 Beobachtungstage herrschte, zumeist trockene Zeiträume (Zustandsform 3) an 14 Tagen auftraten, und an lediglich an 2 Tagen nennenswerte Niederschläge zu verzeichnen waren (Zustandsform 1). Während der 62 extrem trockenen Tage fiel insgesamt 14 mm Niederschlag, ebenso viel in den etwas feuchteren 14 Tagen.

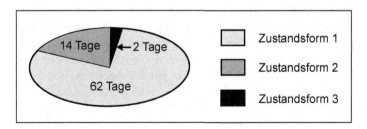

Abb. 5.5-7 Andauer von landschaftlichen Zustandsformen eines Standortes in der mongolischen Halbwüste am Salzsee Uvs Nuur während des Sommers 1998 (nach A. Barsch 2004)

Die Auswirkung von Prozessen lässt sich an landschaftlichen Zustandsformen erkennen.

Die beiden Regentage erbrachten 10 mm Niederschlag. Das heißt, dass während des größten Teil des Sommers 1998 die Lebensraumfunktion dieses Standortes kaum oder gar nicht gewährleistet war. Überweidung führt unter diesen Umständen zur Desertifikation.

5.5.5 Wie werden prozessbezogene Bilanzen entwickelt?

Funktionen vereinen in sich unterschiedliche Prozessgruppen. So wird die Lebensraumfunktion eines Standortes von Prozessen des Energie-, Wasser- und Stoffumsatzes gleichermaßen getragen. Für sich genommen, können diese Prozesse bilanziert werden. Dabei geht man von der Energie- und Wasserbilanz aus. Man schafft dadurch Grundlagen für die anschließende Stoffbilanz.

Die Energiebilanz leitet sich aus der Strahlungsbilanz und der Bilanz von Wärmeflüssen ab.

Die **Energiebilanz** ergibt sich aus der Strahlungsbilanz, aus der Bilanz des Flusses fühlbarer und latenter (an Wasserdampf gebundener) Wärme in der bodennahen Luft sowie aus der Bilanz der Wärmeflüsse in Bestand und Boden. Sie lassen sich mit Strahlungsbilanzmesser, Thermometer, Psychrometer messend erfassen bzw. aus Temperaturunterschieden berechnen.

Die bedeutendste Größe im Energiehaushalt der Landschaft ist die Strahlungsbilanz (Einstrahlung/Ausstrahlung). Daneben spielt der latente Wärmefluss vor allem in Waldgebieten eine Rolle, der fühlbare Wärmefluss im Offenland. Boden- und Bestandswärmefluss sind nur von untergeordneter Bedeutung. Bei einer ausgeglichenen Energiebilanz ist die Strahlungsbilanz positiv, die Bilanz der Wärmeflüsse dagegen negativ. Die Einstrahlung ist damit die wichtigste Energiequelle der Landschaft (Abb. 5.5-8).

Zur Wasserbilanz gehören Bestands- und Bodenwasserbilanz sowie Oberflächenwasser- und Grundwasserbilanz.

Mehr als die Energiebilanz, die meistens standortbezogen ermittelt wird, bezieht sich die Untersuchung der **Wasserbilanz** sowohl auf topische als auch auf chorische Areale. Einzelstandorte, wie Ökotope, Geotope, Biotope oder Pedotope, stellen Bezugsräume für die Erarbeitung von Bestands- oder Bodenwasserbilanzen dar. Auf Geochoren bezieht sich Bilanzierung des Haushaltes von Einzugsgebieten, von Seen oder von Grundwasserkörpern.

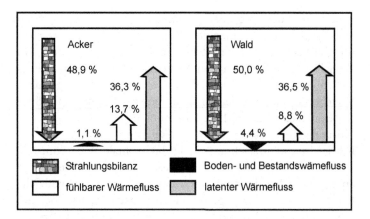

Abb. 5.5-8 Komponenten der Energiebilanz 1990 von Testgebieten in Schleswig Holstein (nach Hinrichs und Kraus in Hörmann et al. 1992)

Niederschlag, Verdunstung und Versickerung, Zu- und Abfluss stellen Hauptgrößen des Wasserhaushaltes dar (Abb. 5.5-9). Je größer die Bezugsräume werden, desto höher ist der Einfluss lateraler Wasserbewegungen auf die Wasserbilanz. In humiden Gebieten kann man erwarten, dass der Niederschlag die bestimmende Größe des Wasserdargebotes wird, in ariden Gebieten ist es der Zufluss.

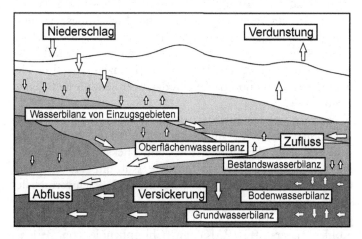

Abb. 5.5-9 Gebietliche Wasserbilanzen und deren Komponenten

Als Messgeräte werden u. a. Niederschlags- und Verdunstungsmesser sowie Durchflussmesser und Sonden zur Bestimmung der Bodenfeuchte eingesetzt.Hinzu kommen Lysimeter zur Bestimmung der Versickerung und Pegel zur Beobachtung des Oberflächen- oder Grundwasserspiegels.

Es ist aber auch mit einer umfangreichen Geräteausstattung kaum möglich, alle einzelnen Prozesse des Wasserumsatzes im Gelände messend zu erfassen. In der Regel leitet man deshalb Wasserbilanzen von Modellen ab, in die neben Prozessdaten auch Strukturmerkmale eingehen. Dazu gehören Speichergrößen, wie der Kronenraumspeicher im Wald oder der Bodenspeicher, und die Landnutzung.

Normalerweise lässt sich der vertikale Wasserumsatz wesentlich leichter kennzeichnen als der horizontale Wasserumsatz. Auch die Extrapolation vertikaler Umsatzwerte lässt sich anhand von Landnutzungs- und Bodenkarten nachvollziehbar durchführen. Dagegen sind die Unsicherheiten bei der Übertragung von punktuell erhobenen Daten des Grundwasserflusses auf die Fläche wesentlich größer, da normalerweise keine detaillierten Kenntnisse über die Beschaffenheit des Untergrundes vorliegen.

Eng verbunden mit dem Wasserhaushalt ist der **Stoffhaushalt**. Wasser ist in vielen Fällen das Transportmedium. Es ermöglicht chemische Reaktionen und physiologische Prozesse. Das ist in allen Stockwerken und Schichten des Landschaftskomplexes der Fall. Eine Untersuchung dieser Stoffflüsse ist allerdings sehr aufwendig. Sie muss sich in der Regel auf spezielle Fragestellungen und auf die dafür erforderlichen Schlüsselparameter konzentrieren (Grunewald 1999). Im großen Rahmen kann sie nur bei Forschungsverbundvorhaben durchgeführt werden (Abb. 5.5-10). Beispielgebend dafür sind u.a. die Untersuchungen an der Bornhöveder Seenkette in Schleswig-Holstein (Fränzle 1991, Fränzle und Müller 1991) und das Weiherbach-Projekt im Kraichgau (Plathe 1992).

Stoffbilanzen kennzeichnen den Umsatz von mineralischen und organischen Nähr- oder Schadstoffen.

Angestrebt werden Bilanzen beispielsweise für mineralische oder organische Nähr- und Schadstoffe. Bei den Nährstoffen sind vor allem die Kohlenstoff- und Stickstoffbilanz sowie die Bilanz von Mineralstoffen, wie Natrium, Kalium und Calcium, von Interesse. An Schadstoffen sind Schwermetalle sowie chlorierte und aromatische Kohlenwasserstoffe, wie polychlorierte Biphenyle (PCB), polyzyklische aromatische Kohlenwasserstoffe (PAK) und Chlorphenole von Bedeutung.

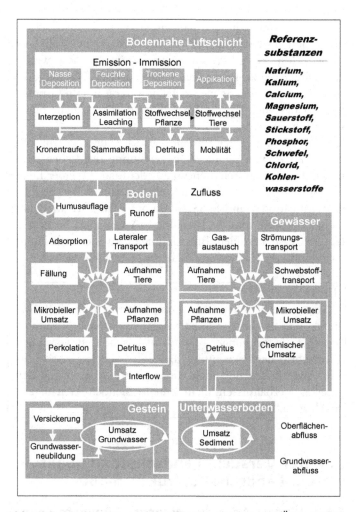

Abb. 5.5-10 Wasser- und Stoffflüsse, die bei der Ökosystemforschung in der Bornhöveder Seenkette/Schleswig-Holstein
bearbeitet wurden (nach Müller in Hörmann et al. 1992)

Alle Stoffbilanzen erfordern eine Vielzahl von Arbeitsschrit-
ten, denn der Stoffumsatz setzt sich aus zahlreichen einzelnen Prozessen zusammen. Beim Kohlenstoffhaushalt sind
Prozesse der pflanzlichen Stoffproduktion und der Humifi-
zierung zu untersuchen. Für den Stickstoffhaushalt müssen
Stickstoffeintrag (aus der Luft und durch Düngung) und

Stickstoffaustrag (durch Pflanzenentzug und Auswaschung) unter Berücksichtigung des Stickstoffumsatz in Pflanze und Boden (Mineralisation und Nitrifikation) saldiert werden. Ähnliche Ansätze gelten der Erfassung des Natrium-, Kalium- Calcium- und Schwermetallumsatzes. In den Grundzügen gilt das auch für die Ermittlung des Verhaltens organischer Schadstoffe.

Die Interpretation der Energie-, Wasser- und Stoffbilanzen ist in erster Linie für die Kennzeichnung der Lebensraumfunktion von Landschaften von Bedeutung. Darüber hinaus ermöglicht sie in vielen Fällen eine genauere Beschreibung der Regulations- und Schutzfunktion. Man darf aber dabei nicht vergessen, dass die Vielfalt und Variabilität der beteiligten Prozesse bei allen Bilanzierungen zu Vereinfachungen zwingt und die Bilanzwerte Näherungsangaben darstellen.

Ernst Neef (1967, S. 45)
"Aber innerhalb eines so kompliziert aufgebauten Systems, wie es die Landschaft darstellt, ist die Ermittlung von Größenordnungen, Trends usw. schon ein gewaltiger Fortschritt der Erkenntnis. Man sollte das erreichbare Ziel ins Auge fassen und nicht einer unerreichbaren und den reellen Verhältnissen nicht entsprechenden Genauigkeit nachjagen."

5.6 Der Versuch, Landschaft zu quantifizieren: Landschaftsstrukturmaße

5.6.1 Was sagt das aus: Mensur, Raumheterogenität und Diversität?

Raumheterogenität ergibt sich aus Zahl und Größe der raumstrukturellen Basiseinheiten. Sie ist nicht der inhaltlichen Heterogenität gleichzusetzen.

Die inneren Maßverhältnisse von Landschaftsgefügen, auch als Mensur bezeichnet, sind anhand der Größe, Form und Anordnung ihrer raumstrukturellen Basiseinheiten (vgl. Kap. 5.3) quantitativ gekennzeichnet worden. Handelt es sich bei den Basiseinheiten um Tope, berechnet man deren Flächengrößen (Mittel, Extrema), ihre Verbreitungsdichte (Tope/km²) und ihren Deckungsgrad (Häufigkeit des Auftretens/Gesamtfläche).

Der Anteil von Leittopen an der Gesamtfläche beschreibt die Raumheterogenität. Als **Leittope** werden dabei die flächengrößten Tope aufgefasst (Tab. 5.6-1). Sinngemäß kann die Bestimmung der Raumheterogenität auch auf Choren bezogen werden.

Tab. 5.6-1 Maße der räumlichen Heterogenität

	Gesamtzahl der Geotope im Land-schaftsgefüge		
	1-4	5-10	>10
1 Leittop: >80% Flächenanteil	**schwach heterogenes Gefüge**		
1 Leittop: 40-80% Flächenanteil		**heterogenes Gefüge**	
2 Leittope: zusammen > 60% Flächenanteil			
3 und mehr Leittope mit je 15-25% Flächenanteil		**stark heterogenes Gefüge**	

Raumheterogenität ist nicht identisch mit **inhaltlicher Heterogenität**. Wenn zwei oder drei Leittope existieren, dann können diese sowohl Ähnlichkeitsreihen (Parabraunerden und Fahlerden auf einer Hochfläche) als auch Gegensatzpaaren (Gehölzen und Großseggen in einer Senke) angehören.

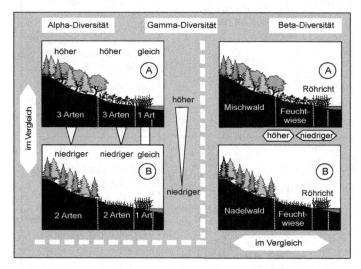

Zur Kennzeichnung der inneren Gliederung von Flora und Fauna unterscheidet man die α-Diversität als Artendiversität, die β-Diversität als strukturelle Diversität und die γ-Diversität als räumliche Diversität.

Abb. 5.6-1 Biodiversität im Vergleich

Räumliche und inhaltliche Heterogenität lassen sich auch mit dem Begriff der **Diversität** kennzeichnen. Dieser wird vor allem bei der Kennzeichnung der **Biodiversität** genutzt (Abb. 5.6-1). Die Arten-Diversität (α-Diversität, Ausdruck der Vielfalt der Arten, der Lebensgemeinschaften oder Gilden) kann wie die β-Diversität, die strukturelle Diversität (beispielsweise bedingt durch die unterschiedliche Ausbildung der Vegetationsschichten), und γ-Diversität, die räumliche Diversität (abgeleitet aus dem Gefüge unterschiedlicher Biotope) mit speziellen Diversitätsindizes ermittelt werden. Gebräuchlich sind für die Bestimmung der α-Diversität und der γ-Diversität beispielsweise der *Shannon-Weaver-Index* oder der Simpson-Index, für die Bestimmung der β-Diversität beispielsweise der *Jaccard-Index* oder der *Sörensen-Index* (Nentwig et al. 2004, Tab. 5.6-2). Es sei explizit darauf hingewiesen, dass man Diversität nur im räumlichen (oder zeitlichen) Vergleich analysieren kann. Auf regionaler Ebene lassen sich z.B. die Zusammenhänge zwischen Landnutzung und Diversität beschreiben (Beierkuhnlein 1999).

Tab. 5.6-2 Beispiele für Diversitätsmaße

Diver-sitäts-index	Formel	Erläuterung
Shannon-Weaver-Index	$$H_S = -\sum_{i=1}^{S} p_i \ln p_i$$ S: Gesamtzahl der Arten p_i: relative Häufigkeit der Art	Der Index berücksichtigt Artenzahl und deren Verteilung innerhalb eines untersuchten Lebensraumes und drückt dabei lediglich einen Wahrscheinlichkeitswert aus.
Simpson-Index	$$D = 1 - \sum_{i=1}^{S} (p_i)^2$$ (S, p_i wie oben)	Der Index reagiert besonders empfindlich auf Veränderungen der häufigsten Arten.
Jaccard-Index	$$C_J = \frac{a}{a+b+c}$$ a: Anzahl der Arten die in Lebensraum A und B vorkommen b: Anzahl der Arten, die in A aber nicht in B vorkommen c: Anzahl der Arten, die in B aber nicht in A vorkommen	Der Index berücksichtigt nur die Anzahl der Arten, nicht deren Abundanz und stellt die einfachste Möglichkeit zum Vergleich der Ähnlichkeit dar.
Sörensen-Index	$$S = \frac{2j}{a+b} \times 100$$ j: Anzahl der Arten, die in A und B vorkommen a: Gesamtartenzahl in A b: Gesamtartenzahl in b	Der Index ist ein Maß für die prozentuale Ähnlichkeit zwischen zwei Lebensräumen.

5.6.2 Welche GIS-gestützten Landschaftsstrukturmaße gibt es und wie kann man sie berechnen?

Die Einführung von Geographischen Informationssystemen (GIS) ermöglichte seit Ende der 1980er Jahre die Entwicklung einer Vielfalt von Landschaftsstrukturmaßen. Das geschah in erster Linie in den USA. Es wurden Landschaftsstrukturmaße (*landscape metrics*) geschaffen (O'Neill et al. 1988), die Aussagen dazu erlauben, wie sich natürliche und anthropogen initiierte Änderungen der Landschaftsstruktur auf Habitatqualität, Biodiversität und Stofftransportmechanismen auswirken.

Inzwischen gibt es eine Reihe von Programmen, mit denen sich die Berechnung von Landschaftsstrukturmaßen automatisieren lässt (FRAGSTATS: McGarigal und Marks 1995, METRICS: Rami 1997).

In diesem Zusammenhang wird der Begriff *patch* für alle Landbedeckungs- oder Landnutzungseinheiten herangezogen, die in Abhängigkeit vom Betrachtungsmaßstab und räumlicher Datenauflösung als homogen wahrgenommen werden (Blaschke 1999). Der unmittelbare Bezug zu Landbedeckung und Flächennutzung wird deshalb in den Vordergrund gestellt, weil Landbedeckung und Flächennutzung eine Schnittstelle zwischen natürlichen Bedingungen und anthropogenem Einfluss darstellen.

In Landschaftsgefügen jeglicher Art kann man Hierarchien erkennen. Ein Wald gliedert sich in Laub-, Mischwald- und Nadelwaldbestände sowie Lichtungen. In einem Agrargebiet sind Acker- und Grünlandflächen ebenso wie dörfliche Siedlunge und Gehöfte anzutreffen. Die jeweils übergeordnete Einheit stellt die Bezugsbasis für die Berechnung der Landschaftsstrukturmaße dar. In der Landschaft sind als Landschaftselemente beispielsweise individuelle Wiesen, Felder, Gewässer oder Siedlungsflächen vorhanden.

Die Gesamtheit der Landschaftselemente des gleichen Typs bildet eine Klasse, und die gesamte Landschaft setzt sich aus den verschiedenen Klassen zusammen. Der betrachtete Landschaftsausschnitt wird demnach hierarchisch gegliedert in Landschaftselemente (*patches*, i.d.R. Landnutzungseinheiten), Klassen von Landschaftselementen (*class*, Landnutzungsklassen wie Acker, Wald, Gewässer) und Gesamtlandschaft (*landscape*). Dieses Gliederungsprinzip ist in Abb. 5.6-2 wiedergegeben. Die Struktur der Landschaft wird auf dieser Grundlage über die raumbezogenen Eigenschaften der Landschaftselemente definiert.

Landschaften un-
terscheiden sich
hinsichtlich der
räumlichen
Anordnungsbezie-
hungen ihrer Ele-
mente. Auf dieser
Grundlage können
sie sowohl hin-
sichtlich ihrer
composition als
auch ihrer *confi-
guration* quantifi-
ziert werden.

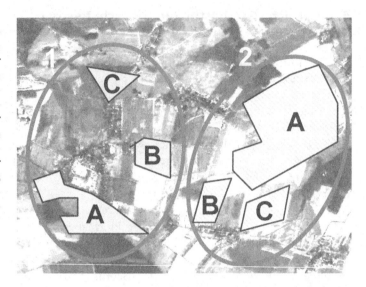

Abb. 5.6-2 Hierarchische Landschaftsgliederung: *landscape -
class* (1,2) – *patch* (A,B,C) (nach Lausch 2000)

Zur Quantifizierung von Landschaftsstrukturen kann man
einerseits Indizes für die Zusammensetzung der Landschaft
(*landscape composition*) als auch Indizes für den Gefügestil, das
heißt, die Form und räumliche Anordnung der Landschaftselemente (*landscape configuration*) verwenden (Turner 1989). Zu
der erstgenannten Gruppe der Indizes gehören u.a. Flächenstatistiken und Diversitätsindizes, die keinen expliziten
Raumbezug haben. Die Quantifizierung der *landscape configuration* kann sowohl auf der Ebene der Landschaftselemente
(*patches*) selbst - z.B. deren Anzahl, Größe und Gestalt betreffend - als auch auf der übergeordneten Landschaftsebene
erfolgen, auf der beispielsweise die Isolation der Landschaftselemente oder Nachbarschaftsdistanzen berechnet
werden. Abb. 5.6-3 gibt einen Überblick über ausgewählte
Landschaftsstrukturmaße.

Neben den in Abb. 5.6-3 veranschaulichten Strukturmaßen
gibt es weitere Gruppen von Indizes:

–   Flächenstatistiken (*area metrics*) - z.B. Fläche pro Land-
    schaftselement und Landschaftselementklasse, Anteil der
    jeweiligen Klasse bezogen auf die Gesamtfläche

–   Kernflächen (*core area metrics*) - Als Kernfläche wird
    diejenige Fläche betrachtet, die eine bestimmte
    Mindestdistanz zur Grenze nicht überschreitet. Dies ist
    bedeutsam im Hinblick auf Lebensraumansprüche und
    Habitatgrößen.

– Diversität, Vielfalt (*diversity metrics*) - Diversitätsindizes werden auf der Landschaftsebene berechnet. Sie werden von den beiden Parametern Reichhaltigkeit (*richness*) und Gleichmäßigkeit der Verteilung (*eveness*) beeinflusst.

– Anordnung (*contagion / interspersion metrics*) - z.B. *Interspersion and Juxtaposition Index* (Verhältnis zwischen der Länge jedes Kantentyps - d.h. gemeinsame Grenze zweier spezifischer Landnutzungstypen - und der Gesamtkantenlänge, gewichtet mit der Anzahl der Landnutzungstypen).

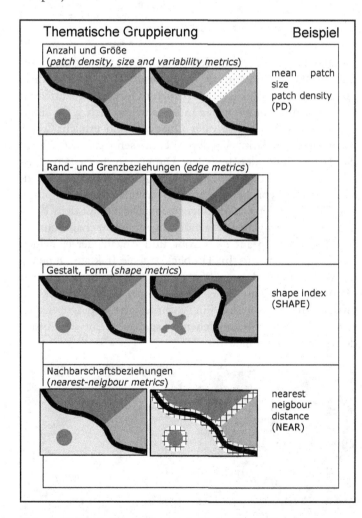

PD - Die Dichte der Landschaftselemente beschreibt die Anzahl der Landschaftselemente pro Einheitsfläche

TE - Gibt die absolute Länge der Grenzen der Landschaftselemente einer Klasse bzw. der gesamten Landschaft wider.

SHAPE - bewertet die Komplexität der Gestalt eines Landschaftselements durch den Vergleich mit einer Standardgestalt (z.B. Kreis) gleicher Flächengröße.

NEAR - definiert den Grenzabstand zwischen Landschaftselementen des gleichen Typs.

Abb. 5.6-3 Beispiele für Landschaftsstrukturmaße

5.6.3 Auf welche Weise lassen sich Berechnungsergebnisse interpretieren?

Die Berechnung jedes Strukturparameters basiert auf einer Formel; exemplarisch sei die zur Berechnung der fraktalen Dimension aus der Gruppe der Gestalt-Indizes angeführt:

$$FRACT = \frac{2 \ln p_{ij}}{\ln a_{ij}}$$

$i = 1, \ldots, m$	Klassen von Landschaftselementen
$j = 1, \ldots, n$	Landschaftselemente
a_{ij}	Fläche [m²] des Landschaftselementes ij
p_{ij}	Umfang [m] des Landschaftselementes ij

$(1 \leq FRACT \leq 2)$

Die Berechnung der fraktalen Dimension geht auf eine Umfang-Flächenmethode nach Mandelbrot (1977, 1982) zurück, mit der der Komplexitätsgrad planarer Gestalten quantifiziert werden kann. Der Wert des Indexes nähert sich 1 für einfache Formen wie Kreise oder Quadrate und erreicht Werte nahe bei 2 bei stark gegliederten Umrissen. Abb. 5.6-4 zeigt die Berechnung der fraktalen Dimension für einen Ausschnitt aus der durch Braunkohletagebau geprägten Landschaft südlich von Leipzig zu zwei verschiedenen Zeitpunkten. Die Abbildung verdeutlicht zunächst die mit dem Bergbau einhergegangenen Veränderungen in der Landschaftsstruktur in Bezug auf die Größe und Anzahl der einzelnen Landschaftselemente. Im Hinblick auf die fraktale Dimension wird deutlich, dass die höchsten Werte für die naturnahen Landschaftselemente in den Flußauen der Weißen Elster und Gösel erreicht werden. Für anthropogen geprägte Landschaftselemente (Ackerflächen, Tagebau) fällt der Index demgegenüber deutlich ab.

	< 1,26
	1,26 - 1,30
	1,31 - 1,35
	1,36 - 1,40
	1,41 - 1,45
	> 1,45

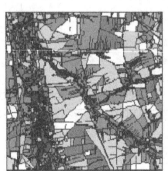 

Abb. 5.6-4 Ausprägung der fraktalen Dimension im Gebiet des Tagebaus Espenhain 1912 (links) und 1989 (rechts) (Herzog et al. 1999)

Zusätzlich wird eine Strukturverarmung der Ackerflächen im genannten Zeitraum deutlich.

Die Interpretation der Ergebnisse fällt nicht immer so leicht wie im angeführten Ergebnis. Es existieren keinerlei Normierungsansätze, wodurch eine Vergleichbarkeit der gewonnenen Ergebnisse nur sehr eingeschränkt möglich ist. Darüber hinaus sind diese auch sehr stark von der räumlichen Auflösung (dem Maßstab) der verwendeten Eingangsdaten abhängig – insbesondere bei großräumigen Anwendungen.

Das o.a. Programm FRAGSTATS (McGarigal and Marks 1995) ermöglicht die Berechnung von 100 Indizes zur Quantifizierung der Landschaftsstruktur. Verschiedene Untersuchungen haben jedoch bestätigt, dass 5 bis 8 Landschaftsstrukturmaße zur hinreichenden Beschreibung der wichtigsten Struktureigenschaften der Landschaft genügen.

In Abhängigkeit von der untersuchten Fragestellung ist auch festzulegen, auf welcher Ebene (Landschaftselement, Landschaftselement-Klasse, Gesamtlandschaft) die Berechnung erfolgen soll. Für populationsökologische Betrachtungen bietet sich die Ebene der Landschaftselemente an, auf der beispielsweise über deren unterschiedliche Größe Aussagen zur Habitateignung abgeleitet werden können. So wurde nachgewiesen, dass sowohl die Größe einzelner Waldflächen als auch deren Verteilung signifikant für die Größe einer Eulenpopulation im pazifischen Nordwesten der USA sind (Graman et al. 1996). Indizes auf der Klassenebene eignen sich zur Untersuchung der Fragmentierung von Landschaften. Blaschke (1997) konnte über den Zerschneidungsgrad eines Landschaftsausschnittes die Barrierewirkungen auf die Ausbreitung des Springfrosches bewerten. Strukturmaße auf der Ebene der Gesamtlandschaft eignen sich zur Typisierung von Landschaftsstrukturen sowie zum Monitoring von größeren Landschaftseinheiten.

Anwendungsmöglichkeiten:
patch
populationsökologische Fragestellungen
class
Fragmentierung von Landschaften, Biotopverbund
landscape
überregionales Landschaftsmonitoring, Typisierung von Landschaftsstrukturen.

Noch immer sind die Wechselwirkungen zwischen Landschaftsstruktur und den in der Landschaft ablaufenden ökologischen Prozessen unzureichend erforscht.

> Gustafson 1998, S. 152: "Much of the need for spatial pattern indices is driven by the desire to predict the response of some ecological entity ... to the spatial heterogeneity of a managed landscape."

Die Interpretation der Landschaftsstrukturmaße muss dahingehend weiterentwickelt werden, dass sie ergänzend zu anderen Umweltindikatoren eingesetzt werden können.

5.7 Landschaftskartierung

5.7.1 Wozu braucht man eine Landschaftskartierung?

Eigentlich ist es praktisch unmöglich, die bislang vielfach diskutierte Komplexität der Landschaft in einer landschaftsökologischen Karte darzustellen. Häufig findet man deshalb detaillierte Darstellungen zu einzelnen Landschaftselementen (z.B. Karten der räumlichen Variabilität der bodennahen Lufttemperatur und des Niederschlages). Zumeist werden die Ergebnisse landschaftsökologischer Untersuchungen in Karten zu den landschaftlichen Kompartimenten dargestellt (z.B. Karten der Verteilung von Klimatopen). Karten dieser Art sind von hoher praktischer Relevanz, da jeder Landschaftsplaner bei der Umsetzung des sogenannten schutzgutbezogenen Ansatzes (z.B. Schutzgut Klima, Wasser, Boden, Fauna, Flora) auf diese Grundlagen angewiesen ist.

Will man nun all die verschiedenen Attribute auf der Grundlage der landschaftlichen Kompartimente zu hochkomplexen Landschaftseinheiten integrieren, dann ist dies zwangsläufig mit einer Reduzierung der Detailinformationen verbunden. Wenn man dann aber aus dieser Darstellungsform nicht mehr auf die einzelnen Basisinformationen rückschließen kann, muss man sich natürlich die Frage nach dem Sinn dieser Darstellungen gefallen lassen: Worin also besteht der Vorzug einer landschaftsökologischen Kartierung gegenüber einer Serie von Karten zu den einzelnen landschaftlichen Kompartimenten? Damit ist man wieder bei dem in Kap. 1 diskutierten Punkt: Das Ganze ist mehr als die Summe seiner Teile. Eine landschaftsökologische Karte sollte demnach mehr bzw. andere Information bereithalten, als man sie aus den einzelnen Karten zu landschaftlichen Kompartimenten ableiten kann. Ihr Zweck liegt einerseits in der wissenschaftlichen Erkenntnis, andererseits aber auch in ihrer Eignung als Grundlage für die Erarbeitung von Planungsmaßnahmen im Hinblick auf eine nachhaltige Nutzung der Landschaft (Burak 2005).

5.7.2 Wie geht man bei einer Landschaftskartierung vor?

In der landschaftsökologischen Forschung wurden von Beginn an komplexe landschaftsökologische Kartierungen angestrebt und durchgeführt (Haase 1964, 1967). Sie stellen hohe Ansprüchen an das Fachwissen des Kartierers bei der Aufnahme von Landschaftsmerkmalen und bei der Exaktheit ihrer räumliche Zuordnung. Die Landschaft wird als Ganzheit betrachtet, die in ihren Kernraum durch eine charakteristische Kombination von Landschaftsmerkmalen repräsentiert wird, welche sich an den Grenzsäumen auflöst. Kartierungsgrundlage sind die **Leitmerkmale der Kernräume**, die durch eine komplexe geoökologische Standortanalyse erfasst werden.

Man kann die Merkmalskombinationen der Kernräume anhand von Einzelwerten (z.B. Mächtigkeit der Sanddecke, Flurabstand des Grundwassers), Wertegruppen (bei Artenoder Lebensformenspektren) und klassifizierten Werten (zum Relieftyp, Biotoptyp, Bodentyp) verfolgen. Man kann sie kontinuierlich oder diskontinuierlich erfassen (Abb. 5.7-1), das heißt, entweder anhand eines festgelegten Rasters oder mit einer variablen Abfolge der Probeflächen oder Aufnahmepunkte. Diese können zufällig verteilt werden oder entlang von Begehungslinien. Derartige Transekte queren die in der Vorerkundung ermittelten Landschaftsräume.

Der Vorteil kontinuierlich skalierter Wertefelder liegt in der hohen Dichte und der Regelmäßigkeit der Probeflächen oder Aufnahmepunkte, ihr Nachteil im hohen Arbeitsaufwand auch dort, wo er sichtlich überflüssig ist: in einförmig ausgestatteten Räumen. Die Erfassung diskontiniuierlich skalierter Wertefelder anhand von Zufallskoordinaten kann ebenfalls mit Feldarbeiten verbunden sein, die von der Sache her nicht erforderlich sind. Das kann man an Transekten ausschließen. Die Anlage der Begehungslinien unterliegt jedoch Arbeitshypothesen, die nicht unbedingt fehlerfrei sein müssen.

Die Grenze der Kartierungseinheiten wird dort gezogen, wo die Leitmerkmale der Kartierungseinheiten wechseln. Abb. 5.7-1 zeigt Biotope und Pedotope des Spreewaldes. Sie sind nach der bodenkundlichen Kartieranleitung (AG Boden 1994) sowie der Kartierungsanleitung für Biotoptypen des Landes Brandenburg (Biotopkartierung Brandenburg 1995) gekennzeichnet und vier Ökotoptypen zugeordnet worden:

(1)   Erlen-Eschen-Wald über geringmächtigem Niedermoor
(2)   Erlen-Bruchwald über Niedermoor
(3)   Reiche Feuchtwiese über Moorgley
(4)   Reiche Feuchtwiese über Niedermoor

Der Grenzverlauf der dadurch definierten Ökotope ergibt sich aus dem Merkmalswechsel zwischen den Aufnahmepunkten. Er wird in Anlehnung an gut erkennbare Haupt-

Eine komplexe landschafts-ökologische Kartierung geht von der Kombination von Leitmerkmalen in den Kernräumen aus und verfolgt diese bis zu ihrer Auflösung in den Grenzsäumen.

Eine komplexe landschafts-ökologische Kartierung erfolgt anhand kontinuierlicher oder diskontinuierlicher Wertefelder.

merkmale, wie die Muster der Vegetationsdecke oder, im Bergland und im Gebirge, die Formen des Reliefs, interpoliert. Dabei ergeben sich in Abhängigkeit von Lage und Anordnung der Aufnahmepunkte Unterschiede zwischen den Resultaten kontinuierlicher und diskontinuierlicher Aufnahmeverfahren (Abb. 5.7-1).

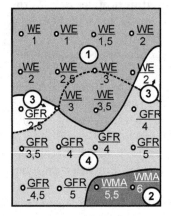 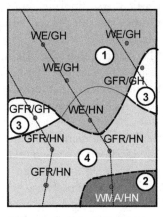

Kontinuierliches Wertefeld
o Aufnahmepunkt
0 Mächtigkeit der Sanddecke in dm
3 Torfmächtigkeit in dm
WE Erlen-Eschen-Wald
—— Biotopgrenze
------ Pedotopgrenze
(1) Ökotoptyp

Diskontinuierliches Wertefeld
GH   Moorgley
HN   Niedermoor
GFR   Feuchtwiese (reich)
WMA Erlen-Bruchwald
--- Ökotopgrenze
.... Verlauf des Transekts

Abb. 5.7-1 Wertefelder einer Landschaftskartierung

Weil die Leitmerkmale der Landschaft, wie Vegetation und Boden, in der topischen und in der chorischen Dimension unter Nutzungseinfluss ganz unterschiedliche Areale aufweisen – die Verbreitung der Vegetation ist an Acker- oder Grünlandflächen, Waldparzellen oder Parkanlagen gebunden, die Verbreitung der Böden an Relief und Substrat – steht man bald vor erheblichen Problemen bei der Bestimmung des Verlaufes der Grenzen von Landschaftsgrenzen. Man muss Prioritäten setzen und die Abgrenzungskriterien von Fall zu Fall bestimmen. Komplexe Landschaftskartierungen haben sich dabei in der Regel an der Vegetationsbedeckung oder an der Bodendecke orientiert. Die Schwachpunkte komplexer Landschaftskartierung sind uneinheitliche Kartierungsregeln und subjektive Arealabgrenzungen.

5.7.3 Welche landschaftsökologischen Karten sind verfügbar?

Es soll hier nicht versucht werden, einen Überblick über alle weltweit existierenden landschaftsökologischen Kartenwerke zu geben. Vielmehr wollen wir die in Deutschland entwickelten Ansätze und deren Ergebnisse in ihren Grundzügen vorstellen.

Zunächst lässt sich feststellen, dass an allen Instituten, die sich mit landschaftsökologischen Problemen befassen, kartographische Darstellungen der bei diesen Arbeiten erzielten Ergebnisse existieren. Darüber hinaus liegen landschaftsökologische Karten bei Umweltbehörden und Planungsbüros vor. Eine lokale Umfrage lohnt sich. Allerdings gibt es dabei ein Problem: Die Karten sind inhaltlich und im Maßstab so heterogen, dass man sie kaum vergleichen kann. Gebietsübergreifende Kartenwerke sind gefragt.

Eine der ersten und bis heute am meisten genutzten Informationsgrundlagen zur naturräumlichen Ausstattung ist die von Meynen und Schmithüsen (1952-1963) erarbeitete „Naturräumliche Gliederung Deutschlands".

Dieses Kartenwerk, in dem für Deutschland eine hierarchische Abgrenzung von Naturräumen nach dem „Gesamtcharakter der Landesnatur" erarbeitet wurde, ist für lange Zeit das einzige gewesen, dass Deutschland vollständig abdeckt. Unter Landesnatur war dabei der „Gesamtkomplex der anorganischen Ausstattung der Landschaft" (Schmithüsen 1967) eines nicht vom Menschen gestalteten oder geschaffenen Raumes zu verstehen. Die Erarbeitung dieser Raumgliederung fußt fast ausschließlich auf abiotischen Parametern. Zumeist handelte es sich auch um strukturelle Parameter; Prozesse im Sinne von Wechselwirkungen innerhalb sowie zwischen den ausgegliederten Raumeinheiten wurden nicht mit berücksichtigt. Dies wurde bereits frühzeitig kritisiert (Paffen 1953), jedoch ging es den Autoren weniger um eine inhaltliche Kennzeichnung im heutigen landschaftsökologischen Sinne, sondern um die Ausweisung von Naturräumen nach vorwiegend physiognomischen Gesichtspunkten. Dabei erfolgte die inhaltliche Kennzeichnung der Einheiten nur in Textbänden unter Betonung der individuellen Züge und somit ist die Abgrenzung der einzelnen Naturräume das Ergebnis nicht mehr nachvollziehbarer subjektiver Entscheidungen (Klink 1991). Abb. 5.7-2 zeigt einen Ausschnitt der Karte der naturräumlichen Gliederung Deutschlands und Tab. 5.7-1 einen entsprechenden Auszug aus dem Textband.

In der „Karte der naturräumlichen Gliederung Deutschlands" werden *individuelle Naturräume* über ihre Physiognomie erfasst und voneinander abgegrenzt. Wechselwirkungen zwischen den Raumeinheiten sind so nicht darstellbar.

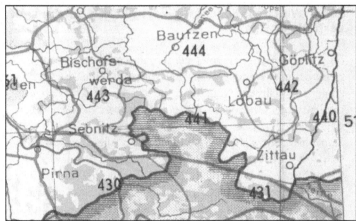

Abb. 5.7-2 Naturräumlichen Gliederung Deutschlands (Ausschnitt, Meynen und Schmithüsen 1953-1963)

Auf der Grundlage von Relief, Boden und Landnutzung können *Landschaftstypen* (Prozessgefüge-Haupttypen) gebildet werden, die sich durch charakteristische Bodenfeuchte - Landnutzungsmosaike auszeichnen.

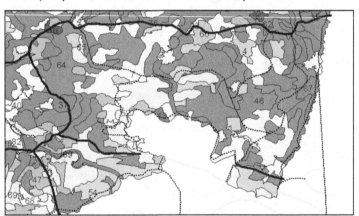

Abb. 5.7-3 Prozessgefüge-Haupttypen (Ausschnitt,-Burak 2005)

Mesogeochoren können unter Anwendung der Prinzipien der Naturräumlichen Ordnung und Gliederung basierend auf Merkmalskombinationen aus Geologie, Boden, Relief, Klima, Bios, Wasser und Landnutzung *ausgegrenzt und typisiert* werden.

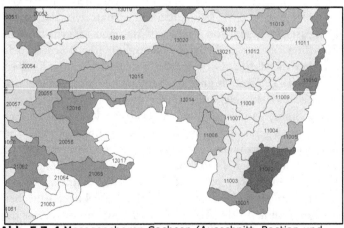

Abb. 5.7-4 Mesogeochoren Sachsen (Ausschnitt, Bastian und Syrbe 2005)

Tab. 5.7-1 Charakteristik der Naturräumlichen Großeinheit 44 „Oberlausitz" und ausgewählter Haupteinheiten (nach Meynen und Schmithüsen 1953-1963, Band 2, S. 679)

Raumeinheit		44 Oberlausitz		
		442 Ober-lau-sitzer Vorberge	443 Westlau-sitzer Vor-berge	444 Lausitzer Gefilde
Phänologische Daten	Mittlerer Beginn der Roggenernte	19.07. – 24.07.	17.07. – 26.07.	18.07. – 25.07.
	Mittlerer Beginn der Apfelblüte	06.05 – 11.05.	03.05 – 11.05.	04.05 – 11.05.
Nieder-schlag	Jahres-summe	680 – 850 mm	700 – 830 mm	590 – 750 mm
Lufttemperatur [°C]	Dauer 5°C in Tagen	215	215	225
	Mittelwert Juli	17,5	17,5	18,0
	Mittelwert Januar	-1,5	-1,5	-0,5
	Mittelwert Jahr	7,5	7,5	8,5

Burak (2005) verfolgt mit ihrer Arbeit das Ziel, Deutschland über Landschaftsräume einheitlichen landschaftsökologischen Prozessgefüges zu gliedern. Das dazu entwickelte Konzept basiert auf der Erfassung ausgewählter Größen des landschaftlichen Wasser- und Stoffhaushaltes und dem Modell der landschaftsökologischen Prozessgefüge (Zepp 1994, vgl. Abb. 5.5-4). Regelhaft auftretende Anordnungen von Arealen ähnlichen Prozessgefüges werden mit einer GIS-gestützten Methodik aufgedeckt (vgl. dazu auch den folgenden Abschnitt).

In Abb. 5.7-3 sind die Prozessgefügehaupttypen dargestellt, die auf der Grundlage des Bodenwasserhaushaltes und der Beeinflussung des natürlichen Stoffhaushaltes durch anthropogene Stoffeinträge und -entnahmen basieren für den gleichen Raumausschnitt wie in Abb. 5.7-2 dargestellt und mit den entsprechenden Grenzen der Naturraumeinheiten überlagert. Für die mit Nr. 46, 64 und 87 gekennzeichneten Prozessgefüge-Haupttypen finden sich Erläuterungen in Tab. 5.7-2. Auf der Grundlage von Relief, Boden und Landnutzung konnten so mit Hilfe Geographischer Informationssysteme für Deutschland 15 Landschaftstypen gebildet werden, die sich durch charakteristische Bodenfeuchte – Landnutzungsmosaike auszeichnen (Burak und Zepp 2003).

Tab. 5.7-2 Legende zu den Prozessgefüge-Haupttypen (Ausschnitt) (Burak 2005)

Vorwiegend laterale, einseitig gerichtete Bodenwasser- und Stoffflüsse *Vorwiegend hangwassergeprägte Bodenfeuchte- und Stoffdynamik*	
46	– hpts. hangwassergeprägte Bodenfeuchte- und Stoffdynamik, untergeordnet hangnässegeprägt – hpts. Mosaik aus bergigem und hügel-bergigem Relief: 37% Kopplungstyp F (Hanggefüge, mittlere Intensität horizontaler Kopplung), 37% Kopplungstyp E (Hanggefüge, mäßige Intensität horizontaler Kopplung), ... natürlicher Stoffhaushalt: 80% stark beeinflusst (hpts. Ackerflächen), 38% gering (Wald)
Hangnässegeprägte Bodenfeuchte- und Stoffdynamik	
64	– Mosaik aus hügelig und hügelig-bergigem Relief: 44% Kopplungstyp E (Hanggefüge, mäßige Intensität horizontaler Kopplung), 34% Kopplungstyp D (Inzidenzgefüge, geringe bis mäßige Intensität horizontaler Kopplung), 22% Kopplungstyp F ... – natürlicher Stoffhaushalt: 80% stark beeinflusst (hpts. Ackerflächen), 38% gering (Wald)
Technogen geprägte Flächen mit jeweils individuell unterschiedlichen Bodenwasser- und Stoffflüssen *und unterschiedlicher Bodenfeuchte- und Stoffdynamik*	
87	Abbauflächen

Generell ist bei Raumgliederungen im mittleren Maßstab ein Übergang von einer funktional-dynamischen Betrachtungsweise zur Analyse der räumlichen Anordnungen und Verknüpfungen von Ökosystemen bzw. Ökosystemkomplexen zu realisieren (Syrbe 1999). Wie bereits in Kap. 2.2 dargestellt, ist der damit verbundene Verlust an Detailinformationen mit einem Gewinn an Überblicksinformationen verbunden. Demzufolge sind Landschaftskartierungen im mittleren Maßstab angesichts ihrer „fehlenden" Detailliertheit keinesfalls weniger nützlich. Komplexe mittelmaßstäbige Raumgliederungen sind die Grundlage für Bewertungen und Planungen bezogen auf abgrenzbare Landschaftseinheiten. Für den Freistaat Sachsen wurde eine solche Raumgliederung auf der Ebene von Mikro-, Meso- und Makrochoren erarbeitet

(Mannsfeld und Richter 1995, SMU 1997, Bastian und Syrbe 2005). Ein Ausschnitt dieser Kartierung, der wiederum einen Vergleich mit den beiden vorherigen Abbildungen zulässt, ist in Abb. 5.7-4 dargestellt. Bei der Ausgrenzung dieser mesoskaligen Raumeinheiten kombiniert man das Verfahren der naturräumlichen Ordnung mit dem der naturräumlichen Gliederung (vgl. Kap. 5.3): Einerseits werden kleinere Raumeinheiten nach dem Prinzip „was ist ähnlich" zu Mesochoren zusammengefasst; andererseits werden Mesochoren nach dem Prinzip „wo ändert sich etwas wesentlich" voneinander abgegrenzt. Dabei muss sichergestellt werden, dass jedes der folgenden Abgrenzungskriterien, die der Kartierung zugrunde liegen, ringsum Gültigkeit besitzt:

– geologisch-strukturelle Einheiten und oberflächennahe Gesteine,
– Leit- und Begleitbodenformen,
– Mesorelief-Mosaiktyp, Mesoreliefformen, Höhenlage, Neigungsflächentyp,
– Hydromorphieflächentyp, Oberflächengewässer, Gesamtfließgewässernetz,
– Makroklimagebiet, klimatische Normalwerte, Niederschlagsbezirk,
– potenzielle natürliche Vegetation, Anteil wertvoller Biotope, Schutzgebiete sowie
– Biotoptypen und Landnutzungstypen.

Nach zunächst individueller Bezeichnung jeder Raumeinheit wie 12015 „Nördliches Oberlausitzer Bergland" oder 13018 „Bautzner Gefilde" (vgl. Abb. 5.7-4) können alle Raumeinheiten Typen bzw. Typengruppen zugeordnet werden. Als Typenhauptgruppen werden unterschieden

– Naturraumtypen der Platten und Rücken im Tiefland,
– Naturraumtypen der Niederungen im Tiefland,
– Naturraumtypen der Moor-Mosaike im Tiefland,
– Naturraumtypen der Auen größerer Flüsse im Tiefland, Hügelland und unteren Bergland,
– Naturraumtypen auf Lockergesteinen im Hügelland,
– Naturraumtypen auf Festgesteinen im Hügelland und unteren Bergland,
– Naturraumtypen der Mittelgebirge und
– Mosaike in technogen stark veränderten oder neu geschaffenen Naturräumen.

5.7.4 Wie kann ein GIS bei der Landschaftskartierung eingesetzt werden?

Für die Nutzung der Resultate einer landschaftsökologische Differenzialanalyse bietet sich die Arbeit mit einem Geographischen Informationssystem (GIS) an. Mit Hilfe des GIS können die unterschiedlichen landschaftlichen Kompartimente miteinander „verschnitten" werden. Dabei werden die einzelnen Betrachtungsebenen übereinander gelegt.

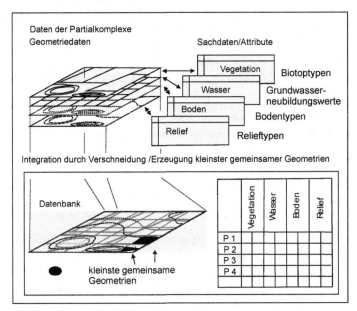

Abb. 5.7-5 GIS-Datenmodell zur Verschneidung landschaftlicher Partialkomplexe (nach Petry 2001)

Kleinste gemeinsame Geometrien kennzeichnen die Räume mit gleicher landschaftlicher Ausstattung im Ergebnis einer Verschneidung der Partialkomplexe in einem GIS.

Es entsteht eine räumliche Struktureinheit, deren Merkmale in allen Betrachtungsebenen vertreten sind. Sie ergibt sich aus der **kleinsten gemeinsamen Geometrie** der miteinander verschnittenen Areale. Abb. 5.7-5 veranschaulicht das am Beispiel der Kompartimente Boden, Bios (Vegetation), Wasser und Relief. Ein Biotop wird dabei durch die Zugehörigkeit zu verschiedenen Hydrotopen, Pedotopen und Morphotopen gegliedert. Das Areal dieses Biotops wird in Teilflächen zerlegt.

Dieses Ergebnis ist stets nachvollziehbar. Die inhaltliche Problematik dieser Verfahrensweise besteht jedoch darin, dass die kleinsten gemeinsamen Geometrien keine Kleinlandschaften darstellen, sondern lediglich den unterschiedlichen Raumgliederungsansätzen der beteiligten Disziplinen

geschuldet sind. Es kommt ein additives Abbild von Landschaftsmerkmalen zustande, welches das Untersuchungsge-
biet zuweilen in real nicht erkennbare Kleinsträume zerstü-
ckelt, gleichsam atomisiert.

5.7.5 Warum ist es vertretbar, Biotope oder Pedotope als Stellvertretergrößen in die Landschaftskartierung einzubringen?

Man kann der Mannigfaltigkeit der Landschaftsgefüge auch
auf nachvollziehbare Weise gerecht werden, indem man die
erkundeten Landschaftsmerkmale solchen Raumeinheiten
zuordnet, für die eine flächendeckende Typisierung vorliegt.
In erster Linie handelt es sich dabei um Biotope oder Pedotope. In Deutschland liegen sowohl für das Bundesgebiet
(Pott 1995) als auch für die meisten Länder Biotoptypenlisten und die dazugehörigen Anspracheregeln vor. Für die
Bodendecke ist dasselbe in der bodenkundliche Kartieranleitung (Arbeitsgruppe Boden 1994) geschehen. Das heißt,
landschaftsökologische Befunde werden auf vegetationsoder bodenkundliche Kartierungseinheiten bezogen.

Landschaftsökologische Befunde können auf
Pedotoptypen
oder Biotoptypen
bezogen und dementsprechend
kartiert werden.

Im Rahmen von Landschaftsplanung, Landnutzungsplanung und Naturschutz erfolgen flächendeckende Aufnahmen fast ausschließlich auf diese Weise. Es werden landschaftsökologische Erkundungen durchgeführt, die vorrangig einem Kompartiment gelten. Das ist in der Regel die
Vegetation. Interpretiert man in diesem Zusammenhang
Biotope als räumliche Ausprägung von Biozönosen und
berücksichtigt man dabei ihre biotischen wie abiotischen
Merkmale, dann kommt man zu einer ganzheitlichen Landschaftsbetrachtung. Problematisch wird diese Vorgehensweise, wenn der Erkunder sich bei der Interpretation seiner
Kartierungsergebnisse weitgehend auf „sein" Kompartiment
beschränkt. Ökologische Tatbestände werden damit aus
ihren Zusammenhang gerissen. Dem Anspruch an eine
Landschaftskartierung wird man so nicht gerecht.

5.7.6 Welche Erkenntnisse erbringt die Landschaftskartierung nach dem *patch-matrix*-Konzept?

Funktionale Zusammenhänge innerhalb und zwischen Landschaften lassen sich nach dem *patch-matrix*-Konzept erschlie
ßen (Forman und Godron 1984, Forman 1995, Wiens 1997,
Nentwig et al. 2004) aus (Abb. 5.7-6). Bei einfach strukturierten Landschaften (Beispiel 1: homogene *matrix*, geringer

Kontrast zwischen *matrix* und *patches*) kann man solche Zusammenhänge relativ leicht erkennen. In der Flussaue des Yukon dominieren beispielsweise vielerorts die anspruchsvolleren Weißfichten die sandig-lehmigen Auenterrassen, die weniger anspruchsvollen Schwarzfichten besiedeln die Schotter der Uferwälle.

Nach dem *patch-matrix*-Konzept lassen sich anhand der Vegetation funktionale landschaftsökologische Beziehungen aufdecken.

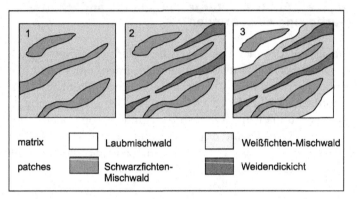

Abb. 5.7-6 *patch-matrix*-Beziehungen von Landschaften an verwilderten Flüssen Alaskas

Mit wachsender Verschiedenheit des landschaftlichen Inventars werden die funktionalen Beziehungen vielfältiger. Weidendickicht (Beispiels 2: homogene *matrix*, größerer Kontrast zwischen *matrix* und *patches*) markiert den Verlauf von Altwässern. Laubmischwald, in dem Birken und Balsampappeln vertreten sind, weist auf sandige Auenterrassen in Grundwassernähe hin (Beispiel 3: heterogene *matrix*, größerer Kontrast zwischen *matrix* und *patches*). Man erkennt, dass die räumliche Differenzierung der Vegetationsdecke an das Feinrelief der Talaue, das Substrat und den Flurabstand des Grundwassers gebunden ist.

Die räumliche Bindung zwischen *patches* (*connectedness*) lässt sich anhand ihrer Entfernung voneinander, ihrer Verbindung durch Korridore oder Trittsteine erkennen. Funktionale Bindungen (*connectivity*) zeigen Tier- und Pflanzenarten an, beispielsweise die Karibus durch ihre Winterquartiere und ihre Nahrungsplätze. Die Unterbrechung solcher Beziehungen durch Barrieren, beispielsweise mit dem Bau von Straßen oder Siedlungen, wird als Fragmentierung gekennzeichnet. Damit kann ein Prozess, aber auch ein Zustand gemeint sein (Nentwig et al. 2004). Beides stellt eine existenzielle Gefährdung von Pflanzen und Tieren dar.

Nach dem *patch-matrix*-Konzept ist es auch möglich, nur die Landschaftstypen (Nutzflächen, Ökotope, Biotope, Pedotope), die von Interesse sind, zu kartieren und ihre Umgebung als *matrix* zu behandeln.

> Carl Troll (1950, S. 166)
> „Jede Landschaft ist zunächst ein Individuum, steht aber durch ihre Lage inmitten anderer Landschaften doch in einem bestimmten Raumgefüge und Abhängigkeitsverhältnis, im Landschaftsverband."

5.8 Modellierung von Prozessen

5.8.1 Wozu braucht man Modelle in der Landschaftsökologie?

Zielstellung wissenschaftlicher Arbeiten in der Landschaftsökologie ist neben dem Verständnis aktueller Strukturen und Prozesse in der Landschaft auch die Aufklärung der Vergangenheit sowie die Vorhersage der Zukunft von Landschaften. Im Gegensatz zu den aktuellen Zuständen, die einer direkten Untersuchung zugänglich sind, gelingt die Rekonstruktion historischer Zustände allein aus der Analyse des aktuellen Zustandes nur teilweise. Zur vollständige Aufklärung der Genese einer Landschaft sind Modellvorstellungen über das komplexe Zusammenwirken verschiedener Faktoren in der Landschaft unverzichtbar. Dies gilt um so mehr, wenn es um die Prognose zukünftiger Strukturen und Prozesse in der Landschaft geht. Dies reicht beispielsweise von der Frage nach der Auswirkung einer pfluglosen Bodenbearbeitung auf den Ertrag landwirtschaftlicher Nutzflächen über die Sukzession in Bergbaufolgelandschaften bis hin zu einer globalen Klimaprognose.

Eine Beantwortung der genannten Fragen setzt die Kenntnis der stark vernetzten Wechselwirkungen zwischen den biotischen und abiotischen Faktoren des Landschaftshaushaltes voraus. Diese werden jedoch erst verständlich, wenn sie in ihrer Kausalität intensiv reduziert werden. Diese Komplexitätsreduktion gelingt durch die Verknüpfung reduktionistischer Ansätze (Analyse von Einzelheiten) mit holistischen Ansätzen (Analyse von Zusammenhängen) auf verschiedenen hierarchischen Ebenen. Landschaftsmodelle stellen insbesondere ein wichtiges Instrument für Untersuchungen in einem Maßstab dar, der aufgrund seiner Größe oder der potenziellen Gefährdung der Landschaft experimentelle Feldversuche unmöglich macht. Die Modellergebnisse können keine zuverlässigen Prognosen sein, sondern stellen Aussagen im Rahmen der expliziten Modellannahmen dar.

Umweltmodellierung folgt dem Motto „Aus der Vergangenheit für die Zukunft lernen".

Die Notwendigkeit der Landschaftsmodellierung ergibt sich aus der Komplexität des Untersuchungsobjektes und dessen begrenzter Beobachtbarkeit.

Beschreibungen natürlicher Prozesse sind unvermeidbar verbunden mit einer Abstraktion und Vereinfachung der komplexen Vorgänge und Zusammenhänge in der Natur.

5.8.2 Was genau ist ein „Modell"?

Modelle bilden Vorstellungen über die Wirklichkeit ab. Sie können Bilder, gedankliche und sprachliche Konstrukte oder auch mathematische Formulierungen sein.

Prozess-Korrelationsmodelle kombinieren die Darstellung eines *Korrelationssystems*, das die Wirkungsbeziehungen zwischen den Landschaftskompartimenten und -elementen verdeutlicht, mit der Darstellung eines *Prozesssystems*, das Energie-, Wasser- und Stoffflüsse sowie wesentliche Speicher zeigt. Der hiermit abgebildete Komplexitätsgrad entspricht dem aktuellen Betrachtungs- und experimentellen Forschungsstand.

Da die real existierende Landschaft in höchstem Maße komplex ist, stellt das, was bei deren Analyse betrachtet wird, immer einen „Auszug" aus dieser Realität dar (Leser 1997). Ebendieser gedankliche Auszug sowie alle Darstellungsformen dieser Idee der Realität sind ein Modell (Abb. 5.8-1,2).

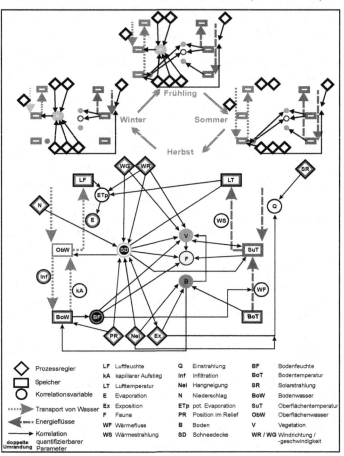

Abb.5.8-1 Prozess-Korrelationsmodell eines Hochgebirgsökosystems mit Fokus auf die saisonale Dynamik schneedeckengesteuerter Landschaften (Löffler 2002a). Die landschaftliche Funktionsweise wird gesteuert durch Energie- und Wasserflüsse; Schneedecke, Bodenfeuchte und Vegetation fungieren als komplexe integrative Variablen. Das Modell basiert auf der Darstellung der entscheidendsten Wechselwirkungen zur Quantifizierung der Prozesskonstellationen.

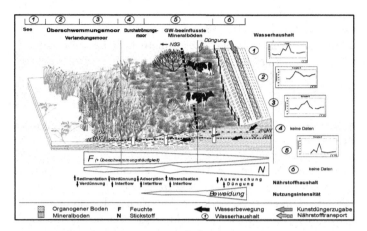

Abb. 5.8-2 Beispiel für Modellbildung in der Landschaftsökologie: Grundvorstellung zu landschaftlichen Wirkungszusammenhängen in einem Feuchtgebiet (Bär und Löffler 2005).

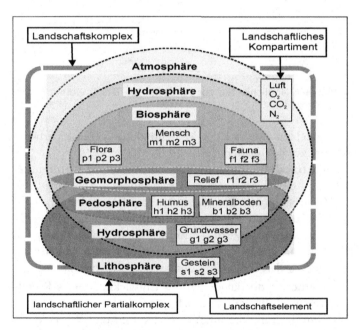

Abb.5.8-3 Modell der natürlichen Kompartimentsphären die das System eines Landschaftskomplexes mit seinen landschaftlichen Partialkomplexen, den Landschaftskompartimenten und Landschaftselementen repräsentieren (nach Löffler 2002c)

Modelle sind demnach eine abstrakte Darstellung von Systemen oder Prozessen (Turner et al. 2001). Sie dienen der Vereinfachung der Wirklichkeit für eine systematische Betrachtung komplexer Zusammenhänge.

Untersucht man Landschaften also im Sinne der Systemtheorie (vgl. Kap. 3), so bestehen diese aus Elementen zwischen denen Wechselwirkungen (Relationen) bestehen und die auf unterschiedlichen hierarchischen Ebenen zu Subsystemen (z.B. landschaftlichen Partialkomplexen) aggregiert werden können (Abb. 5.8-3, vgl. auch Abb. 3.2-1).

5.8.3 Wie entsteht ein Modell? – Schritte der Modellbildung

In Abhängigkeit von der Art der Beschreibung unterscheidet man verschiedene Aggregationsstufen von Modellen, die von Grundgedanken verschiedener Theorien (Modellvorstellungen) über funktionale Abstraktionsdarstellungen ökologischer Prozesse (Systemmodelle) bis hin zu programmierbaren und quantitativ operierenden Simulationsmodellen reichen (Abb. 5.8-4).

In Abhängigkeit von der Art der Beschreibung werden verschiedene Abstraktionsebenen erreicht. Ein höherer Abstraktionsgrad ist mit einem Verlust an Detailinformationen verbunden, bringt aber eine merklich verbesserte Quantifizierbarkeit mit sich.

Abb.5.8-4 Möglichkeiten zur modellhaften Beschreibung natürlicher Prozesse.

Im einzelnen sind bei der Modellbildung folgende Arbeitsschritte zu durchlaufen (Leser 1997, Müller 1999):

Modellbildung ist ein Optimierungsprozess, bei dem anhand von Abweichungen zwischen Modellergebnis und Messwerten im Verlauf von Verifikation, Kalibrierung und Validierung Fehler in den Ausgangshypothesen aufgedeckt und korrigiert werden.

1. **Wortmodell:** Definition der Fachfrage und Strukturierung des Untersuchungsgegenstandes, Ableitung von Zielgrößen (z.B. Quantifizierung des Bodenabtrags)
2. **Ordnung und Parametrisierung**: räumliche und zeitliche Abgrenzung des Modell-Systems, Gliederung in Kompartimente (z.B. Populationen, Stoffpools, Boden Analyse der Umgebung des Systems (Identifizierung der externe Randbedingungen) → Entwicklung eines **Regelkreismodells** (vgl. Abb. 5.4-1)
3. Identifizierung der internen Strukturen und Prozesse des Geosystems; Reduzierung des komplexen Geosystems auf relevante interne Strukturen und Prozesse
4. Zusammenstellung notwendiger und bekannter Gleichungen zur Beschreibung des vereinfachten Abbilds der Realität; Formulierung mathematischer Gleichungen
5. Programmierung der Gleichungen in einem Modellsystem
6. **Simulation** (Computerlauf des Modells)

7. Kalibrierung und **Validierung** des Modellsystems (siehe dazu auch Tab. 5.8-1)

Tab.5.8-1 Aspekte der Validierung von Modellen (nach Rykiel 1996)

Aspekt	Definition
Verifikation	Demonstration, dass der Modellformalismus korrekt ist und keine logischen Fehler enthält
Kalibrierung	Schätzung und Anpassung der Parameter und Konstanten im Modell mit dem Ziel, die Übereinstimmung von Modellvorhersage und Daten zu erhöhen
Validierung	Demonstration, dass ein Modell im Rahmen seines Anwendungskontextes eine zufriedenstellende Prognosegüte aufweist
Glaubwürdigkeit	Ausreichendes Maß an Vertrauen in die Validität des Modells, so dass es in der Forschung oder Entscheidungsuntrerstützung angewendet werden kann
Qualifikation	Festlegung des Gültigkeitsbereiches, in dem das validierte Modell angewendet werden kann, ohne seine Validität zu verlieren

Simulationsmodelle kann man nach den folgenden Merkmalen kategorisieren (Tab. 5.8-2):

1. nach der Modellgrundlage
2. nach dem konzeptionellen Hintergrund
3. nach dem Zeitrahmen,
4. nach der räumlichen Betrachtungsweise und
5. nach dem Grad der Durchschaubarkeit.

Die Wahl des Modelltyps ist abhängig von der Größe des zu modellierenden Raumausschnittes, dem gewünschten Differenzierungsniveau und nicht zuletzt vom verfügbaren Datenbestand.

Tab.5.8-2 Überblick über Modellkategorien (nach Chorley und Kennedy 1971, Leser 1997, Müller 1999)

Merkmal der Modell-kategorie	Modelltyp
Modell-grundlage	*Deterministische Modelle* eindeutige Ursache-Wirkungs-Beziehungen. Beispiel: Ein bestimmter hydrologischer Prozess (Niederschlag) verursacht eine Reaktion (Bodenwasserfluss), die sowohl räumlich als auch zeitlich genau definiert ist. Unter konstanten Randbedingungen bewirken gleiche Ursachen immer gleiche Wirkungen.

	Statistische Modelle Ursache-Wirkungs-Zusammenhang nicht über eindeutige (deterministische) Gesetze sondern über statistische Eigenschaften der betrachteten Prozesse. Beispiel: statistisch-stochastische Generierung von Niederschlagsfeldern aus Wetterlagen
	Deterministisch-stochastische Modelle Kombination der o.g. Herangehensweise; bestimmten Parametern eines deterministischen Modellgesetzes wird eine statistische Verteilung unterlegt. Beispiel: deterministisch-stochastische Berechnung der Wasserbewegung in der ungesättigten Bodenzone
konzeptioneller Hintergrund	*Empirische Modelle* beruhen auf Erfahrungen und/oder Messungen; sind normalerweise nicht übertragbar und nicht kombinierbar mit anderen Modellen und nur bedingt prüfbar Beispiel: Allgemeine Bodenabtragsgleichung (nach Wishmeier und Smith)
	Systemtheoretische Modelle Für die Modelleingangs- und Ausgangsgrößen liegen Messwerte vor oder für die Modellparameter sind gültige Übertragsmethoden bekannt. Beispiel: Einheitsganglinie für die Niederschlags-Abfluss-Umwandlung oder Stofftransportberechnung in Bodensäulen mit Transferfunktionen
	Physikalisch begründete Modelle Prozessmodellierung auf der Grundlage von physikalischen Gesetzen; den Modellparametern ist eine physikalische Bedeutung zuweisbar. Beispiel: kritischer Impulsstrom zur Loslösung der Partikel von der Bodenoberfläche (Erosionsmodell E2D/E3D)
Zeitrahmen	*Ereignisbezogene Modelle* Untersucht wird die Dauer eines Ereignisses vom ereignisauslösenden Prozess (z.B. Niederschlag) bis zur Dauer der dazugehörenden Reaktion (z.B. Bodenfeuchteänderung oder Abfluss)
	Kontinuierliche Modelle Keine Beschränkung auf ausgewählte Prozesse oder Zeiträume

Räumliche Betrachtungsweise	*Zusammenfassende Modelle (lumped models)* Zu betrachtendes Gebiet wird nicht unterteilt (diskretisiert). Beispiel: Einheitsganglinie für ein Einzugsgebiet
	Räumlich differenzierte Modelle Horizontale und/oder vertikale Differenzierung des Untersuchungsraumes auf Vektor- oder Rasterbasis
Durchschaubarkeit von Systemen	*Black-box-Modelle* Gesamtsystem gilt als Funktionseinheit; innere Struktur und Teilsysteme bleiben unberücksichtigt; lediglich Erfassung von In- und Outputgrößen
	Grey-box-Modelle Ein Teil der systeminternen Parameter wird in Beziehung zu In- und Output des Gesamtsystems gesetzt.
	White-box-Modelle Idealfall der Systemanalyse: Gesamte „Durchleuchtung" des Systems wird angestrebt; alle Speicher, Regler und Prozesse sowie alle In- und Outputgrößen werden berücksichtigt; nur bei technischen Systemen methodisch erreichbar nicht aber in der landschaftlichen Realität.

5.8.4 Ein Beispiel gefällig? – Modellierung der Bodenerosion durch Wasser

Am Beispiel des Prozesses der wasserbedingten Bodenerosion werden die einzelnen Phasen der Modellbildung – differenziert nach verschiedenen Modelltypen – exemplarisch dargestellt:
Unter Bodenerosion versteht man die Verlagerung von Bodenmaterial an der Bodenoberfläche durch Wasser oder Wind. Bei diesem Vorgang können Bereiche mit vorwiegendem Abtrag und Bereiche mit vorwiegendem Auftrag (Akkumulation) ausgegrenzt werden. Der Prozess der wasserbedingten Bodenerosion (Abb. 5.8-5) beginnt mit dem Aufprall von Regentropfen auf der Bodenoberfläche (1), infolgedessen Aggregate zerstört, Bodenteilchen losgelöst und hochgeschleudert werden (2). Dies führt zu einer Verschlämmung und zu einem Verschluss der Poren, wodurch sich weiteres Niederschlagswasser auf der Bodenoberflächen ansammelt und der Schwerkraft folgend hangabwärts fließt (3). Bei weiterer Andauer des Regens wird die obere Bodenschicht instabil und die losgelösten Teilchen werden abtransportiert,

wobei sich das Wasser in hangabwärts gerichteten Bewirtschaftungsbahnen konzentriert und zur Bildung von Rinnen (4), Rillen (5) und schließlich Gräben (6) führt. Bei erneutem Niederschlag auf einer bereits verdichteten Bodenoberfläche und bei ausgeprägten Abflusslinien beschleunigt sich der Transportbeginn. An konvexen Hangbereichen ist dabei der stärkste Abfluss und damit verbunden der stärkste Abtrag zu verzeichnen. Verlangsamt sich die Fließgeschwindigkeit bei abnehmender Hangneigung und bei konkaven Wölbungen beginnt eine – meist fächerförmige – Sedimentation auf der Fläche. Grenzt der Hang unmittelbar an ein Gewässer, kommt es zu einem direkten Sedimentaustrag aus der Fläche und einem Sedimenteintrag ins Gewässer.

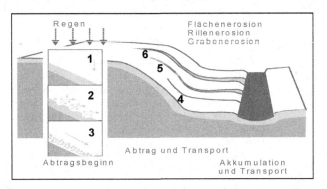

Abb.5.8-5 Schematische Darstellung der Teilprozesse bei der Bodenerosion durch Wasser (nach Frielinghaus et al. 1995)

Diesen zweifelsfrei sehr komplexen Prozess zu modellieren, d.h. Flächen auszuweisen, die besonders abtragsgefährdet sind und den Abtrag entsprechen zu quantifizieren, haben sich zahlreiche Modelle zur Bodenerosion zur Aufgabe gemacht. An dieser Stelle sollen die Allgemeine Bodenabtragsgleichung als Beispiel für einen empirischen Ansatz und das Erosionsmodell E2D/E3D als Beispiel für einen deterministischen Ansatz vorgestellt werden.

Das am weitesten verbreitete Modell zur Beschreibung und Vorhersage der Bodenerosion durch Wasser ist die *Universal Soil Loss Equation (USLE*, Wischmeier und Smith 1978*)*, die auch viele neuere Modelle als Grundlage nutzen. Sie basiert auf langjährigen Messungen (1930-1978) des Bodenabtrags an 49 standardisierten Messparzellen (22m lang, 9% Gefälle) an zahlreichen Orten in den USA. Auf der Basis einer Grundgesamtheit von mehr als 10.000 Parzellenmessjahren wurde die Menge des Bodenabtrags mit den Standorteigenschaften, insbesondere den erosionsbedingenden Faktoren

(Regengeschehen, Bodeneigenschaften, Länge und Neigung des Hanges, Bedeckung und Bearbeitung des Bodens sowie empirischem Weg erhielt man im Ergebnis dessen eine Gleichung, die all die genannten Faktoren berücksichtigt. Schwertmann et al.(1987) passten diesen Ansatz an die Verhältnisse in Deutschland an und entwarfen die **Allgemeine Bodenabtragsgleichung** (ABAG):

$$A = R \cdot K \cdot L \cdot S \cdot C \cdot P$$

mit	A	mittlerer jährlicher Bodenabtrag in t/ha
	R	Regen- und Oberflächenabfluss
	K	Bodenerodierbarkeit
	LS	Topographiefaktor (L - Hanglänge, S - Hangneigung)
	C	Bedeckungs- und Bearbeitungsfaktor
	P	Erosionsschutzfaktor

Zur Ableitung der einzelnen Faktoren der Gleichung stehen Tabellenwerke bzw. Regressionsgleichungen bereit. Auf den ersten Blick liefert das Modell alles, was das Herz begehrt: Es berücksichtigt alle Parameter des eingangs geschilderten Prozesses der wasserbedingten Bodenerosion und ist darüber hinaus sehr einfach strukturiert. Aber Vorsicht, da lauern verschiedene Fallen:

– Durch **verschiedene Möglichkeiten der Ableitung der Einzelparameter** (z.B. Regressionsgleichungen zur Ermittlung des R-Faktors aus dem Sommer- oder Jahresniederschlag mit regionalem Gültigkeitsbereich) wird hier bereits eine Variationsbreite der quantifizierenden Ergebnisse ermöglicht.

– Angesichts der statistischen Auswertung von Testflächenmessungen und der empirischen Berechnungsansätze wird eine **Übertragbarkeit des Verfahrens auf andere Gebiete fragwürdig**.

– Das Modell ermöglicht lediglich eine Vorhersage des durchschnittlichen jährlichen Bodenabtrags unter bestimmten topographischen Gegebenheiten und Kulturbedingungen und kann **lokale Starkregenereignisse** (für die Prognosen sehr begehrt sind) **nicht berücksichtigen**.

– Das Modell erfasst lediglich den Materialumsatz (Mobilisation von Material) in einem Bezugsgebiet, nicht aber den eigentlichen Austrag aus der Fläche und den Eintrag in den Vorfluter. Eine Differenzierung zwischen *on-site-* und *off-site-*Schäden wird somit nicht möglich.

Unter *on-site-Schäden* versteht man die negativen Folgeerscheinungen, die sich auf das betroffene Feld beschränken (z.B. Minderung der Ertragsfähigkeit, Verlagerung von Düngemittel und Pestizide innerhalb des Feldes, Freispülung von Keimlingen im Erosionsbereich, Bedeckung der Pflanzen mit Bodenmaterial im Akkumulationsbereich).
Bei *off-site-Schäden* sind diejenigen gemeint, die über das Feld hinaus wirken (z.B. Eutrophierung von Gewässern durch eingetragene Nährstoffe, Verunreinigung von Wegen und Straßen).

Mit der ABAG/USLE lassen sich demnach nur Netto-Abtragsraten für ganze Jahre und ohne gesonderter Berücksichtigung der gleichzeitig stattfindenden Sedimentation modellieren. Außerdem war diese Methode ursprünglich nur darauf ausgelegt, den Mittelwert für einen in sich homogenen Hang anzugeben. Aber oft erwarten wir von einem Erosionsmodell mehr.

Beispielsweise ist ein Landwirt an der Vorhersagen zu kleinräumigen Schäden im Zusammenhang mit kurzfristigen Starkregenereignissen interessiert. Für ihn ist aber im Hinblick auf eine Flurneuordnung und Gestaltung von Biotopverbundstrukturen ebenfalls von Bedeutung, inwiefern Landschaftsstrukturelemente wie Hecken den Oberflächenabfluss von angrenzenden Flächen zur Versickerung aufnehmen und wie viel Sediment dabei in diesen Strukturen zur Ablagerung gelangt. Um Antworten auf diese Fragen zu finden, braucht es grundsätzlich andere Modelle – wie beispielsweise **Erosion-2D/Erosion-3D** (Schmidt et al. 1996). Was kann dieses Modell, was die ABAG/USLE nicht kann? Erosion-2D ist ein physikalisch-basiertes Bodenerosionsmodell zur Beschreibung von Einzelereignissen an einem Hangprofil; Erosion-3D zur Beschreibung von Einzelereignissen in einem Einzugsgebiet. Die dazu in Erosion-2D verwendeten Eingabegrößen sind verschiedene Relief-, Boden- und Niederschlagsparameter (Tab. 5.8-3).

Mit Hilfe dieser Daten gelingt die physikalische Beschreibung der Teilprozesse „Loslösung der Partikel von der Oberfläche" und „Transport der Partikel mit dem Oberflächenabfluss": In mathematischen Funktionen wird der Einfluss des Oberflächenabflusses, der Regentropfen und der Bodeneigenschaften umgesetzt. Die Impulse des Regenaufpralls und des Oberflächenabflusses wirken dem Scherwiderstand des Bodens entgegen. Bei der Erosionsmodellierung wird die Loslösung der Bodenpartikel über den kritischen Impulsstrom beschrieben.

Im Ergebnis werden sowohl flächenbezogene Größen (Feststoffaus- und -eintrag) als auch punktbezogene Größen (Abfluss, Sedimentmenge, Sedimentkonzentration, Anteil an Ton und Schluff) bereitgestellt. Dabei sind die flächenbezogenen Ausgabegrößen für intern festgelegte Hangsegmente, die punktbezogenen Ausgabegrößen für frei wählbare Hangpositionen abrufbar. Die zeitliche Bezugsbasis aller Ausgabegrößen bildet ein intern festgelegtes Zeitintervall (T=10 min) oder entsprechende Vielfache davon (T=20, 30, 40, ... min).

Der Modellansatz berücksichtigt im Gegensatz zur ABAG/USLE neben der Erosion ebenfalls die Sedimentation und die daraus resultierenden Änderungen der Hanggeometrie.

Tab. 5.8-3 Eingabegrößen des Erosion-2D-Modells

Reliefparameter	Bodenparameter	Niederschlags-parameter
– Hanglänge – Hanggeometrie (x),(y) Koordinaten	– Korngrößenverteilung – Lagerungsdichte – Gehalt an org. Kohlenstoff – Anfangswassergehalt – Erosionswiderstand Oberflächenrauhigkeit – Bedeckungsgrad	– Niederschlagsdauer – Niederschlagsintensität

Erosion-3D basiert im Kern auf denselben Algorithmen wie Erosion-2D. Als Grundlage zur Beschreibung des flächenhaften Prozesses dient ein gleichmäßiges quadratisches Raster zur hinreichend genauen Beschreibung des Geländes.

„Die Anwendbarkeit eines Bodenerosionsmodells hängt von seiner Handhabbarkeit ab, die Qualität wird durch die Wiedergabe der wesentlichen Prozesse der Erosion und die Allgemeingültigkeit der Modellaussagen bestimmt. Es ist wenig sinnvoll, jeden Teilprozess simulieren zu wollen. Damit würde sich die Anzahl der oft aufwendig zu bestimmenden Modellparameter erhöhen, so dass dieses Modell in der Praxis kaum anwendbar wäre. Ein qualitativ gutes, allgemeingültiges Modell beschränkt sich auf die wesentlichen physikalischen Parameter und erzielt mit einem beschränkten Parametersatz plausible Ergebnisse, auch für unterschiedliche Randbedingungen." (Schmidt et al. 1996, S. 3)

5.8.5   Wasser- und Stoffhaushaltsmodell
+ Landnutzungsmodell
+ Populations- und Habitatmodell
+ Sozioökonomisches Modell
= Landschaftsmodell?

Oder: Kann man Landschaft wirklich modellieren?

Gegenwärtig erfolgt zumeist eine immer detailliertere Betrachtung und Modellierung von Subsystemen und Teilprozessen. Dabei geht der Blick auf die gesamte Landschaft meist verloren.

Anhand des Beispiels der Bodenerosionsmodellierung wurde deutlich: Bereits Teilprozesse in der Landschaft sind derartig komplex, dass sie einer vollständigen quantitativen Beschreibung meist verschlossen bleiben. Wie kann dann Landschaft als Ganzes einer Modellierung zugänglich sein?

Charakteristisch für Landschaftsökosysteme ist eine große Anzahl und Vielfalt von Systemelementen, Prozessen und Wechselwirkungen, die eine komplexe Modellierung sehr erschweren. Sektorale Simulationsmodelle, die sich der Quantifizierung von Stoffen in der Landschaft (z.B. Stickstoff, Kohlenstoff, Wasser) widmen, sind inzwischen bereits sehr ausgereift, was darauf zurückzuführen ist, dass die Modellierung physikalischer Größen im landschaftlichen System relativ einfach ist. Auf einer nächsten Integrationsstufe versucht man sich in der Modellierung ganzer Ökosysteme (z.B. Agrarökosysteme). Dabei strebt man an, die Kompartimente (Kultur-) Pflanze, Boden und „Schädling" zu vernetzen. Hiermit hat man bereits einen entscheidenden Fortschritt erzielt: Mit einer solchen transdisziplinären ökosystemaren Betrachtungsweise überwindet man die separativen Ansätze der Modellierung von Biosystemen (biotisch) oder Geosystemen (abiotisch). Ein Landschaftsmodell jedoch erfordert darüber hinaus die Integration sozioökonomischer Aspekte, die völlig anderen Regularien unterliegen als die bislang erwähnten natürlichen Prozesse. Davon ist man derzeit noch weit entfernt.

Der aktuelle Trend entfernt sich von der traditionellen Physikgläubgkeit der Modellierung und bewegt sich zu mehr Ökologie in der Umweltmodellierung.

War man bis Ende der 1980er Jahre von der Richtigkeit des Einsatzes physikalisch basierter Prozessmodelle überzeugt, wurde mehr und mehr deutlich, dass diese vor allem bei Anwendung in kleinen Maßstäben (d.h. in großen Räumen) stark fehlerbehaftet waren. Daraufhin setzte man in den 1990er Jahren auf kalibrierte Prozessmodelle, die jedoch außerhalb der Anpassungsräume und –zeiten nur bedingt verlässliche Vorhersagen lieferten. Mit der Jahrtausendwende scheint die Lösung des Problems gefunden: Man verwendet konzeptionelle Modelle mit besseren Prozessansätzen, die auf einem landschaftsökologischen Gebietsverständnis basieren. Eine Identifikation typischer Landschaftsstrukturen erlaubt dann die Arbeit mit „schlankeren" Datensätzen.

Dennoch beobachtet man gegenwärtig den Trend, dass man sich in die detaillierte Modellierung von landschaftlichen Subsystemen zurückzieht und je quantitativer diese dargestellt werden, um so schwieriger erweist sich deren Aggregation zu einem Gesamtmodell.

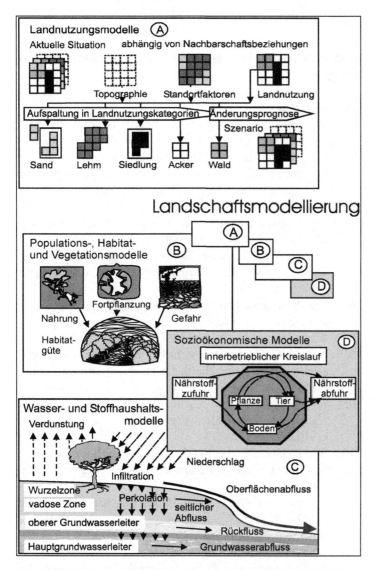

Abb.5.8-6 Modelle für Subsysteme oder Landschaftsmodelle?

Zweifelsfrei werden derzeit gerade auf dem Gebiet dieser Kompartimentmodelle große Fortschritt erzielt, jedoch ist

man noch immer von einem wirklichen Modell des Landschaftsökosystems, das alle darin ablaufenden Prozesse in
ihrer Vernetzung quantitativ erfassen kann, weit entfernt.
Erste Schritte in diese Richtung geht man beispielsweise mit
den Modellen DILAMO (Reiche et al. 1999), MOSAIK
(Kleyer et al. 2002) oder SOCRATES (Wendroth et al. 2003,
Schultz et al. 2003), aber bis zum Erreichen des Ziels ist es
noch ein weiter Weg (Abb. 5.8-6).

Was sollte ich wissen? - Einige Fragen zu Kapitel 5

Die Begriffe

1. Was versteht man unter dem Begriff Landschaftsstruktur? Durch welche Landschaftsmerkmale kann die
   Landschaftsstruktur gekennzeichnet werden?
2. Welche landschaftlichen Funktionen gibt es? In welcher
   Beziehung stehen diese zur Landschaftsstruktur?
3. Was heißt landschaftliche Vertikalstruktur? Aus welchen Elementen und welchen Stockwerken baut sie sich
   auf? Geben Sie dazu Beispiele!
4. Was versteht man unter landschaftlicher Diversität?
5. Welche topischen Einheiten gibt es? Stellen Sie Beispiele vor!
6. Durch welche Maßverhältnisse kann ein Geotop gekennzeichnet werden?
7. Was versteht man unter *patches*?
8. Welche Gefügetypen unterscheidet man bei der Kennzeichnung der landschaftliche Horizontalstruktur? Stellen Sie Beispiele dar!
9. Wie kommt es zu Nachbarschaftseffekten?. Welche
   Nachbarschaftseffekte werden anhand von *patches* gekennzeichnet?
10. Was ist eine Catena? Beschreiben Sie ein Beispiel!
11. Was sind Ökotone? Erläutern sie diesen Begriff an Bei-
    spielen!
12. Welche Teilbereiche des Landschaftshaushaltes kann
    man bilanzieren?
13. Wie misst man Diversität?
14. Was versteht man unter Landschaftsstrukturmaßen?
15. Welche unterschiedliche Herangehensweise liegt der
    „Karte der naturräumlichen Gliederung Deutschlands"
    und der Karte der „Geoökologischen Landschaftstypen
    Deutschlands" zugrunde?

Die Methoden

16. Was versteht man unter einer komplexen geoökologischen Standortanalyse? Worin liegt ihre Bedeutung? Was sind die Probleme?

17. Was versteht man unter einer geoökologischen Differenzialanalyse? Wo wird sie angewandt? Welche Probleme treten auf?

18. Auf welcher Grundlage typisiert man Landschaften?

19. Welche Unterschiede bestehen zwischen der Vorerkundung und der Erkundung eines Landschaftsgefüges?

20. Was heißt komplexe Landschaftskartierung?

21. Was bedeuten kleinste gemeinsame Geometrien für die Landschaftskartierung?

22. Was heißt Kartierung nach dem *patch-matrix*-Konzept?

23. Wie findet man Ökotone?

24. Wie erfasst man landschaftliche Funktionen?

25. Interpretieren Sie anhand eines Beispieles ausgewählte Landschaftsstrukturmaße!

6 Landschaftsnutzung und -gestaltung

6.1 Leitbilder und Leitlinien

Brundtland Report (WCED 1987, S. 45/46)
Sustainability (Nachhaltigkeit) is a "path of progresses
which meets the needs and the aspirations of the present
generation without compromising the ability of the future
generations to meet their own needs"

6.1.1 Der Hintergrund: Nutzungskonflikte

Ein Stück Land steht zum Verkauf. Es liegt in einem Tal im
Schwarzwald, an der Grenze zwischen Wald und Weideland.
Der Bauer, der hier das Land bewirtschaftete hat aufgegeben.
Sein Nachbar würde gerne kaufen, um seine Grünlandfläche
zu vergrößern und abzurunden. Aber auch die Gemeinde ist
interessiert. Sie könnte dann das Gelände als Bauland ausweisen und einem Investor anbieten, der ein Freibad bauen
will. Das würde Touristen anziehen. Falls das Bad nicht gebaut wird, steht eine Immobilienfirma bereit, um dieses
Areal zu parzellieren und darauf Ferienwohnungen zu bauen.
Ökologisch sinnvoller wäre es, dieses Land aufzuforsten, es
war Bauernwald und der ist ohnehin erst im vorigen Jahrhundert gerodet worden. Aber für ein Waldstück gibt es
keinen Interessenten.

Das Naturschutz-
gesetz und andere
umweltrechtliche
Vorgaben (vgl.
Kap. 6.6) verlan-
gen die Berück-
sichtigung ökolo-
gischer Aspekte
bei Entscheidun-
gen zur Land-
schaftsnutzung.

Eine solche Situation ist nicht so selten, wie es scheint.
Landnutzungsentscheidungen werden in vielen Fällen unter
wirtschaftlichen oder politischen Gesichtspunkten angestrebt. Die Frage nach den landschaftsökologischen Auswirkungen der Entscheidung bleibt zunächst außen vor. Sie
stellt sich erst, wenn Genehmigungen beigebracht werden
müssen. Das Naturschutzgesetz und andere umweltrechtliche Vorgaben (vgl. Kap. 6.2) verlangen die Berücksichtigung
dieser Tatbestände bei Landnutzungsentscheidungen. Das
kann mitunter sehr unangenehm für den Vorhabensträger
werden. Dennoch ist es nicht die Regel, dass landschaftsökologische Aspekte bereits von Anfang an die Ideen und Ab-
sichten zur Landschaftsnutzung mitbestimmen.

Dabei kann es weder darum gehen, Nutzungsansprüche zu
blockieren, noch darum, dass Umweltprobleme lediglich
formal berücksichtigt werden. Stattdessen müssen gangbare
Wege des Ausgleichs zwischen den konkurrierenden Vorstel-

lungen zur Landschaftsnutzung gesucht werden; denn der Lebensraum des Menschen ist gleichzeitig politischer Raum, Wirtschaftsraum, Kulturraum und ökologischer Raum (Schmid 1997). Leitlinien und Leitbilder der Landschaftsnutzung können dabei hilfreich sein.

6.1.2 Die Handlungsmaximen

Grundanliegen der Landschaftsplanung finden ihren Ausdruck in Leitlinien. Diese geben Prinzipien, Bedingungen und Kriterien einer künftigen Landschaftsentwicklung vor. Vorstellungen über anzustrebende Landschaftseigenschaften, in denen sowohl soziale, kulturelle, politische und wirtschaftlichen Ansprüche als auch ökologische Aspekte eingehen.

Wichtigste Leitlinie der Landschaftsnutzung ist das **Prinzip der Nachhaltigkeit**. Unter landschaftsökologischen Gesichtspunkten heißt das zunächst: Man soll dem Naturhaushalt nicht mehr entnehmen als nachwächst (Bastian 2000). Im Bericht der Weltkommission für Umwelt und Entwicklung der UNO zu dieser Problematik, dem Brundtland-Bericht (WCED 1987) wird der Nachhaltigkeitsbegriff allerdings weiter gefasst. Es geht um ein Konzept zur dauerhaften Erhaltung und Entwicklung der Wohlfahrt der Menschen. Das heißt, ökologische Nachhaltigkeit muss immer im sozioökonomischen Kontext betrachtet und beurteilt werden. Nachhaltigkeit gilt der Entwicklung der Landschaft als Lebensraum, nicht allein der Landschaft als Naturraum.

Diese Leitlinie lässt sich durch einige Grundsätze der Landschaftsnutzung untersetzen. Zu nennen sind (Bastian und Schreiber 1999):

— Der Grundsatz der Zukunftsverantwortung: Die Zukunft der Gesellschaft und ihrer natürlichen Lebensgrundlagen hat das menschliche Handeln zu bestimmen.

— Der Grundsatz der Sicherung der Lebensqualität: Alle Entscheidungen sollen der Erhaltung und Verbesserung der Lebensqualität der Menschen dienen.

— Der Grundsatz der ganzheitlichen Landschaftsbetrachtung: Die historische Kulturlandschaft ist ein unteilbares Ganzes. Nur ganzheitliche Entwicklungs- und Sanierungskonzepte sind tragfähig.

— Der Grundsatz der differenzierten Landschaftsnutzung (nach Haber 1972, 1979): Bei der Landschaftsnutzung sind ökonomische, ökologische und soziale Ziele optimal zu verknüpfen.

> Leitlinien geben Prinzipien, Bedingungen und Kriterien einer künftigen Landschaftsentwicklung vor, ausgehend vom Prinzip der Nachhaltigkeit.

- Der Grundsatz des sparsamen Umganges mit Naturressourcen: Nicht erneuerbare Ressourcen müssen sparsam
  entnommen werden. Die Regenerierung erneuerbarer
  Ressourcen muss gesichert werden. Der Flächenverbrauch ist zu beschränken.
- Der Grundsatz der Vermeidung unnötiger Eingriffe in
  Natur und Landschaft.
- Der Grundsatz der optimalen Nutzung der Naturpoten-
  ziale.

Angestrebt wird eine langfristige tragfähige Landschaftsnutzung und die Erhaltung aller noch funktionsfähigen, sich
selbst regenerierenden natürlichen oder naturnahen Ökosysteme (Succow 2000).

6.1.3 Handlungsanweisungen

Leitbilder der Landschaftsnutzung geben
regional oder
lokal gültige
Handlungsanwei-
sungen vor.

Leitbilder der Landschaftsnutzung untersetzen die
Leitlinien. Wie Landschaftspflege und -entwicklung in den
Nutzungsprozess integriert werden können, das soll auf diese
Weise vorgegeben werden. Derartige Leitbilder können für
die

- landschaftliche Ausstattung
- der Landschaftszustand
- die Ziele der Landschaftsnutzung
- die Grenzen der Landschaftsbelastung

erarbeitet werden (Bastian und Schreiber 1999). Sie gründen
sich auf allgemeine Überlegungen zur Struktur und Funktionen von Landschaften, abgeleitet aus Leitlinien der Landschaftsnutzung, weisen aber stets einen regionalen oder lokalen Bezug auf.

So orientiert das Raumordnerische Strukturkonzept des
Landes Brandenburg (Abb. 6.1-1) auf eine Verbesserung des
Landschaftszustandes im Jungmoränengebiet (vgl. dazu auch
Abb. 5.1-2) durch die Wiederherstellung und Erweiterung
der ökologischen Funktionen der Kulturlandschaft. Dabei
wird eine **Extensivierung der land- und forstwirtschaftli-
chen Nutzung** angestrebt. Die Lebensraumfunktion der
ackerbaulich genutzten Grundmoränen soll durch die Begrenzung des Einsatzes an Mineraldünger und Pflanzen-
schutzmitteln beim integrierten Landbau oder durch den
völligen Verzicht darauf beim ökologischen Landbau ge-
stärkt werden; denn auf diese Weise können sich die Ackerunkrautgesellschaften regenerieren, die eine bedeutende
Nahrungsquelle der Wildtiere darstellen. Einige Ackerun-

kräuter stellen für Schaderreger an Kulturpflanzen nicht nur eine Nahrungsalternative, sondern die bevorzugte Nahrung dar (Knauer 1995).

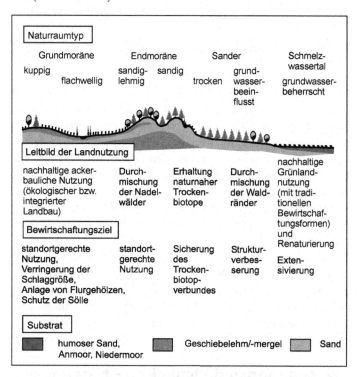

Abb. 6.1-1 Leitbilder der Landschaftsnutzung nach dem Raumordnerischen Strukturkonzept des Landes Brandenburg

Auch durch die Erweiterung des Netzes an Hecken und Feldgehölzen kann die Lebensraumfunktion des Ackerlandes wesentlich verbessert werden. Hecken und Feldgehölze weisen ein vielfältiges Angebot an Nahrung und geschützten Siedlungsplätzen auf. Das betrifft Vögel und Reptilien ebenso wie Käfer, Hautflügler (Bienen und Wespen), Schmetterlinge, Fliegen und Spinnen, auch Libellen am Rand der Sölle. Die Erhaltung der noch existierenden Sölle ist wichtig, weil die funktionelle Bedeutung dieser Kleingewässer als Laichplätze von Amphibien in der Vergangenheit durch wachsende Verinselung infolge Verschüttung und durch Einträge von Düngemitteln und Pestiziden aus den benachbarten Feldern in den letzten Jahrzehnten erheblich zurück gegangen ist.

Nicht nur die Lebensraumfunktion der Wälder, sondern auch deren Regulationsfunktion lässt sich stärken, wenn der Anteil an Laubholzarten erhöht wird. Der humose Oberboden wird beim Abbau der Laubstreu nährstoffreicher, sein Filter-, Puffer- und Transformationsvermögen größer, die pH-Werte steigen. Die Vegetationsdecke wird strukturreicher. In den Saumbiotopen am Waldrand erhöht sich das Angebot an Nistplätzen. Feldbewohner können in der Laubstreu überwintern.

Die Belebung traditioneller Bewirtschaftungsformen bietet im Grünland die Chance, dessen Lebensraum- und Regulationsfunktion wiederherzustellen. Die ursprüngliche Artenvielfalt ist während der vergangenen Jahrzehnte im Zuge der Ertragssteigerung mit der Ansaat von Massenertragssorten verloren gegangen. Dies war oft verbunden mit der radikalen Absenkung des Grundwasserspiegels. Mit der Extensivierung der Grünlandnutzung und der Wiedervernässung extrem drainierter Niederungen können sich die Reste naturnaher Grünlandgesellschaften erneut ausbreiten und das Grünland kann seine Funktion als Brut-, Nahrungs- und Raststätte für zahlreiche Vogelarten wieder ausfüllen. Darüber hinaus wird der Abbau organischer Substanz gestoppt. Verlandungs- und Feuchtbiotope, wie Bruchwälder, werden besser geschützt.

6.2 Nutzungsmöglichkeiten - Nutzungsprobleme

6.2.1 Multifuktionale Landschaften und Landschaftsdienstleistungen

Multifunktionalität ist eine Eigenschaft vieler Landschaften.

Viele Landschaften vereinen in sich ganz unterschiedliche Funktionen. Sie sind multifunktional (Brandt und Vejre 2004). Bei der Umsetzung von Leitlinien und Leitbildern der Landschaftsentwicklung sind neben den **ökologischen Funktionen**, wie Lebensraum-, Regulations-, Schutz- und Entwicklungs- sowie Regenerationsfunktion (vgl. Kap. 5.1.4) auch die **sozioökonomischen Funktionen** der Landschaft zu betrachten (Abb. 6.2.-1). Sie kommen in der Kapazität natürlicher Prozesse und Komponenten zur Bereitstellung von Material und Leistungen zur Befriedigung menschlicher Bedürfnisse zum Ausdruck.. Damit kennzeichnen sie die Stellung der Landschaft im Nutzungsprozess. Im weitesten Sinne stellen sie **Produktivfunktionen** (Haber 1979) dar.

Eine besondere Rolle kommt der **Informationsfunktion** der Landschaft zu. Sie gründet einerseits auf deren Topographie, andererseits auf die in der Landschaft enthaltenen Zeugen ihrer Entwicklung. Die Topographie ist Grundlage für die Verortung aller Fakten und Geschehnisse, sei es ein Grundstück oder ein Bergsturz. Sie können aber auch im Boden konserviert werden, als Denkmale vergangener Kulturen oder erdgeschichtlicher Ereignisse. Man spricht von einer Archivfunktion des Bodens. Die **Wohn- und Wohnumfeldfunktion** wird durch die Art und Weise der Bebauung und die Gestaltung ihrer Umgebung gleichermaßen geprägt. Sie äußert sich in der Wohnqualität.

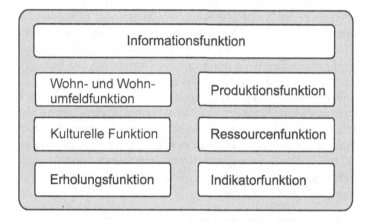

Abb. 6.2-1 Landschaftsfunktionen mit sozialem und wirtschaftlichem Bezug

Das subjektive Empfinden von der Schönheit der natürlichen wie der gebauten Landschaft (vgl. Kap. 1.3) kommt vor allem in der **kulturellen Funktion** der Landschaft zur Geltung. Für die **Erholungsfunktion** der Landschaft sind diese Landschaftsmerkmale ebenfalls von Bedeutung. Daneben sind es die Eigenschaften des unbebauten Bereiches, die die Erholungsfunktion der Landschaft prägen. Dazu gehören die Vielfalt, Eigenart und Schönheit von Relief und Vegetation, die erholungsfördernde Wirkung des Klimas und das Vorhandensein von Ruhebereichen.

Die sozioökonomischen Funktionen der Landschaft kommen in den Formen und Prozessen der Landschaftsnutzung zum Ausdruck.

Den wirtschaftlichen Wert der Landschaft beschreiben die **Produktionsfunktion** (für die Land- und Forstwirtschaft) sowie die **Ressourcenfunktion** (für den Bergbau und die Wasserwirtschaft). Die Produktionsfunktion wird durch die Temperatur- und Niederschlagsverhältnisse, die damit verbundene Dauer der Vegetationsperiode sowie das Nährstoff- und Feuchteangebot des Bodens maßgeblich bestimmt. Die

Ressourcenfunktion leitet sich aus den Vorkommen von nutzbaren Bodenschätzen und Wasservorräten ab.

Die **Indikatorfunktion** ist unter den sozioökonomischen Funktionen der Landschaft diejenige, die den ökologischen Landschaftsfunktionen am nächsten steht. Austrocknung und Durchfeuchtung können ebenso wie die Kontamination durch Schadstoffe anhand von Merkmalen der Vegetation, des Oberbodens oder der Oberflächengewässer angezeigt werden.

Ökosystem-
dienstleistungen
werden für un-
terschiedliche
Bezugseinheiten
ausgewiesen.
Landschaft-
dienstleistungen
werden auf kon-
krete Lanschaf-
ten bezogen.

Insgesamt können Landschaftsfunktionen, ökologische und/oder sozioökonomische, dazu beitragen, dass man in einer Landschaft leben und arbeiten kann (Brandt und Vejre 2004). Sie erbringen **Landschaftsdienstleistungen**, Gratisleistungen der Natur zugunsten der Menschen, gebunden an den Strukturen und Prozessabläufen einer Landschaft (Termorshulzen und Opdam 2009). Landschaftsdienstleistungen sind von großer Bedeutung bei der Umsetzung des Prinzips der Nachhaltigkeit im Landschaftsmanagement.

Die Kennzeichnung von Landschaftsdienstleistungen leitet sich aus dem Konzept der Ökosystemdienstleistungen ab. Dieses wurde bei der Untersuchung nicht monetarisierter Naturwerte in der Umweltökonomie entwickelt (Costanza et al. 1997). Unter **Ökosystemdienstleistungen** versteht man Leistungen (im Originaltext „Wohltaten") ökologischer Systeme für die Menschheit.

Millenium Ecosystem Assessment (MA 2005, Box 1, S.3): Ecosystem services are "the benefits people obtain from ecosystems. These include provisioning services such as food and water; regulation services such as regulation of floods, drought, land degradation and disease; supporting services such as soil formation and nutrient cycling; and cultural services such as recreational, spiritual, religious and other nonmaterial benefits".

Heute sind sie unverzichtbar geworden, werden aber vielerorts durch menschliches Handeln mehr und mehr gefährdet. Auf Veranlassung der UNO wurden sie im sogenannten Millenium Ecosystem Assessment (MA 2005) weltweit unter dem Gesichtspunkt betrachtet, wie sie sich beschreiben, bewerten und schützen lassen.

Darauf aufbauend unterscheidet man in einer internationalen Studie über die ökonomische Bedeutung der Natur für Entscheidungsprozesse (TEEB 2010), die 2007 von den Umweltministern der G-8-Staaten und der wichtigsten

Schwellenländer auf einem Treffen in Potsdam angeregt wurde:

Versorgungsleistungen: Angebot an Nahrungsmitteln, Rohstoffen, Süßwasser und Arzneipflanzen.

Regulierungsleistungen: Abschwächung von Extremereignissen, Regulierung des Lokalklimas und der Luftqualität, Abwasserreinigung, Kohlenstoffabscheidung sowie -speicherung, Erhaltung der Bodenfruchtbarkeit, Bestäubung, biologische Schädlingsbekämpfung.

Unterstützende Leistungen: Angebot an Lebensräume (Habitate) für Tiere und Pflanzen, Erhaltung der genetischen Vielfalt.

Kulturelle Leistungen: Beiträge zur Erholung sowie zu körperlicher und geistiger Gesundheit, touristisches Angebot, Vermittlung von ästhetischem Genuss, Stiftung von Identität.

Ökosystemdienstleistungen werden sowohl auf Biozönosen unterschiedlicher Größenordnung bezogen als auch auf Siedlungen und auf Wirtschaftszweige, die Naturressourcen nutzen. Die zentrale Frage heißt: „Wie können wir vor dem Hintergrund weitverbreiteter Umweltbelastungen dafür Sorge tragen, dass die Natur ihre Leistungen weiter bereitstellt und ihre Leistungsfähigkeit behält?" (TEEB 2010, S. 39).
Unter dieser Zielstellung gilt die Erforschung von Landschaftsdienstleistungen konkret abgrenzbaren und überschaubaren Räumen (Grunewald und Bastian 2010), das heißt Gebietseinheiten in der topischen und chorischen Dimension. In diesen Maßstabsbereichen lassen sich Ökosystemdienstleistungen unter Bezug auf den Landschaftskomplex betrachten. Man kann sie im Einzelnen ausweisen, sollte aber dabei deren gegenseitige Beeinflussung berücksichtigen (Kienast 2010).

6.2.2 Potenziale und Risiken

Wo sein Acker besonders fruchtbar ist, weiß jeder Bauer. Der Boden muss gut sein und das Klima günstig. Die Feldfrüchte müssen wachsen und reifen können. Das erfordert aber auch eine pflegliche Behandlung des Ackers. Wenn er steinig ist, müssen die Steine gelesen werden. Wenn er zur Vernässung neigt, muss für Abfluss gesorgt werden.
Diese Zusammenhänge zwischen Natureigenschaften und Technologie der Landschaftsnutzung kann man durch Potenziale und Risiken kennzeichnen.. Das geschieht auf der

Grundlage der naturräumlichen Ausstattung und unter Berücksichtigung der technologischen Standards.

Möglichkeiten und Grenzen der Landschaftsnutzung werden durch Potenziale und Risiken gekennzeichnet.

Die unterschiedliche Nutzungseignung der Naturräume ergibt sich aus deren **Naturraumpotenzialen** (Haase 1978, Mannsfeld 1979).

Dazu gehören:

das biotische Ertragspotenzial: das Vermögen des Naturraumes, nutzbare organische Substanz zu erzeugen und die Bedingungen dafür zu regenerieren,

das Wasserpotenzial: das Vermögen des Naturraumes, Wasser in nutzbarer Form (als Trink- oder Brauchwasser) bereitzustellen,

das hydroenergetische Potenzial: das Vermögen des Naturraumes, Wasser zur Energiegewinnung bereitzustellen,

das Bebauungspotenzial: das Vermögen des Naturraumes, nutzbaren Baugrund (möglichst eben, unzerschnitten, standfest) bereitzustellen,

das Rohstoffpotenzial: das Vermögen des Naturraumes, bergbauliche Rohstoffe bereitzustellen,

das Entsorgungspotential, das Vermögen des Naturraumes, Abfälle und Abprodukte aufzunehmen sowie abzubauen

das Klimapotenzial: die durch Witterung und Klima vorgegebene Nutzungseignung des Naturraumes,

das Erholungspotenzial: das Erholungsangebot des Naturraumes.

Das Potenzialkonzept (Mannsfeld 1983, 1999) schließt die Kennzeichnung der Risiken ein, die bei der Nutzung von Natureigenschaften bestehen. Dementsprechend spricht man von **naturräumlichen Risiken**. Darunter fallen: das Ertragsrisiko, das meteorologische Risiko, das hydrologische Risiko, das Bebauungsrisiko und das Abbaurisiko.
Naturräumliche Risiken kommen vor allem dann zur Geltung, wenn der landschaftliche Energie- und Stoffumsatz extreme Ausmaße annimmt oder ganz erlahmt.

6.2.4. Funktionale Bedeutung, ökologischer und ökonomischer Wert

Die Enten und Blesshühner, Dauerbewohner der Strandseen im Hinterland der großen Wanderdünen auf der Kurischen Nehrung, werden im Frühjahr und Herbst immer wieder aufgeschreckt. Tausende von Graugänsen fliegen abends in großen Schwärmen ein und lassen sich auf dem Wasser nieder. Kraniche und andere Zugvögel gesellen sich dazu. Das Haff am Binnenrand der Kurischen Nehrung wird zum Rastplatz für Zehntausende von Wat- und Wasservögeln, ebenso wie der Wald auf den Strandwällen neben den Dünen, der die durchziehenden Halboffenlandbewohner unter den Vögeln aufnimmt.

Die bewaldeten Strandwälle und die Strandseen üben hier eine Lebensraumfunktion aus, die im Frühjahr und Herbst überregional wirksam wird. Ihre **funktionale Bedeutung** ist dann besonders hoch. Sie ist einem zeitlichen Wandel unterworfen und unterliegt sowohl jahreszeitlichen und nutzungsbedingten Schwankungen als auch mittel- und langfristigen Veränderungen. Das gilt nicht nur, wie im Beispiel, für eine ökologische Funktion, sondern auch für alle anderen Funktionen, auch für die sozialökonomischen.

> Die funktionale Bedeutung von Landschaften spiegelt den Beitrag von Landschaftseigenschaften zur Funktion natürlicher oder sozialökonomischer Prozessabläufe wider. Dieser kann natürlichen oder nutzungsbedingten Schwankungen unterliegen.

Allerdings ist sind die Ansätze zur Bewertung der funktionalen Bedeutung unterschiedlich. Der **ökologische Wert** wird unter geozentrischen Gesichtspunkten eingeschätzt (Kap. 6.3.4-6.3.8), der **ökonomische Wert** dagegen unter anthropozentrischen Aspekten. Heute wird immer mehr versucht, den Geldwert von Landschaftsmerkmalen zu bestimmen, um sich so an eine Kennzeichnung des **Naturkapitals** anzunähern. Unter Naturkapital ist eine ökonomische Methapher für den „begrenzten Vorrat der Erde an physischen und biologischen Ressourcen und die begrenzte Fähigkeit von Ökosystemen zur Bereitstellung von Gütern und Leistungen" (TEEB, Glossar, S. 43) zu verstehen.

Bei einer **nichtmonetären Bewertung** vergleicht man anhand von Landschaftsmerkmalen den Landschaftszustand während des Beobachtungszeitraumes mit einem möglichen Idealzustand. Ansonsten stützt sich die Beurteilung des ökonomischen Wertes von Landschaftsdienstleistungen auf Methoden der **monetären Bewertung** (Beispiele in TEEB 2010). Das ist ein anspruchsvolles Anliegen, das noch am einfachsten zu bewältigen ist, wenn der direkte Nutzwert von Versorgungsleistungen anhand von Warenwerten eingeschätzt wird (Erntertrag, Viehbesatz). Wesentlich mehr Schwierigkeiten bereitet gegenwärtig Kosten-Nutzen-Analysen des indirekten Nutzwertes, beispielsweise für den Landschaftsschutz. Hier sind Schätzungen erforderlich, die unterschiedlichen Ansätzen folgen können. Präferenzbasierte Ansätze leiten sich aus Marktanalysen oder aus politischen Argumenten ab, biophysikalische Ansätze u. a. aus Energiebilanzen oder der Wahrscheinlichkeit des Auftretens von

> Bei monetären Bewertungen wird der direkte oder indirekte Nutzwert berechnet. Nichtmonetäre Bewertungen vergleichen den Landschaftszustand mit einem möglichen Idealzustand.

Extremereignissen (TEEB 2010). Viele der Schätzmethoden sind noch unausgereift. Sie werden zur Zeit erprobt und bedürfen weiterer Bearbeitung.

Tab. 6.2-1 Beispiele zur Bewertung von Landschafts-dienstleistungen (ergänzt nach Grunewald und Bastian 2010)

Funktion /Dienstleistung	Bewertung (**monetär**/*nichtmonetär*
Produktivfunktion (Land- und Forstwirtschaft)/ Versorgungsleistung	Ökonomischer Wert (direkter Nutzwert): **Ertrag** (*dt/ha*, **$/ha**)
Regulationsfunktion (Flüsse, Seen) /Regulierungsleistung	Ökonomischer Wert (indirekter Nutzwert): **Selbstreinigung ($/l)**
Lebensraumfunktion (Erhaltung der Bio- diverisität, Resilienz) /Unterstützende Leistung	Ökologischer Wert: *Zahl und Fläche seltener oder gefährdeter Arten sowie Habitate*

6.3 Arbeitsschritte zur Kennzeichnung, Bewertung und Entwicklung von Landschaften

6.3.1 Eine „heilige" Dreieinigkeit - Landschaftsanalyse, Landschaftsdiagnose, Landschaftsprognose

Die Talaue des Klondike River in der Nähe von Dawson City im Norden Kanadas hat der Bergbau verschandelt. Auenwiesen und -wälder sind vernichtet worden. Nur Schotterwälle, die der Schwimmbagger, mit dem nach Gold geschürft wurde, hinterlassen hat, begleiten den Fluss. Man sollte sie mit Sand und Feinerde bedecken sowie aufforsten, sagt der eine. Man muss erst prüfen, wie hoch die Konzentration an Schwermetallen im Schotter ist, sagt der andere. Lasst sie liegen, sagt der Dritte. Die Umgebung des Tales ist schön und unberührt ist sie auch. Vom tauben Gestein des Bergbaus geht keine Gefahr aus. Belegen kann man alle drei Auffassungen nicht. Man kann sich eine Untersuchungen des Gebietes nicht ersparen.

Drei Arbeitsschritte sind erforderlich, um Landschaftseigenschaften kennzeichnen, bewerten und schützen sowie entwickeln zu können (Abb. 6.3-1): **Landschaftsanalyse, Land-schaftsdiagnose, Landschaftsprognose.**

Die wichtigsten Arbeitsschritte zur Kennzeichnung, Bewertung und Entwicklung von Landschaften sind Landschafts-analyse, Land-schaftsdiagnose und Landschafts-prognose.

Abb. 6.3-1 Arbeitsschritte der Landschaftserkundung und Landschaftsentwicklung

Was nicht aus Karten und anderen Unterlagen zu entnehmen ist, muss im Gelände aufgenommen und im Labor analysiert werden. Das erfordert den Einsatz einer ganzen Palette von Arbeitsmethoden (vgl. Barsch et al. 2000, Bastian und Stein-hardt 2002, Zepp und Müller 1999), die es der jeweiligen Situation und Zielsetzung entsprechend auszuwählen gilt.

6.3.2 Was heißt Landschaftsanalyse?

Am Anfang der Kennzeichnung, Bewertung und Entwicklung von Landschaften steht die **Landschaftsanalyse**, das heißt, eine gründliche Erfassung des landschaftlichen Inventars und des Landschaftsgefüges im Rahmen einer komplexen geoökologischen Standortanalyse und einer geoökologischen Differenzialanalyse (vgl. Kap. 5). Es werden die Merkmale der landschaftlichen Komponenten und ihre räumliche Verteilung erfasst.

Das **Relief** spielt eine Schlüsselrolle im Landschaftshaushalt. Deshalb werden die Reliefformen und deren Elemente charakterisiert sowie kartiert., ergänzt durch eine Aufnahme des geologischen Substrates.

In Boden und Vegetation vollzieht sich der Energie- Wasser- und Stoffumsatz in der Landschaft.

Im **Boden** und in der **Vegetation** vollzieht sich vor allem der Energie, Wasser- und Stoffumsatz in der Landschaft. Die ökologischen Funktionen der Landschaft, die Lebensraumfunktion, die Regulationsfunktion, die Regenerations- und Entwicklungsfunktion sowie die Schutzfunktion, werden hauptsächlich von Boden und Vegetation getragen.

Aber auch sozioökonomische Funktionen der Landschaft, wie die Produktionsfunktion und die Erholungsfunktion, stützen sich auf Boden und Vegetation. Bodentyp und Bodenart werden anhand von Profilgruben sowie physikalischen und chemischen Kennwerten charakterisiert. Die Verbreitung der Böden wird kartiert, ebenso die Verbreitung der Biotope. Ihre Kennzeichnung wird bei makroskaligen Untersuchungen durch floristische Aufnahmen untersetzt und falls erforderlich, durch faunistische Aufnahmen (beispielsweise der Avifauna) ergänzt.

Das Wasser ist Träger der meisten Stoffumsatzprozesse.

Das **Wasser** ist Träger der meisten Stoffumsatzprozesse in der Landschaft. Das betrifft in erster Linie das Wasser im Boden. Aus diesem Grund wird das Bodenfeuchteregime gekennzeichnet, seine Nass- und Trockenphasen, seien sie vom Grundwasser, vom Sickerwasser oder vom Hangwasser bestimmt. Darüber hinaus ist auch die Beschaffenheit der Grundwasserkörper und der Oberflächengewässer zu beschreiben, vor allem Menge, Fließrichtung und Chemismus.

Witterung und Klima beeinflussen langfristig die Landschaftsentwicklung.

Witterung und Klima prägen den Landschaftszustand im Ablauf der Jahreszeiten. Mittel- und langfristig beeinflussen sie die Landschaftsentwicklung. Neben den großklimatischen Daten, wie Niederschlag und Temperatur, und witterungsklimatischen Abläufen, so die Häufigkeit und die Dauer typischer Wetterlagen, interessieren im meso- und makroskaligen Bereich geländeklimatische Besonderheiten, wie die Lage von Kaltluftseen und der Verlauf von Frischluftbahnen.

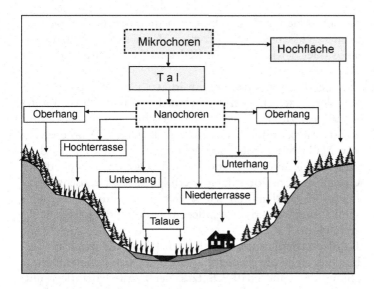

Abb. 6.3-2 Hierarchische Gliederung von typisierten Landschaftseinheiten in einem Tal

Die räumliche Kombination dieser Landschaftsmerkmale wird ermittelt. Gebiete mit gleichen Merkmalskombinationen werden umgrenzt, als **Landschaftseinheiten** (Ökotope, Physiotope oder -choren) ausgeschieden und im Vergleich untereinander typisiert. Die Übergangssäume (Ökotone) werden einer der beteiligten Einheiten zugeschlagen oder, wenn sie groß genug sind, gesondert ausgewiesen.

Abschließend wird eine hierarchische Einordnung oder Gliederung des Landschaftsgefüges vorgenommen. Die Bezeichnung der Landschaftseinheiten richtet sich nach ihren Hauptmerkmalen. Im Mittelgebirge kann es beispielsweise deren Lage im Relief sein (Abb. 6.3-2, vgl. auch Kap. 2.2).

6.3.3 Was versteht man unter Landschaftsdiagnose und -prognose?

Mit der **Landschaftsdiagnose** werden die fachlichen Grundlagen für die Steuerung und Entwicklung von Landschaftseigenschaften erarbeitet. Das geschieht vor allem bei der **Bewertung** des Landschaftszustandes sowohl in Hinblick auf den Beitrag von Landschaftseigenschaften zur Funktion von Ökosystemen als auch in Bezug auf das Potenzial und Risiko der Landschaftsnutzung. Die Bewertungsverfahren beziehen sich auf Eigenschaften landschaftlicher Komponenten (s.u.), die in der Landschaftsanalyse erfasst und beschrieben worden sind. Die Resultate werden räumlich auf die auskartierten Landschaftseinheiten bezogen. Eine Gesamteinschätzung des Nutzungspotenzials, des Nutzungsrisikos oder der funktionalen Bedeutung von Landschaften ist nicht möglich.

Landschaftsdiagnose bedeutet Bewertung des Landschaftszustandes.

Aus der Kenntnis des gegenwärtigen Landschaftszustandes und der Geschichte seiner Entwicklung lässt sich die **Landschaftsprognose** ableiten. Sie geschieht nicht um ihrer selbst willen, sondern dient der gedanklichen Vorbereitung von Maßnahmen zur Überwachung, zum Schutz, zur Pflege und Gestaltung von Landschaften. Die Umsetzung dieser Gedanken und Vorstellungen erfolgt in der Landschaftsplanung, bei der Landschaftsüberwachung, beim Landschaftsschutz, in der Landschaftspflege und durch die Landschaftsarchitektur.

Landschaftsprognose kommt in der Landschaftsplanung zum Ausdruck.

Landschaftsplanung (vgl. Kap. 6.4) und die damit in Verbindung stehenden Arbeitsaufgaben der Landschaftsüberwachung, des Landschaftsschutzes, der Landschaftspflege und der Landschaftsarchitektur werden auf der Grundlage von Gesetzen und Verordnungen betrieben. Ihre Aufgabenfelder und ihre Arbeitsmethoden sind jedoch fachlich geprägt.

Landschaftsüberwachung dient der Kontrolle der Faktoren, die den Landschaftszustand beeinflussen.

Landschaftsüberwachung *(landscape monitoring)* basiert auf der Erfassung und Kennzeichnung der Faktoren, die den Landschaftszustand beeinflussen und verändern. insbesondere interessieren die Stärke ihres Einflusses, der Zeitraum ihrer Einwirkungen im Ablauf der Jahreszeiten, die Geschwindigkeit der dadurch ausgelösten Veränderungen sowie ihre räumliche Ausdehnung. Hinzu kommen die Fragen nach der Reversibilität oder Irreversibilität der Veränderung und ihrer sozialen Effekte (Bastian 1999). Zur Landschaftsüberwachung setzt man sowohl terrestrische Messstellen (für die stoffliche Belastung der Luft oder des Wassers) als auch Verfahren der Fernerkundung ein. Nationale wie internationale Umweltprogramme (UNEP, MAB) dienen der Landschaftsüberwachung.

Landschaftsschutz ist Bestandteil des Naturschutzes.

Landschaftsschutz *(landscape conservation)* umfasst konservierende Schritte zur Bewahrung ökologisch wertvoller Landschaftseigenschaften sowie prozessorientierte Schritte zur Regeneration, Pflege und Entwicklung des Naturhaushaltes (Bork et al. 2003). Das ist Bestandteil des Naturschutzes. Dabei geht es nicht nur um den seggregativen Schutz von besonders wertvollen Flächen, sondern auch um die Integration von Maßnahmen des Naturschutzes in die Landnutzung. Ein zusammenhängendes Netz ökologisch bedeutender Gebiete wird angestrebt. In Europa hat dieses Netz die Bezeichnung NATURA-2000 (vgl. Kap. 6.4).

Landschaftspflege dient der Umsetzung von Leitbildern der Landschaftsentwicklung (Halfmann und Darmer 2003). Sie werden konkretisiert und auf Umsetzbarkeit, insbesondere bei der Unterstützung funktional bedeutender Prozessabläufe, geprüft. Dem schließt sich die Erarbeitung von Maßnahmen der Biotopentwicklung oder des Artenschutzes und deren Realisierung an. Begleitet wird dies von administrativen Schritten, Flächenerwerb oder Pacht. Erfolgskontrollen bilden dann die Grundlage für die Fortsetzung oder Veränderung der eingeleiteten Maßnahmen.

Landschaftspflege dient der Umsetzung von Leitbildern und Leitlinien der Landschaftsnutzung.

Landschaftsarchitektur heißt Landschaftsgestaltung unter ästhetischen Gesichtspunkten. Das geschieht bei der Anlage von Gärten und Parks, aber auch in Verbindung mit der Anlage von Siedlungen, von Verkehrswegen oder Erholungsstätten und -plätzen. Mit der Eingliederung architektonischer Elemente in die Landschaft kann nicht nur deren Schönheit erhöht, sondern auch deren funktionelle oder wirtschaftliche Bedeutung gesteigert werden. Die Schlösser und Parks, die in den vergangenen Jahrhunderten angelegt worden sind, legen davon Zeugnis ab.

Landschaftsarchitektur hat die ästhetische Gestaltung von Landschaften zum Ziel.

6.3.4 Welche Bedeutung hat die Landschaftsbewertung?

Ein Hochmoor in Ostfriesland, in dem heute noch Heidekraut und Glockenheide, Moorbirke und Torfmoos anzutreffen sind, in dem Baumpieper, Ziegenmelker und Sumpfohreule, Moorfrosch und Kreuzotter zu Hause sind, aber auch Torf abgebaut wurde, kann sich möglicherweise auf natürlichem Wege regenerieren. Als Naturschutzgebiet gehört es dann zum europäischen Schutzgebietssystem NATURA-2000. Voraussetzung dafür ist, dass Hochmoorkerne mit einer von Torfmoosen dominierten Vegetation vorhanden sind, in denen oligotrophe Verhältnisse und ein regenwasserabhängiges Bodenfeuchteregime herrschen. Der Zustand solcher, zum Teil abgetorfter Gebiete muss gründlich untersucht und eingeschätzt werden, ehe die Unterschutzstellung erfolgt, jegliche Nutzung untersagt wird und Pflegemaßnahmen einsetzen.

Mit einer **Landschaftsbewertung** wird die für solche Entscheidungen erforderliche komplexe Information angestrebt. Sie erolgt in der Regel nichtmonetär, muss aber nachvollziehbar und für Planungszwecke handhabbar sein (Bastian und Schreiber 1999). Das heißt, dass die Bezugsräume eindeutig abzugrenzen sind. Ökotone müssen entweder gesondert ausgewiesen oder unterdrückt werden. Die landschaftli-

Landschafts-
bewertung schafft
Entscheidungs-
grundlagen für die
Landschaftspla-
nung. Sie erfolgt
komponenten-
bezogen.

che Ausstattung der Bezugsräume wird erfasst und kartiert (vgl. Knothe und Schrader 1985). Dabei gelten die in der Planungspraxis eingeführten Klassifikationen als verbindlich: Bodentypen werden beispielsweise nach der Bodenkundlichen Kartieranleitung (Arbeitsgruppe Boden 1994) angesprochen, Biotoptypen. nach der Kartieranleitung des jeweiligen Bundeslandes.

Tab. 6.3-1 Skalierung von Bewertungsstufen

Wertstufe		Skalierung	
Fläche mit stark eingeschränktem Wert	1	1	1
Fläche mit eingeschränktem Wert	2		
Fläche mit mittleren bis eingeschränktem Wert	3	2	
Fläche mit mittleren Wert	4	3	2
Zum Teil wertvolle Flächen	5		
Wertvolle Flächen	6	4	3
Sehr wertvolle Flächen	7	5	

Die Bewertung des Landschaftszustandes erfolgt komponentenbezogen und zielgerichtet. Dabei können Funktionen, Potenziale oder Risiken im Vordergrund stehen. Das Ergebnis verbal-argumentativ erläutert und einer Wertstufe zugeordnet. Sie erlaubt einen orientierenden Überblick und stellt so eine quantifizierende Hilfskonstruktion (Knauer 1989) dar, die komplizierte Zusammenhänge verdeutlicht. Man kann sie an Schwellenwerten anbinden (z.B. der Gewässer-, Boden bzw. Luftbelastung) oder beschreiben. Drei - bis siebenstufige Skalen sind üblich (vgl. Tab. 6.3-1).

Die Bewertungsschritte müssen transparent und nachvollziehbar sein. Ergebnisse werden verbal-argumentiv erläutert und einer Wertstufe zugeordnet. Starr formalisierte Bewertungsverfahren sind problematisch. Die Berechnung von Mittelwerten ist meist unsinnig. Wesentlich interessanter sind die Extrema innerhalb des Untersuchungsgebietes, ihre Lage und die Ursachen dafür. Kriterien, die in den fachlichen Kartierungsanleitungen und in behördlichen Vorgaben, beispielsweise im Methodischen Leitfaden zur Umsetzung der Eingriffsregelung (1993) ausgewiesen sind, bestimmen die Gesamteinschätzung. Die Bewertungsverfahren sind bei Barsch et al. 2000, Bastian und Steinhardt 2002, Zepp und Müller 1999 dargestellt worden.

6.3.5 Wie bewertet man Biotope?

Die ökologische Bewertung der **Biotopqualität** stützt sich auf floristisch- vegetationskundliche Aufnahmen der kartierten Biotope und auf repräsentative Erhebung zu deren Besatz an Wildtieren.

Folgende Parameter des Pflanzenbestandes können unabhängig voneinander beurteilt werden:

Bei der Bewertung der Biotopqualität werden Merkmale des Pflanzen- und Tierbestandes unabhängig voneinander beurteilt.

- natur- und kulturräumliche Repräsentanz,
- strukturelle Vielfalt,
- Seltenheit und Gefährdung,
- Regenerierbarkeit,
- Reife (anhand standorttypischer Artengruppen),
- Hemerobie.

Tab 6.3-2 Gesamteinschätzung des Biotopwertes (aus Barsch et al. 2000)

Wert-stufe	Biotopmerkmale
1	stark eingeschränkter ökologischer Wert: extrem strukturverarmt, als Lebensraum ausschließlich von anspruchslosen Arten oder zufällig genutzt
2	eingeschränkter ökologischer Wert: strukturell wenig differenziert, als Lebensraum nur für ubiquitäre Arten bedeutsam
3	mittlerer ökologischer Wert: strukturell differenziert, mit biotoptypischen Arten, als Lebensraum nicht nur für ubiquitäre Arten bedeutsam
4	ökologisch wertvoll: natur- und/oder kulturräumlich repräsentativ, mit biotoptypischem Artenspektrum, als Lebensraum für stenöke und/oder gefährdete Arten bedeutsam
5	ökologisch sehr wertvoll: natur- und/oder kulturräumlich repräsentativ, mit biotoptypischer Artenvielfalt, als Lebensraum für stenöke und/oder gefährdete Arten sehr bedeutsam

Ergänzend dazu lässt sich die Bedeutung der Biotope als Lebensraum und als Reproduktionsstätte für die erfassten Tierarten beschreiben. Kriterien dafür sind:

- biotoptypische Artenvielfalt,
- Regenerierbarkeit des Tierbestandes nach Eingriffen,
- Ungestörtheit des Tierlebensraumes.

Die Gesamteinschätzung des Biotopwertes kann unter Beachtung der bedeutsamen Einzelparameter vorgenommen werden. Den Rahmen dafür gibt Tab. 6.3-2 wieder.

Die Berücksichtigung von bedeutenden Einzelparametern darf allerdings nicht dazu führen, dass die Gesamtbeurteilung einseitig auf die Bedürfnisse bestimmter, Biotope, Arten oder Artengruppen ausgerichtet ist, den Anspruch an eine komplexe ökologische Bewertung jedoch nicht erfüllt.

6.3.6 Auf welche Weise kann man Pedotope bewerten?

Das Ertrags-potenzial kennzeichnet die Fruchtbarkeit eines Standortes.

Die **Bewertung des Ertragspotenzials** ist ein Maß für die Eignung des Standortes für die Land- und Forstwirtschaft. Sie kennzeichnet dessen Vermögen, nutzbare Biomasse zu erzeugen und die Wiederholbarkeit dieses Vorganges zu gewährleisten (Haase 1978). Das gründet sich vor allem auf die Eigenschaften des Bodens. Deswegen spricht man auch von Bodenfruchtbarkeit. Sie ist aber auch von Merkmalen des Klimas und des Reliefs abhängig (Abb. 6.3.-3).

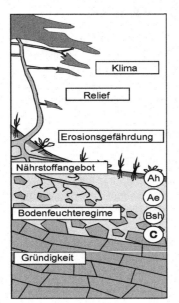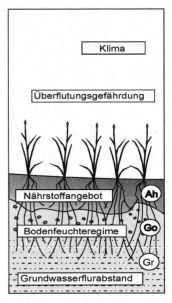

Abb. 6.3-3 Einflussgrößen des Ertragspotenzials an einem podsolierten Hang und in einer vergleyten Talaue

Marks et al. (1992) berücksichtigen in ihrem Bewertungsvorschlag die Neigung des Reliefs sowie die Bodenart, die Gründigkeit und das Nährstoffangebot des Bodens, Grundwasserflurabstand, Staunässemerkmale, die nutzbare Feldka-

pazität sowie das Überflutungsrisiko und die Jahresmittel
von Temperatur bzw. Niederschlag.

Die Abschätzung des Nährstoffangebotes erfordert Analysen
der physikalischen und chemischen Bodenbeschaffenheit.
Bestimmt werden Körnung, Volumenverhältnisse, Humus-
gehalt, pH-Wert, Kationenaustauschkapazität, Gehalt an Ma-
kronährstoffen (Ca,Na,K) und/oder Schadstoffen (Schwermetalle).

Diese Analysen, punkthaft gewonnen mittels Bodenproben,
lassen sich durch die Kartierung der zugehörigen Bodentypen oder des Vorkommens von Bioindikatoren (nährstoff-
anzeigende Pflanzen,. Ackerunkrautgesellschaften u.ä.) über
größere Flächen hinweg verfolgen. Die Befunde können
dann sowohl auf die Pflanzenproduktion als Ganzes als auch
auf einzelnen Anbauarten bezogen werden.

Den einfachsten Zugang zum Ertragspotenzial erlauben auf
landwirtschaftlich genutzten Flächen die Werte der Bodenschätzung (Tab. 6.3-3). Allerdings nimmt man damit in Kauf,
dass heute überholte Ansichten über die Einschätzung der
Bodenqualität in die Bewertung eingehen, so die Unterschät-
zung der Ertragsleistung von lessivierten Böden und die
Überschätzung der Produktivität von Braunerden.

Tab. 6.3-3 Ableitung des Ertragspotenzials aus den Werten der
Bodenschätzung (aus Bastian und Schreiber 1999)

Ackerbodenzahlen und Grünlandgrundzahlen	Ertragspotenzial	
	Stufe	**Bezeichnung**
7-18	1	sehr gering
19-38	2	gering
39-63	3	mittel
64-82	4	hoch
83-100	5	sehr hoch

Der **ökologische Bodenwert** bezieht sich räumlich auf jeweils ein Pedotop, das heißt, auf das Areal eines Bodentyps.
Bei seiner Ermittlung werden die Parameter Repräsentanz,
Filter-, Puffer- und Transformationsvermögen, Erosionsge-
fährdung, Versiegelung und Verdichtung sowie Schadstoffbelastung unabhängig voneinander beurteilt.

Da der Boden viele Funktionen aufweist, ist es sinnvoll,
wenn seine Bewertung auf bestimmte Funktionen bezogen
und unter Berücksichtigung der aktuellen Nutzung erfolgt
Die Produktionsfunktion des Bodens ist abhängig von Klima

und Bodenfruchtbarkeit. Böden mit oberflächenaktiven Bodenteilchen, wie Huminstoffen, Tonmineralen und Sesquioxiden, können in Abhängigkeit vom pH-Wert Ionen der Bodenlösung und damit Nährstoffe festhalten.

In Zusammenhang mit der Archivfunktion des Bodens versteht man unter naturräumlicher Repräsentanz die ungestörte regional-typische Ausprägung der bodengenetischen Merkmale (im Idealfall wie bei Schwarzerden in der Magdeburger Börde), unter kulturräumlicher Repräsentanz das Vorhandensein von Zeugnissen traditioneller Nutzungsformen (Plaggen-Horizonte u.ä.).

Mit dem ökologischen Bodenwert wird die Bedeutung der Böden für den Landschaftshaushalt und für die Landschaftsnutzung gekennzeichnet.

Tab. 6.3-4 Beurteilung der Lebensraumfunktion des Bodens (nach Umweltbehörde der Freien und Hansestadt Hamburg 1999)

Para-meter	Wertstufe				
	1	2	3	4	5
Nutzung	sehr intensiv (dichte Bebauung, Gewerbe)	intensiv (lockere Bebauung)	konventionell (Land- oder Forstwirtschaft)	extensiv (Land- oder Forstwirtwirtschaft)	keine
Substrat	weitgehend gestört	gestört, technogene Beimengungen> 30cm	gestört, technogene Beimengungen< 30cm	gestört < 30cm	natürliche Abfolge
Versiegelung	> 30%	11-30%	1-10%		
Verdichtung	stark (Wege)	deutlich (Spuren)			
Bodenfeuchteregime	gestört (Drainage, Stau)			ungestört	
Schadstoffe	Auftrag, Altlasten	Anreicherung	Gering		

Ein weitgehend gestörter Stadtboden (Tab. 6.3-4), der versiegelt oder verdichtet wurde, weist ein stark herabgesetztes

Filter-, Puffer- und Transformationsvermögen auf. Sein ökologischer Wert ist äußerst gering.

6.3.7 Welche Parameter kennzeichnen die Gewässergüte?

Die Funktionen des Wassers im Landschaftshaushalt sind äußerst vielgestaltig. Deswegen wurden eine Vielzahl von Verfahren zur Gewässerbewertung ent-wickelt. Anders als bei Flora und Fauna sowie Boden und Klima existieren in der Europäischen Gemeinschaft aber verbindliche Vorgaben zur ökologischen Bewertung der Gewässer. Die Richtlinie 2000/60/EG (Wasserrahmenrichtlinie/WRRL) umreißt die Ziele und Methoden für die Einschätzung der Oberflächengewässer und des Grundwassers. Ihre Umsetzung in das deutsche Wasserrecht ist mit Qualitätsnormen verbunden, die die bisherigen Regelungen der deutschen Länderarbeitsgemeinschaft Wasser (LAWA) ergänzen.

Die Wasserrahmenrichtlinie der EG ist maßgebend für die Einschätzung der Wasserqualität.

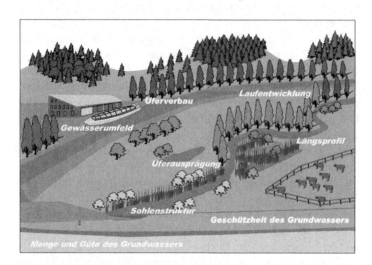

Abb. 6.3-4 Parameter zur Bewertung der Gewässer im Bereich der sand- und lehmgeprägten Talauen

Die Bewertung der **Oberflächenwasserkörper** bezieht sich, wie in der WRRL gefordert, auf Gewässerkategorien (Fließgewässer, Seen, Übergangs- und Küstengewässer), die in Gewässertypen untergliedert werden. Man unterscheidet in Deutschland 25 Fließgewässertypen, 16 Seetypen und 13 Typen der Übergangs- und Küstengewässer (UBA 2010). Darüber hinaus werden natürliche, erheblich veränderte (Talsperren) und künstliche Oberflächenwasserkörper (Kanäle) ausgegliedert. Alle Bezugsräume werden voneinander abgegrenzt, wenn sich die Gewässerkategorie, der Gewässertyp oder der Gewässerzustand verändert. In fünf Stufen (sehr gut bis schlecht) wird der ökologische Zustand natürlicher Ober-flächenwasserkörper gekennzeichnet, in vier Stufen (gut und besser bis schlecht) das ökologische Potenzial der erheblich veränderten und der künstlichen Oberflächenwasserkörper

Fließgewässertypen werden hydromorphologisch, gewässerbiologisch, physikochemisch sowie nach ihrem Abflussverhalten gekennzeichnet.

Die **Fließgewässertypen** werden hydromorphologisch, gewässerbiologisch, physikochemisch sowie nach ihrem Abflussverhalten beurteilt. Ein sehr guter oder guter Zustand wird dabei durch keine oder nur geringe Abweichungen zu dem Referenzzustand des jeweiligen Gewässertyps angezeigt. Beispielsweise ist für den Typ der naturnahen sand- und lehmgeprägten Tieflandsflüsse in breiten Talauen (Typ 15) ein gewundener Verlauf charakteristisch (Abb. 6.3.4). Diese Flüsse werden von Röhrichten und Gehölzen um-geben, weisen pH-Werte von 7,0 bis 8,5 auf und zeigen niederschlagsbedingte Schwankungen der Wasserführung. Bei vorwiegend ruhigem Abfluss treten Gründlinge und Steinbeißer neben Barschen und Hechten auf. Dagegen trifft man in den rascher fließenden Mittelgebirgsflüssen Bachforellen und Äschen an. Die pH-Werte liegen beim silikatischen, fein bis grobmaterialreichen Typ (9) um 6,5-8,5. Hier sind die niederschlagsbedingten Abflussschwankungen besonders hoch. Die Schnee- und die Gletscherschmelze steuert den Abfluss der Bäche der Kalkalpen (Subtyp 1.1). Die pH-Werte schwanken zwischen 7,0 und 8,5. Moose wachsen auf den Geröllen im Flussbett.

Unter hydromorphologischen Gesichtspunkten wird die Gewässerstrukturgüte beurteilt.

Für die Bewertung der **Gewässerstrukturgüte** sind die Ausbildung der Flusssohle, die Beschaffenheit des Ufers und des Uferstreifens sowie die Nutzung des Umlandes maßgebend (Tab. 6.3-5). Anhand dieser Parameter soll beurteilt werden, inwieweit ein Bach oder ein Fluss in der Lage ist, sein Bett dynamisch zu verändern sowie Pflanzen und Tieren Lebensraum zu bieten. Naturnahe Flüsse mäandrieren. Ihre Lauflänge ist größer als die Tallänge. Sand- oder Schotterbänke wechseln mit Vertiefungen ab. Keine Wehre hemmen den Abfluss. Am Ufer sind Gewässerrandstreifen aus Gebüschen, Hochstaudenfluren und Röhrichten ausgebildet, reich strukturierte Lebensräume für Fische, Amphibien oder Vögel. An verbauten Flüssen oder Seen sowie an Kanälen fehlen solche Räume.

In die gewässerbiologische Bewertung gehen die Fischfauna, die am Gewässerboden lebenden wirbellosen Tiere (Makrozoobenthos), die Wasserpflanzen (Makrophyten), und der

Algen- oder Pflanzenbewuchs (Phytobenthos) der Gewässerböden ein (Pottgiesser und Sommerhäuser 2008). Der Schadstoffgehalt ist das Maß für die physikochemische Beurteilung. Abflussmenge, Scheitelwasserabfluss und Schwankungsbreite kennzeichnen das Abflussverhalten.

Tab. 6.3.5 Parameter für die Kennzeichnung der Strukturgüte kleiner und mittelgroßer Fließgewässer (nach UBA 2010)

Bereich	Hauptparameter	Funktionale Einheit
Sohle	Laufentwicklung	Krümmung, Beweglichkeit
	Längsprofil	Natürliche Elemente, anthropogene Barrieren
	Sohlenstruktur	Art und Verteilung der Substrate, Sohlverbau
Ufer	Querprofil	Tiefe, Breite, Form
	Uferstruktur	Naturraumtypische Ausprägung, naturraumtypischer Bewuchs, Uferverbau
Land	Gewässerumfeld	Gewässerrandstreifen, Vorland

Physikochemische Belastungen werden anhand allgemeiner Orientierungswerte des Umweltbundesamtes (Tab, 6.3.6) sowie der Grenzwerte überprüft, die durch nationale Rechtsverordnungen vorgegeben sind. Zu den allgemeinen Qualitätskomponenten gehören der Gehalt an organischen Kohlenstoff (TOC), der biochemische Sauerstoffverbrauch in 5 Tagen (BSB_5), der Phosphatgehalt (Ges. P) und der pH-Wert.

Die ökologische Bewertung des Grundwassers bezieht sich nach der Wasserrahmenrichtlinie auf **Grundwasserkörper**, die ein abgegrenztes Grundwasservolumen innerhalb eines oder mehrer Grundwasserleiter umfassen. Grundwasserleiter sind Gesteine, durch deren Hohlräume Wasser fließen kann. Sie werden von Grundwasserstauern umgrenzt, Gesteinen, in denen kein Wasserfluß möglich ist.

Die Bewertung des Grundwasserkörpers gilt der Grundwassermenge und der Schadstoffbelastung.

Fur die Beurteilung der Grundwasserqualität sind vor allem zwei Parameter von Interesse (WRRL):

— Der mengenmäßige Zustand des Grundwassers,

— die chemische Belastung des Grundwassers mit Stoffeinträgen.

Der mengenmäßige Zustand eines Grundwasserkörpers ist gut, wenn Grundwasserneubildung und Grundwasserzufluss nicht von Grundwasserentnahme und Grundwasserabfluss übertroffen werden. Die Grundwasserneubildung ist abhängig von Niederschlag, Versickerung und Verdunstung.

Tab. 6.3.6 Beispiele zu Orientierungswerten (guter Zustand) für Fließgewässer (nach UBA 2010)

Fließgewässertyp	TOC (mg/l)	BSB_5 (Mg/l)	Ges. P (mg/l)	PH-Wert
	Mittelwert			Min-Max
Fließgewässer der Alpen (Typ 1)		2,5	0,10	6,5-8,5
Silikatische, fein- bis grobmaterialreiche Mittelgebirgsflüsse	7	4	0,10	6,5-8,5
Sand- und lehmgeprägte Tieflandsflüsse (Typ 15	7	6	0,10	6,5-8,5

Die chemische Belastung des Grundwassers wird in Deutschland an ca. 800 Messstellen ermittelt und auf Basis der EG-Grundwasserrichtlinie beurteilt..

Tab. 6.3.7 Beispiele zu Schwellenwerten (guter Zustand) für Grundwasserkörper (nach UBA 2010)

Die Schadstoffbelastung wird entsprechend der EG-Gewässerrichtlinie beurteilt.

Stoff	Mittlerer Hintergrundwert	Einzelgrenzwert	Trinkwassergrenzwert
Nitrat (NO^3)			50 mg/l
Pestizide		0,1 µg/l	0,5 µg/l
Arsen	2,6 µgl		10 µgl
Chlorid			240 mg/l

Der Einzelgrenzwert gilt dabei für den jeweils analysierten Stoff (zum Beispiel für die Pflanzenschutzmittel Atrazin oder

Bentazon), der Summengrenzwert ist dann identisch mit dem Trinkwassergrenzwert und der Hintergrundwert gibt die natürliche Belastung des Wassers durch Gesteine wieder.

Die **Ressourcenfunktion** des Wassers äußert sich auch in seiner Funktion als Energieträger. Die Arbeit, die Wasser zur Stromerzeugung leisten kann, ist in erster Linie von der Geschwindigkeit des Abflusses (v) und erst in zweiter Linie von seiner Menge (m) abhängig. Die kinetische Energie des fließenden Wassers

$$E_{kin} = m/2 * v^2$$

wird durch das Gefälle bestimmt. Insofern ist bei gleicher Wasserführung das **hydroenergetische Potenzial** der Gebirgsflüsse weitaus größer als das der Tieflandsflüsse.

6.3.8 Was heißt: Bewertung von Eigenschaften des Klimas und der Luftqualität?

Die ökologische Bewertung von **Klimaeigenschaften und Luftqualität** berücksichtigt

— bioklimatische Funktionen,

— klimameliorative Wirkungen,

— das Luftregenerationsvermögen,

— vorhandene Luftverunreinigungen.

Bioklimatische Reize werden beim Menschen durch hohe Temperaturschwankungen, starke Strahlungen, böige und eisige Winde (*windchill*), Nebel, Schwüle sowie Luftverschmutzungen ausgelöst. Schonklimate zeichnen sich dagegen durch Sonnenschein und ausgeglichene Temperaturen, mäßige Windgeschwindigkeiten und Luftreinheit aus. Dementsprechend erfolgt die Bewertung. Zusätzlich wird berücksichtigt, dass Frischluftbahnen, mit denen sauerstoffreiche und saubere Luft aus der Umgebung in Siedlungen hineingeführt wird, die Luftverschmutzung in den Städten abschwächen und damit klimameliorativ wirken (Abb. 6.3-5). Die Frischluft stammt aus Gebieten mit hohem Luftregenerationsvermögen. Das sind Wälder, die bei der Produktion von Biomasse Kohlenstoff aus der Luft aufnehmen und Sauerstoff freisetzen. Ganzjährig begrünte Bestände, wie Nadelwälder, weisen ein höhereres Luftregenrationsvermögen auf als laubabwerfende Gehölze und werden dershalb besser bewertet. Nadel- und Blattverluste durch Waldschäden führen allerdings zur Abwertung.

Der ökologische Wert des Geländeklimas wird aus dessen bioklimatischen Funktionen und klimamelioraтiven Eigenschaften abgeleitet.

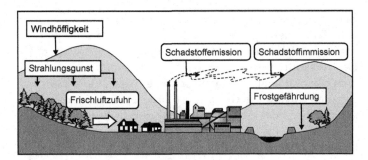

Abb. 6.3-5 Merkmale des Geländeklimas

Die ökologische Bedeutung der Luftkörper ist von ihrer Reinheit abhängig.

Luftverunreinigungen werden durch Industrieanlagen, Heizungen und Verbrennungsmotoren ausgelöst. Vor allem durch die chemische Industrie werden leichtflüchtige organische Verbindungen, wie polyzyklische aromatische Kohlenwasserstoffe (PAK), polychlorierte Biphenyle (PCB), Benzol, Toluol, Ethylbenzol und Xylol (BTEX) emittiert. Hinzu kommen Schwermetalle und Stäube, die in der metallurgischen Industrie anfallen. H_2SO_4 und HNO_3 entstehen, wenn Schwefel- und Salpeterverbindungen in den Abgasen mit dem Wasserdampf der Luft reagieren.

O_3 (Ozon) bildet sich an sonnigen und warmen Tagen durch eine photochemische Reaktion, bei der NO_2 ein Sauerstoffatom abgibt, das sich dann an einem Sauerstoffmolekül anlagert ($O+O_2=O_3$). Damit entsteht ein außerordentlich reaktionsfreudiges Gas, das Organismen und Gebäude angreift. Ozon ist besonders gesundheitsschädlich.

Das Klimapotenzial wird durch die Parameter Strahlungsgunst, Frostgefährdung und Windhöffigkeit gekennzeichnet.

In Mitteleuropa kann man das vorhandene **Klimapotenzial** anhand der Parameter Strahlungsgunst, Frostgefährdung und Windhöffigkeit kennzeichnen (Abb. 6.3-5). Die Strahlungsgunst ergibt sich aus den (gemessenen) mittleren Jahressummen der Globalstrahlung oder durch die Berechnung der astronomisch möglichen Besonnung (Knoch 1963, Hellmuth 2000). Diese ist von der geographischen Breite, der Neigung des Standortes und der Exposition abhängig. Dabei wird die diffuse Himmelsstrahlung vernachlässigt.

Bewertet wird das substrat- und reliefbedingte Risiko von Früh- oder Spätfrösten in windstillen Nächten. Diese sind auf kaltluft-produzierenden Flächen und in Kaltluftsammelgebieten zu erwarten. Humusreiche oder vermoorte Wiesen stellen zum Beispiel kaltluftproduzierende Flächen dar, die nachts nur wenig Wärme abgeben können. Kaltluftsammelgebiete liegen in Senken oder an Hängen vor Kaltluftfallen, die der dichten hangabwärts fließenden Kaltluft den Weg abschneiden. Die Gefahr von windbedingten Kaltlufteinbrüchen wird auf diese Weise nicht erfasst. Sie ist in windoffenen Gebieten besonders hoch.

Windoffene Gebiete sind für die Verwertung der Windenergie von Bedeutung. Allerdings sind dafür Windgeschwindigkeiten um 5 m/s, Windstärken zwischen 3 und 4 im Jahresmittel Voraussetzung. Die sind bis 10 m Höhe lediglich in Küstennähe gegeben. In 80 bis 120 m Höhe, dem Arbeitsbereiche moderner Windkraftanlagen, liegen die Geschwindigkeiten weit höher, insbesondere, wenn der Rotor auf einer Erhebung steht und das Vorfeld windaufwärts über mehrere Kilometern hindernisfrei ist. **Windhöffigkeit** in diesem Sinne gibt es in vielen Teilen Deutschlands, zwischen Küste und Alpen.

Ihre Nutzung ist untersagt, wenn derartige Flächen innerhalb oder in unmittelbarer Nähe von Siedlungen, Naturschutzgebieten, Flugplätzen oder militärischen Anlagen liegen. Darüber hinaus sollte vor allem bei der Anlage von Windparks das Abwägungsgebot gegenüber der Eigenart und Schönheit des Landschaftsbildes sowie der Wohn- und Wohnumfeldqualität der Anwohner bereits im Vorlauf zur Planung beachtet werden.

6.4 Planungsaufgaben und -instrumentarien

6.4.1 Warum planen – und mit welchem Recht?

Es ist leicht zu sagen: früher konnte man ohne Pläne leben. Die Vorstellung, dass in Europa früher jeder machen konnte, was er wollte, mag bestechend sein, aber, wenn es so gewesen wäre, es ging nur solange gut, wie wenige Menschen unterwegs waren. Je mehr es wurden, desto größer waren die Reibungsflächen. Es gab Regelungsbedarf. Planung wurde notwendig.

Die Städte des Altertums sind planvoll errichtet worden. Bei den Römern wies der Lokator an, wo gebaut werden sollte und was. Die Statthalter des Kaisers vergaben und entzogen Wasserrechte. Die maximale Stauhöhe an den Wassermühlen bestimmte die Fläche, die überflutet werden und nicht für das Bleichen von Stoffen oder für die Weide in Anspruch genommen werden konnte.

Im Mittelalter entwickelte sich ein Geflecht von Rechtsvorschriften mit Raumbezug: Jagdrechte, Weiderechte, Fische-

reirechte, aber auch Bleich- oder Staugerechtsame. In der
Neuzeit wurden diese Rechtsnormen weiter ausgebaut. Sie
sind das Ergebnis vieler politischer Überlegungen und fachli-
cher Erkenntnisse, alle darauf gerichtet, das Planungssystem
zu vervollkommnen.

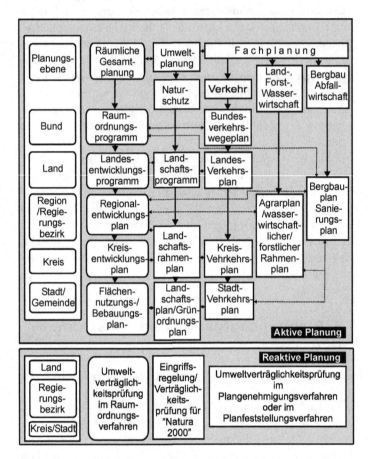

Abb. 6.4.-1 Handlungsebenen und -bereiche der räumlichen
Planung

Auch heute wartet die Realität nicht darauf, den planerischen
Vor- und Darstellungen folgen zu können (Gütter 1993).
Wenn die wirtschaftlichen und sozialen Voraussetzungen zur
das Umsetzung der Planungsvorgaben nicht vorhanden sind,
läuft auch der beste Entwurf ins Leere. Das verpflichtet zu
einer realitätsnahen Umsetzung des Planungsrechtes.
Planungsträger sind in Deutschland Behörden des Bundes
und der Länder. Sie nehmen Aufgaben der räumlichen Gesamtplanung, der Fachplanung und der Umweltplanung
wahr (Abb. 6.4-1). Die **räumliche Gesamtplanung** gilt

vorrangig der Koordination verschiedener Nutzungsansprüche und Einzelinteressen (Hodek 2003) mit dem Ziel, eine nachhaltige Raumentwicklung zu gewährleisten. Die Landschaftsplanung ordnet sich darin ein. Ihre Kerngebiete sind Landschaftspflege und Landschaftsentwicklung.

Landschaftsplanung erfolgt auf der Grundlage bundesrechtlicher und länderspezifischer Regelungen. Rechtsvorschriften zur räumlichen Planung sind, soweit sie nicht die Landesverteidigung, den Flug- und den Schienenverkehr betreffen, Bestandteil der konkurrierenden Gesetzgebung des Bundes und der Länder, wonach die Länder Gesetzgebungsbefugnis haben, sowie nicht das Bedürfnis nach einer bundesgesetzlichen Regelung besteht. In diesem Zusammenhang nimmt der Bund über das Raumordnungsgesetz, das Bundesnaturschutzgesetz, das Gesetz über die Umweltverträglichkeitsprüfung und eine Reihe von Fachgesetzen seine Rahmenkompetenz wahr.

> In der Bundesrepublik Deutschland wird die räumliche Planung durch Rechtsvorschriften des Bundes und der Länder geregelt.

Die **gestaltende (aktive) Landschaftsplanung** in der Bundesrepublik Deutschland gründet sich auf das zweite Kapitel des Bundesnaturschutzgesetzes (BNatSchG). Er schreibt die Erarbeitung von Landschaftsprogrammen, Landschaftsrahmenplänen und (soweit aus Gründen des Naturschutzes und der Landschaftspflege erforderlich) Landschaftsplänen vor. Darüber hinaus gilt es in Zukunft Rahmenvorgaben einer EU-Richtlinie über die Umweltverträglichkeitsprüfung von Plänen und Programmen zu beachten, nach der erhebliche Umweltauswirkungen bei der Entwicklung von Raumordnungsplänen, Bauleitplänen (Flächennutzungs- und Bebauungsplänen) sowie anderen Fachplänen (Verkehrswegeplänen, Erholungsplänen usw.) zu berücksichtigen und darzustellen sind.

> Richtlinien der Europäischen Gemeinschaft zum Natur- und Umweltschutz sind in deutsches Recht übernommen worden.

Richtungsweisend für die **eingriffsregelnde (reaktive) Landschaftsplanung** in Deutschland sind das Gesetz über die Umweltverträglichkeitsprüfung (UVPG) sowie das dritte und vierte Kapitel des Bundesnaturschutzgesetzes (BNatSchG), die der Vermeidung von Beeinträchtigungen von Natur und Landschaft und der Sicherung der Gebiete des europäischen Netzes NATURA-2000 dienen. Sowohl in Hinblick auf NATURA-2000 als auch in Bezug auf die Umweltverträglichkeitsprüfung sind Richtlinien der Europäischen Gemeinschaft in deutsches Recht übernommen worden.

Die Richtlinie zur Umweltverträglichkeitsprüfung (85/337/EWG) wurde nach dem Vorbild des Umweltgesetzes der USA aus dem Jahre 1970 *(National Enviromental Policy*

Act) und dessen Weiterentwicklung bei der Neufassung des Gesetzes zur Luftreinhaltung in den USA (*Clean Air Act*) 1979 erarbeitet. Dort sind Verfahrensweisen der Umweltverträglichkeitsuntersuchung sowie -prüfung (*Environmental Impact Assessment*) in die Gesetzgebung eingeführt worden.

6.4.2 Welche Gestaltungsmöglichkeiten hat die Landschaftsplanung?

Ziel der gestaltenden Landschaftsplanung ist es, die Lebensgrundlagen des Menschen und seine Erholungsmöglichkeiten in Natur und Landschaft nachhaltig zu sichern. Dies betrifft die Leistungsfähigkeit des Naturhaushaltes, die Nutzungsfähigkeit der Naturgüter, die Pflanzen- und Tierwelt und die Vielfalt, Eigenart und Schönheit von Natur und Landschaft.

Gegenstand der gestaltenden Landschaftsplanung ist die Erarbeitung von Landschaftsprogrammen, Landschaftsrahmenplänen und Landschaftsplänen.

Nach dem Bundesnaturschutzgesetz (§§ 9-11 BNatSchG) sind in Deutschland auf überregionaler Ebene, in der Regel der Ebene der Länder, Ziele und Maßnahmen für Naturschutz und Landschaftspflege in Landschaftsprogrammen zu formulieren. Auf überörtlicher Ebene, zum Beispiel auf Ebene der Landkreise, erfolgt eine Konkretisierung in Landschaftsrahmenplänen, die auf örtlicher Ebene (Gemeinden, Gemeindeverbände) durch Landschaftspläne zu untersetzen sind. Dabei wird durch § 63 BNatSchG die Mitwirkung der Naturschutzverbände und –vereine gesichert.

Im **Landschaftsprogramm** werden aus der Sicht von Naturschutz und Landschaftspflege für das jeweilige Land der Bundesrepublik Deutschland Anforderungen an die Landesplanung in Form von

– Leitlinien, Leitbildern und Zielen des Naturschutzes und der Landschaftspflege bezogen auf Arten- und Biotopschutz, Landschaftsschutz, Bodenschutz, Gewässerschutz, Klimaschutz und Erholungsnutzung sowie

– Gebietsausweisungen mit besonderer Bedeutung für Naturschutz und Landschaftspflege (z.B. Schutzgebiete, Vorrang- und Vorsorgegebiete).

zum Ausdruck gebracht.

In Landschaftsprogrammen werden Leitlinien des Naturschutzes und der Landschaftspflege dargestellt.

Die raumbezogenen Inhalte werden kartographisch dargestellt. Üblich sind meist Maßstäbe zwischen 1:300 000 und 1:400 000, in Stadtstaaten auch 1:50 000 bis 1: 100 000.

Landschaftsrahmenpläne werden auf regionaler Ebene erarbeitet Sie konkretisieren die Inhalte des Landschaftsprogramms auf für Regierungsbezirke, Landkreise oder regionalen Planungsverbände.

Grundlage ihrer Erarbeitung ist eine Bestandsaufnahme und -bewertung. Diese bezieht sich auf

- die gegenwärtige Landschaftsstruktur,
- die historische Entwicklung der Kulturlandschaft,
- die aktuelle Flächennutzung durch Siedlung/Gewerbe, Landwirtschaft, Forstwirtschaft, Jagd, Fischereiwirtschaft, Wasserwirtschaft, Abfallwirtschaft, Energiewirtschaft/Fernmeldewesen, Sport/Tourismus, Bergbau, Konversion und Verteidigung,
- die geplanten Vorhaben und Nutzungsänderungen.

Die Ergebnisse der Bestandserhebung werden textlich und in Kartenwerken 1:50 000 dargestellt.

Auf der Grundlage der Bestandsaufnahme wird dann die aktuelle und künftige funktionale Bedeutung des Planungsgebietes sowie die daraus abgeleiteten Maßnahmen für Naturschutz und Landschaftspflege gekennzeichnet, räumlich bezogen auf landschaftliche Einheiten der chorischen Dimension (Naturräume, Biotopgefüge), inhaltlich bezogen auf die im Bundesnaturschutzgesetz benannten Schutzgüter Tiere und Pflanzen, Boden, Wasser, Klima/Luft sowie Landschaftsbild und landschaftsbezogene Erholung.

Aus den Ergebnissen von Bestandsaufnahme und -bewertung (beschreibender Teil) wird der konzeptionelle Teil des Landschaftsrahmenplanes abgeleitet. Es werden Maßnahmen und Erfordernisse des Landschaftsschutzes und der Landschaftsentwicklung dargestellt. Diese Darstellung enthält schutzgutbezogene und schutzgutübergreifende Aussagen (Abb. 6.4-2).

> Landschaftsrahmenpläne kennzeichnen auf der Ebene von Regierungsbezirken, Landkreisen oder regionale Planungsverbänden die funktionale Bedeutung des Planungsgebietes und die daraus abgeleiteten Maßnahmen des Naturschutzes und der Landschaftspflege.

Dabei wird vermerkt, mit welcher Priorität diese Maßnahmen umgesetzt werden sollen: kurzfristig (innerhalb eines Jahres), mittelfristig (innerhalb der nächsten 5 Jahre) und langfristig (in mehr als 5 Jahren). Die Zuständigkeiten sind zu benennen, und es ist gegebenenfalls auch darzustellen, wenn planerische Instrumente der anderen Fachplanungen hinzugezogen werden müssen. Das betrifft beispielsweise die Ausweisung von Schutzgebieten, die nicht auf dem Naturschutzrecht beruhen, wie Wasserschutzgebiete, Schutzwald, Erholungswald, Bodendenkmale und Grabungsschutzgebiete. Von besonderer Bedeutung für die Eingriffsregelung (s.u.) ist der Ausweis eines Flächenpools für Kompensationsmaßnahmen nach § 7 des Raumordnungsgesetzes (ROG) und § 1a des Bau- und Raumordnungsgesetzes (BauROG).

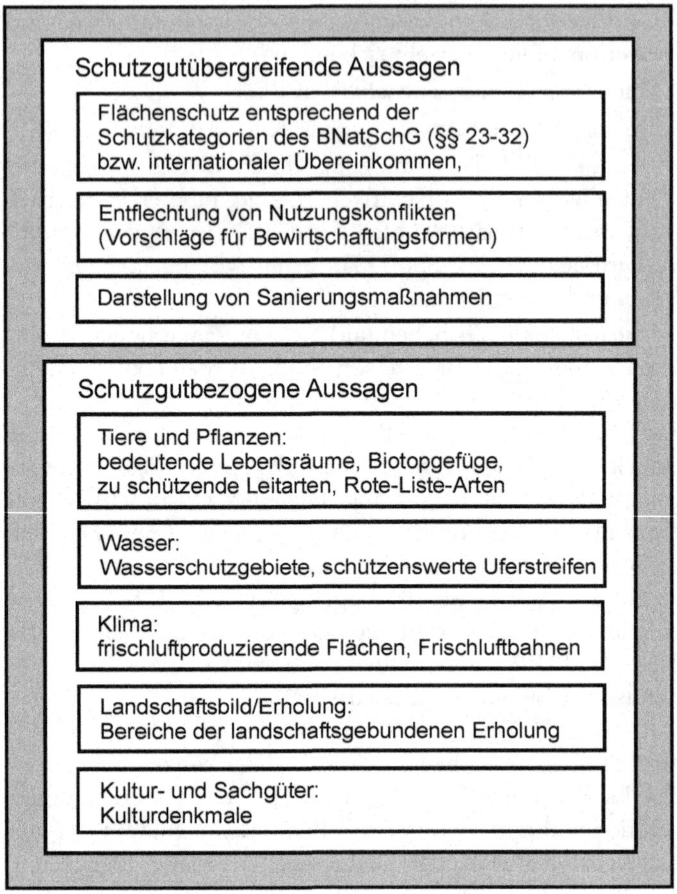

Abb. 6.4-2 Beispiele für Aussagen des Landschaftsrahmenplanes

In Landschaftsplänen werden die Ziele, Erfordernisse und Maßnahmen des Naturschutzes und der Landschaftspflege flächendeckend dargestellt.

In **Landschaftsplänen** sollen die örtlichen Ziele, Erfordernisse und Maßnahmen des Naturschutzes und der Landschaftspflege flächendeckend dargestellt werden (§16 BNatSchG).

Lediglich dort, wo dies bereits in Landschaftsprogrammen oder Landschaftsrahmenplänen geschehen ist, kann nach Bundesrecht auf einen eigenständigen Landschaftsplan verzichtet werden. Allerdings sind in einigen Bundesländern, in Brandenburg, Hessen, Schleswig-Holstein, Thüringen und Nordrhein-Westfalen (für den baulichen Außenbereich), alle Gemeinden oder Kreise zur Aufstellung von Landschaftsplänen verpflichtet.

Der inhaltliche Aufbau des Landschaftsplanes entspricht dem des Landschaftsrahmenplanes (Abb. 6.4-3). Die Bestandsbewertungen und die daraus abgeleiteten Entwicklungsziele und -maßnahmen sind jedoch konkret auf die örtliche Ebene zu beziehen und dementsprechend darzustellen. Das gilt noch mehr für die Vertiefungsstufe des Landschaftsplanes innerhalb von Siedlungsgebieten, für den Grünordnungsplan. Während beim Landschaftsrahmenplan noch weitgehend auf vorhandene Unterlagen zurückgegriffen wird, sind als Grundlage des Landschaftsplanes Feldkartierungen (Biotopkartierung, Pedotopkartierung u.a.) erforderlich.

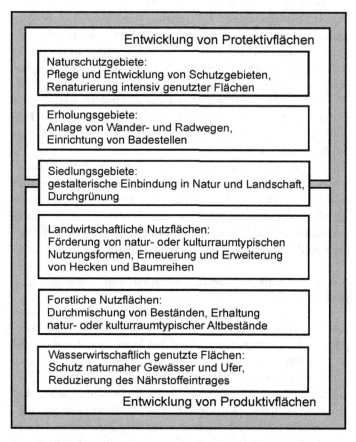

Abb. 6.4-3 Beispiele für Erhaltungs- und Entwicklungsziele eines Landschaftsplanes

Zu einer landschaftsökologischen Komplexanalyse fehlen in der Regel die finanziellen Mittel. Deswegen ist eine Differenzialanalyse der landschaftlichen Komponenten der übliche Weg. Da zur Erfassung und Beurteilung von Flora und Fauna mindestens eine Vegetationsperiode erforderlich ist, aber auch die jahreszeitlichen Veränderungen von Geländeklima und Bodenfeuchte beobachtet werden sollen, kann für die Feldarbeiten mindestens ein Jahr eingeplant werden. Räumlich bezogen auf topische Einheiten und unter Nennung des jeweiligen Adressaten (Gemeinde, Behörden des Kreises u.a.) erfolgen im Landschaftsplan wie im Landschaftsrahmenplan schutzgutübergreifende und schutzgutbezogene Aussagen. Für die im Planungsgebiet vorhandenen Produktiv- und Protektivflächen werden unter landschaftsökologischen Gesichtspunkten Erhaltungs- und Entwicklungsziele sowie Entwicklungsmaßnahmen dargestellt.

Die Inhalte des Landschaftsplanes werden in den Flächennutzungsplan (FN-Plan) integriert. Wird daraus ein Bebauungsplan (B-Plan) entwickelt, werden die umweltfachlichen Ziele des Landschaftsplanes in den Grünordnungsplan übernommen. Damit sind sie für alle Bürger rechtsverbindlich. Der Planungsmaßstab des Landschaftsplanes entspricht in der Regel dem des FN-Planes (Maßstab 1:10 000 bis 1:25 000), der des Grünordnungsplanes dem des B-Planes (Maßstab 1:1 000 bis 1:5 000).

Keine räumliche Planung kann sich über gewachsene Raumstrukturen hinwegsetzen. Jede Kulturlandschaft ist in einem historischen Prozess entstanden. Ein Landschaftsplan kann allerdings dazu beitragen, dass dieser Prozess eine Richtung annimmt oder beibehält, die den Prinzipien des Naturschutzes und der Landschaftspflege gerecht wird.

6.4.3 Umweltverträglichkeitsprüfung – Warum und Wie?

Durch die UVP werden die möglichen Auswirkungen eines Vorhabens auf die Umwelt vor der Entscheidung über die Zulässigkeit dieses Vorhabens geprüft.

Ein zentraler umweltpolitischer Grundsatz ist das Vorsorgeprinzip. Dementsprechend wird bei Vorhaben, die die Umwelt beeinträchtigen können, vor der Entscheidung über ihre Zulässigkeit eine Umweltverträglichkeitsprüfung (UVP) durchgeführt. UVP-pflichtige Vorhaben sind in Deutschland in einem Anhang zum Gesetz über die Umweltverträglichkeitsprüfung (UVPG) aufgeführt worden. (vgl. Tab. 6.4-1).

Die Umweltverträglichkeitsprüfung ist ein unselbständiger Teil eines verwaltungsbehördlichen Genehmigungsverfahrens. Als Schutzgüter (§ 2 UVPG) gelten:

1. Menschen, Tiere und Pflanzen,
2. Boden, Wasser, Luft, Klima und Landschaft
3. Kultur- und sonstige Sachgüter sowie
4. Wechselwirkungen zwischen den vorgenannten Schutzgütern.

Tab. 6.4-1 Gruppen UVP-pflichtiger Vorhaben (nach Anlage 1 UVPG)

Nr.	Vorhabengruppe
1	Wärmeerzeugung, Bergbau, Energie
2	Steine und Erden, Glas, Keramik, Baustoffe
3	Stahl, Eisen und sonstige Metalle einschließlich Verarbeitung
4	Chemische Erzeugnisse, Arzneimittel, Mineralölraffination und Weiterverarbeitung
5	Oberflächenbehandlung von Kunststoffen
6	Holz, Zellstoff
7	Nahrungs-, Genuss- und Futtermittel, landwirtschaftliche Erzeugnisse
8	Verwertung und Beseitigung von Abfällen und sonstigen Stoffen
9	Lagerung von Stoffen und Zubereitungen (brennbare Gase und Flüssigkeiten, Chemikalien)
10	Sonstige Industrieanlagen (Sprengstoffwerke, Vulkanisierbetriebe, Betriebe zur Vorbehandlung von Textilien, Färbereien, Prüfstände für Motoren, Renn- oder Teststrecken für Kraftfahrzeuge)
11	Kernenergie
12	Abfalldeponien
13	Wasserwirtschaftliche Vorhaben mit Benutzung oder Ausbau eines Gewässers
14	Verkehrsvorhaben
15	Bergbau
16	Flurbereinigung
17	Forstliche Vorhaben (Erstaufforstung, Rodung zur Nutzungsumwandlung)
18	Bauplanungsrechtliche Vorhaben im Außenbereich (Feriendorf, Hotelkomplex, Campingplatz, Freizeitpark, Parkplatz, Industriezone, Einkaufszentrum, Städtebauprojekt)
19	Leitungsanlagen und andere Anlagen (Gas- und Wasserleitungen, Wasserspeicher)

Diese Schutzgüter stellen die Bausteine des ganzheitlichen Ansatzes der UVP dar. Sie werden einer Umweltverträglichkeitsuntersuchung (UVU) unterzogen. Diese erfolgt unter Beteiligung der betroffenen Anwohner und ihrer Gemeindevertretungen, der Träger öffentlicher Belange (Wasser- und Energiewirtschaft) sowie der Naturschutzverbände (vgl. Barsch et al. 2003). Sie beginnt mit der Prüfung der UVP-Pflichtigkeit (*Screening*) sowie der Abstimmung des Untersuchungsrahmens (*Scooping*) und setzt sich fort mit der Erarbeitung der notwendigen Unterlagen sowie ihrer öffentlichen Auslegung und Bewertung und endet mit einem Beschluss der verfahrensführenden Behörde.

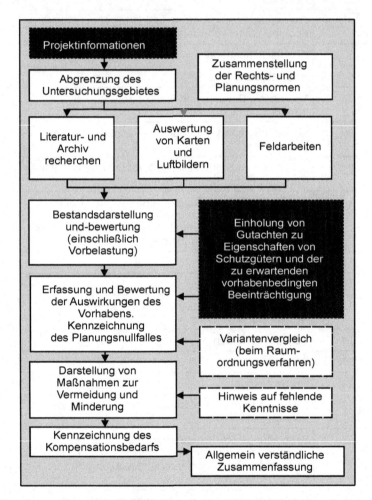

Abb. 6.4-4 Ablauf der Umweltverträglichkeitsuntersuchung

Der Genehmigungsbeschluss ist einen Monat nach seiner Bekanntgabe unanfechtbar, es sei denn, es liegen Klagen gegen das geplante Vorhaben vor. Bis zu einer endgültigen gerichtlichen Entscheidung darüber können allerdings Jahre vergehen.

Der Vorhabensträger hat die zur Umweltverträglichkeitsprüfung erforderlichen Unterlagen beizubringen (§6 UVPG). Das geschieht durch die Umweltverträglichkeitsuntersuchung (UVU), deren Ergebnisse in einer Umweltverträglichkeitsstudie (UVS) zusammengestellt werden (Abb. 6.4-4).

An der Erarbeitung der UVS sind Landschaftsplaner maßgeblich beteiligt. Außerdem wirken sie an der Erarbeitung von Fachgutachten mit, die je nach Erfordernis zu Flora und Fauna, zu Böden und Gewässern, zur Geologie und zu den Grundwasservorkommen, zum Klima und zum Geländeklima sowie zur Lage von Bodendenkmalen angefertigt werden.

Die Umweltverträglichkeitsprüfung erfolgt unter Beteiligung der Öffentlichkeit.

Tab. 6.4-2 Wirkfaktor-Beeinträchtigungsketten (Beispiele) für das Schutzgut Mensch (nach Barsch et al. 2003)

Wirkfaktoren	Beeinträchtigungen	Kriterien
Flächen-umwandlungen	Inanspruchnahme von Siedlungs-, Freizeit- und Erholungsflächen	Fläche, Zeitdauer
Verlärmung	Lärmbelastung von Siedlungs-, Freizeit- und Erholungsflächen	Schallpegel, Struktur der betroffenen Bevölkerung (Zahl, Alter u.a.), Gesundheitsgefährdung
Schadstoff-eintrag	Luft- oder Wasserbelastung in Siedlungs-, Freizeit- und Erholungsflächen	Schadstoffart, Schadstoffmenge /Zeit, Struktur der betroffenen Bevölkerung (Zahl, Alter u.a.), Gesundheitsgefährdung
Geruchs-emissionen	Geruchsbelästigungen in Siedlungs-, Freizeit- und Erholungsflächen	Struktur der betroffenen Bevölkerung (Zahl, Alter u.a.), Gesundheitsgefährdung

Hinzu kommen bei Industrie- und Verkehrsanlagen technische Lärmgutachten und medizinische Lärmgutachten. Abschließend werden die Auswirkungen des Vorhabens in verschiedenen Prognosezeiträumen (5, 10 oder 20 Jahre), die Maßnahmen zur Vermeidung und Minderung von Eingriffsauswirkungen und der Bedarf an Maßnahmen zur Kompensation derartiger Auswirkungen dargestellt.

Inhaltlich stellt die UVU eine ökologische Risikoanalyse dar (Bachfischer 1974). Dieses Risiko ergibt sich dadurch, dass

Durch die Umwelt-
verträglichkeits-
untersuchung
werden
Wirkfaktor-
Beeinträchtgungs-
ketten ermittelt.

durch einen vorhabensbedingten Eingriff Wirkungsketten in Gang gesetzt werden (Tab. 6.4-2), die den Naturhaushalt und häufig auch das Landschaftsbild beeinträchtigen. Man unterscheidet bau-, anlagen- und betriebsbedingte Beeinträchtigungen (Tab. 6.4-3). Im Gegensatz zu den anlagen- und betriebsbedingten Beeinträchtigungen sind baubedingte Beeinträchtigungen nicht von Dauer. Sie können aber mit Nachwirkungen verbunden sein, die über die Bauzeit hinaus spürbar sind.

Tab. 6.4-3 Beispiele für vorhabensbedingte Beeinträchtigungen der Umwelt (aus Barsch et al. 2003)

Baubedingte Beeinträchtigungen:

–   Abgrabungen und Aufschüttungen

–   Lärm und Erschütterungen

–   Bodenverdichtungen

–   Versiegelung des Bodens und Vernichtung der Vegetation (temporär)

–   Grundwasserabsenkung (temporär)

–   Treibstoff- und Ölverluste

Anlagebedingte Beeinträchtigungen:

–   Versiegelung des Bodens und Vernichtung der Vegetation

–   Veränderung des Geländeklimas und des Landschaftsbildes

–   Absenkung des oberflächennahen Grundwassers

–   Stoffliche Belastung der Vorfluter

Betriebsbedingte Beeinträchtigungen:

–   Lärm und Gerüche

–   Entnahme und Ableitung von Betriebswasser

–   Abgabe von Wärmeenergie an die Luft oder in die Gewässer, Abstrahlung elektromagnetischer Energie

Das Eingriffsrisiko
wird aufgrund von
Rechtsnormen,
Planungs-
leitbildern und
fachwissen-
schaftlichen
Überlegungen
beurteilt.

Das Eingriffsrisiko wird auf der Grundlage von Rechtsnormen, Leitbildern übergeordneter Planungen und fachwissenschaftlichen Überlegungen beurteilt. Rechtsnormen werden durch Gesetze sowie untergesetzliche Regelungen (Verordnungen, Satzungen) gesetzt. Hinzu kommen technische Regelwerke, in denen Orientierungs- oder Richtwerte aufgeführt sind (DIN-Normen, VDI-Richtlinien, Holländische Liste oder andere Landeslisten). Umweltauswirkungen können

— rechtlich strikt untersagt sein (wie Grenzwertüberschreitungen),

— rechtlich untersagt, aber bei Anwendung einer Ausnahmeregelung zulässig sein (wie Eingriffe in ein NATURA-2000-Gebiet),

— unter Genehmigungs-/Abwägungsvorbehalt stehen (wie nicht ausgleichbare Beeinträchtigungen von Natur und Landschaft),

— unter Maßnahmevorbehalt stehen (wie Eingriffe in Natur und Landschaft),

— gesamtplanerisch unerwünscht sein (wie die Inanspruchnahme von Freiräumen in Ballungsgebieten),

— fachplanerisch unerwünscht sein (wie die Inanspruchnahme eines Naturparks) oder

— durch Grundsatznormen untersagt sein (wie beim Boden).

Fachwissenschaftliche Überlegungen gründen sich auf die Darstellung der funktionalen Bedeutung der vom Vorhaben betroffenen Landschaft. Dabei werden Wert- und Funktionselemente mit besonderer Bedeutung (Tab. 6.4-4) für die Sicherung der Daseinsgrundfunktionen und die Erhaltung der Leistungsfähigkeit des Naturhaushaltes hervorgehoben. Jede Beeinträchtigung eines Wert- oder Funktionselementes von besonderer Bedeutung stellt einen erheblichen Eingriff dar, der ausgeglichen oder ersetzt werden muss (§6 UVPG). Beeinträchtigungen von Wert- oder Funktionselementen allgemeiner Bedeutung erfordern eine Einzelfallprüfung.

Der Vorhabensträger ist verpflichtet, erhebliche Beeinträchtigungen der Umwelt zu vermeiden und unvermeidbare Beeinträchtigungen so gering wie irgend möglich zu halten. Das kann durch die Veränderung der technischen Planung geschehen, bei Industriebauten durch die Verlagerung von Produktionsbauten oder die Gestaltung der Abwasserleitung. Nicht vermeidbare oder verminderbare Beeinträchtigungen sind zu kompensieren. Nach §6 UVPG muss der Vorhabensträger darlegen, wie er Beeinträchtigungen der Umwelt kompensieren will.

Erhebliche Beeinträchtigungen der Umwelt sind zu vermeiden.

Die Kompensation kann durch Ausgleichs- oder Ersatzmaßnahmen geschehen. Ausgleichmaßnahmen erfolgen

— in gleichartiger Weise

— in angemessener Zeit und

im räumlich-funktionalen Zusammenhang.

Ist kein räumlicher Zusammenhang gegeben, spricht man von Ersatzmaßnahmen.

Tab. 6.4-4 Funktionselemente mit besonderer Bedeutung (Beispiele) für Naturhaushalt und Landschaftsbild

Schutzgut	Arealeigenschaft
Tiere und Pflanzen	– geschützte Biotope und Lebensräume, – Lebensräume mit naturraumtypischer Artenvielfalt,
Boden	– Bereiche ohne oder mit geringen anthropogenen Bodenveränderungen, – Bereiche mit überdurchschnittlich hoher Bodenfruchtbarkeit
Wasser	– naturnahe Oberflächengewässer, – Oberflächengewässer oder Grundwasservorkommen von hoher Qualität – Heilquellen und Mineralbrunnen
Luft	– Gebiete mit luftverbessernder Wirkung (Staubfiltration), – Gebiete mit geringer Schadstoffbelastung
Klima	– Luftaustauschbahnen – Kaltluftbildungs- und Kaltluftsammelgebiete
Landschaftsbild	– natürliche oder naturnahe Großlandschaften (Teile der Hoch- und Mittelgebirge, Steil- und Flachküsten, Watt), – markante geomorphologische Einheiten (Einzelberge, Steilhänge u.ä.), – naturhistorisch bedeutsame Landschaftsteile oder -elemente (Aufschlüsse, Findlinge, Binnendünen u.ä.)

Nicht vermeidbare oder verminderbare Beeinträchtigungen müssen kompensiert werden.

Durch ein Kompensationskonzept sollen dabei Prioritäten gesetzt werden. In dichtbesiedelten Gebieten gebührt dem Schutzgut Mensch besondere Beachtung, in Offenlandschaften den Schutzgütern Tiere und Pflanzen, Boden, Wasser oder Klima/Luft. Grundsätzlich wird bei der Beeinträchtigung jedes Naturgutes auch eine mögliche Beeinträchtigung des Schutzgutes Mensch geprüft, da Eingriffe in Natur und Landschaft immer mit negativen Auswirkungen auf die Lebensqualität des Menschen verbunden sein können. Die flächengenaue Zusammenstellung der Kompensationsmaßnahmen erfolgt im Rahmen der Eingriffsregelung.

6.4.4 Was heißt Eingriffsregelung?

Unabhängig von der Umweltverträglichkeitsprüfung wird in Deutschland geprüft, ob und inwieweit durch einen Eingriff in Natur und Landschaft (§ 15 BNatSchG) Wirkungen zu erwarten sind, die den Zielen des Bundesnaturschutzgesetzes entgegenstehen. Das geschieht im Rahmen der Eingriffsregelung (Abb. 6.4-5).

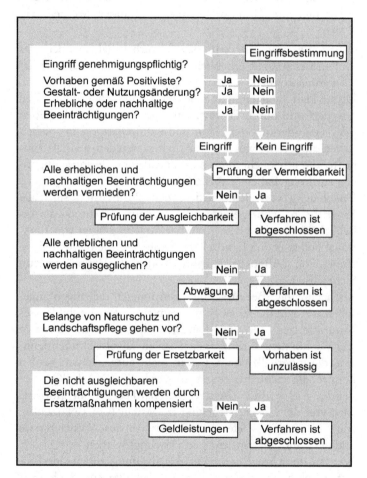

Abb. 6.4-5 Ablauf der Eingriffsregelung (nach LANA 1996)

In diesem Verfahren befinden die Naturschutzbehörden über die Zulässigkeit eines Eingriffs in Natur und Landschaft. Ein Vorhaben ist dann unzulässig, wenn der Vorhabensträger nicht in der Lage ist, erhebliche und nachhaltige Beeinträchtigungen von Natur und Landschaft entweder zu unterlassen oder auszugleichen bzw. in sonstiger Weise zu kompensieren.

Die Eingriffsregelung ist erforderlich unter der Voraussetzung, dass

— es sich um ein Vorhaben handelt, das einer behördlichen Entscheidung oder einer Anzeige an eine Behörde bedarf oder von einer Behörde durchgeführt wird,

— Gestalt oder Nutzung von Grundflächen oder der oberflächennahe Grundwasserspiegel verändert werden sollen,

— die Leistungsfähigkeit des Naturhaushaltes oder das Landschaftsbild erheblich oder nachhaltig beeinträchtigt werden können.

Eingriffe, die zu wesentlichen Abweichungen von den Leitbildern der Landschaftspflege und des Naturschutzes führen, gelten als erheblich.

Dieser Handlungsrahmen ist in den Bundesländern zum Teil erweitert und durch Positivlisten ergänzt worden. Vorhaben oder Veränderung von Natur und Landschaft, die in solchen Listen aufgeführt worden sind, gelten in jedem Fall als Eingriffe, die erhebliche und/oder nachhaltige Beeinträchtigungen zur Folge haben (Tabelle 6.4-5).

Unabhängig von den existierenden Positivlisten sind alle Eingriffe in Schutzgebiete oder geschützte Biotope als erheblich zu werten, ebenso die Beeinträchtigungen von funktional bedeutenden Landschaftselementen, wie die Unterbrechung von Luftaustauschbahnen oder die Verbauung von Sichtachsen.

Als nachhaltig gelten Eingriffe, die so lange wirksam sind, dass Leitbilder der Landschaftspflege und des Naturschutzes nicht bewahrt werden.

Als nachhaltige Beeinträchtigungen müssen diejenigen angesehen werden, die so lange wirksam sind, dass Leitbilder des Naturschutzes und der Landschaftspflege nicht bewahrt werden können. Grundsätzlich sollen alle Beeinträchtigungen, die innerhalb von 5 Jahren nicht ausgeglichen werden können, als nachhaltig eingestuft werden (LANA 1996).

Land-, forst- und fischereiwirtschaftliche Bodennutzung wird von der Eingriffsregelung freigestellt (§14 BNatSchG), soweit dabei die Ziele und Grundsätze des Naturschutzes und der Landschaftspflege berücksichtigt werden.

Wie bei der Umweltverträglichkeitsprüfung gilt in der Eingriffsregelung ein Eingriff als ausgeglichen, wenn die betroffenen Landschaftselemente (Biotope, Pedotope u.a.) gleichartig und im räumlichen funktionalen Zusammenhang mit dem Eingriff wiederhergestellt werden. Bei Ersatzmaßnahmen ist der räumliche Zusammenhang nicht mehr gegeben. In Ausnahmefällen können auch Geldleistungen für Naturschutzfonds erbracht werden.

Tab.6.4-5 Positivliste zur Eingriffsregelung (Vorschlag - LANA 1996)

Vorhaben, die der Eingriffsregelung unterliegen:

1. Selbständige Abgrabungen, Ausfüllungen, Aufschüttungen, Auf- oder Abspülungen sowie die Beseitigung der Bodendecke ab 2 m Höhe bzw. Tiefe oder 250 m² Grundfläche oder 50 m³ Volumen,
2. Die Versiegelung oder Teilversiegelung vormals unversiegelter Bodenflächen ab 30 m ².
3. Die Errichtung, Erweiterung oder wesentliche Änderung von baulichen Anlagen, Sport-, Freizeit- und Erholungsanlagen sowie Wegen, Straßen und Plätzen im Außenbereich.
4. Das dauerhafte Aufstellen transportabler Anlagen, Gegenständen oder nicht zugelassener Fahrzeuge im Außenbereich.
5. Die Errichtung oder wesentliche Änderung von mastenartigen Anlagen ab einer Höhe von 20 m.
6. Die Erkundung, der Abbau und die Gewinnung von Bodenschätzen.
7. Die Errichtung, Ergänzung oder wesentliche Änderung von Freileitungen und Produktenleitungen im Außen- und Innenbereich sowie von Ver- und Entsorgungsleitungen im Außenbereich.
8. Die Errichtung, Erweiterung oder wesentliche Änderung von Abfallbeseitigungs- oder Abfalllagereinrichtungen.
9. Maßnahmen zur Grundwasserabsenkung, die Pflanzen und Tiere erheblich oder nachhaltig beeinträchtigen können.
10. Der Ausbau von Gewässern und die Anlage, Erweiterung oder wesentliche Änderung von Anlegestellen.
11. Die Errichtung fester Einfriedungen im Außenbereich sowie anderen Einrichtungen, durch die der freie Zugang zu Natur und Landschaft zur Erholung im Sinne des Gesetzes behindert wird, soweit sie nicht der landwirtschaftlichen Bodennutzung oder dem Naturschutz dienen.
12. Großveranstaltungen im Außenbereich.

Schutzgut- und/oder funktionsbezogene Veränderungen, die der Eingriffsregelung unterliegen:

1. Die Beseitigung von Hecken, Bäumen und sonstigen Gehölzen (die das Landschafts- oder Ortsbild prägen; im Außenbereich).
2. Die Beseitigung oder wesentliche Umgestaltung öffentlicher Grün- und Erholungsflächen im besiedelten Bereich.
3. Der Umbruch von Dauergrünland sowie die erstmalige Inanspruchnahme bislang ungenutzter Flächen, z.B. Wegrainen, Feldrändern oder Brachflächen, zum Zwecke der Nutzungsänderung.
4. Die Umwandlung von Wald soweit sie nicht zur Verwirklichung der Ziele von Landschaftspflege und Naturschutz durchgeführt wird.

Die Eingriffsrege-
lung bezieht sich
auf die natürliche
Umwelt.

Die Eingriffsregelung bezieht sich auf die natürliche Umwelt und berücksichtigt die soziale Umwelt nur unter dem Aspekt der naturnahen Erholung (Abb. 6.4-6). Das gilt auch für andere (landesspezifische) Positivlisten zur Eingriffsregelung, wie zum Beispiel im Handbuch Verbandsbeteiligung des Landesbüros der Naturschutzverbände NRW (2006). Demzufolge sind nicht alle Vorhaben zugleich eingriffsregelungs- und UVP-pflichtig. Das zeigt auch ein Vergleich der Positivlisten (Tab. 6.4-1, Tab.6.4-5).

Abb. 6.4-6 Schutzgüter der Umweltverträglichkeitsprüfung und der Eingriffsregelung

Im Landschafts-
pflegerischen
Begleitplan wer-
den die bei einem
erheblichen und/
oder nachhaltigen
Eingriff erforder-
lichen Maßnahmen
dargestellt, auf-
bauend auf einer
Bestands- und
Konfliktanalyse.

Die nach dem Bundesnaturschutzgesetz bei einem erheblichen und/oder nachhaltigen Eingriff erforderlichen Maßnahmen zum Naturschutz und zur Landschaftspflege werden in einem Landschaftspflegerischen Begleitplan (LBP) zusammengestellt. Ihn hat der Vorhabensträger beizubringen.

Bei der Erarbeitung des LBP wird die Bestandsdarstellung der Umweltverträglichkeitsstudie (UVS) übernommen und in einen Bestandsplan eingearbeitet. Gleiches gilt für Ergebnisse der Verträglichkeitsuntersuchung zu Gebieten des europäischen ökologischen Netzes NATURA-2000 (s.u.).

Die Aussagen der UVS zur Erheblichkeit von Beeinträchtigungen werden im LBP durch die Ermittlung ihrer Nachhaltigkeit ergänzt. Das ist mit der flächengenauen Darstellung der Konfliktbereiche in einem Konfliktplan verbunden, der lagegetreuen Wiedergabe von Maßnahmen zur Vermeidung,

Minderung oder Kompensation der vorhabensbedingten Beeinträchtigungen in einem Maßnahmeplan sowie der abschließenden Gegenüberstellung der ermittelten Vorhabensauswirkungen mit den Maßnahmen zu ihrer Minderung und Kompensation in einer Bilanztabelle. Den Arbeitsablauf veranschaulicht Abb. 6.4-7.

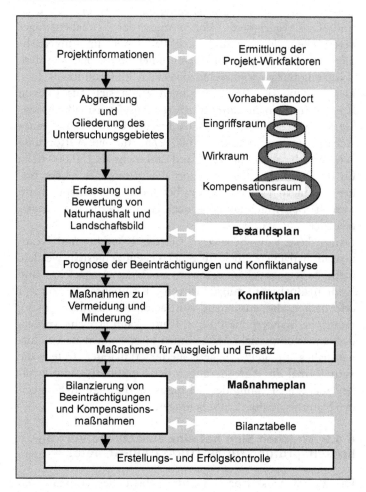

Abb. 6.4-7 Ablauf der Erarbeitung des Landschaftspflegerischen Begleitplanes (LBP)

Bei Kompensationsmaßnahmen geht der Gesetzgeber von der Idealvorstellung aus, dass zum Ausgleich von Eingriffen an anderer Stelle die Elemente und Funktionen des Naturhaushaltes entwickelt werden sollen, die vorhabensbedingt beeinträchtigt wurden oder verlorengegangen sind. Ist das erkennbar nicht der Fall, so ist der Eingriff nur zulässig, wenn er aus zwingenden Gründen des überwiegend öffentlichen Interesses gerechtfertigt werden kann (§19 BNatSchG). In einem solchen Fall müssen Ersatzziele bestimmt und Ersatzmaßnahmen erarbeitet werden. Mit ihnen sollen Landschaftselemente entwickelt werden, die eine möglichst große funktionelle Ähnlichkeit mit den Landschaftselementen aufweisen, die von vorhabensbedingten Eingriffen betroffen sind. Dafür geeignete Flächen muss der Vorhabensträger bereitstellen, durch Kauf, durch Pacht oder im Einvernehmen mit dem Grundstückseigentümer durch den Vermerk „Nutzung nur zu Naturschutzzwecken" im Grundbuch.

Die Leistungen zur Kompensation des Eingriffes werden bilanziert. Der Umfang der Ersatzleistungen ergibt sich aus fiktiven Kosten für die nicht durchführbaren Ausgleichsmaßnahmen. Sie können etwa 10 000 €/ha für die Umwandlung eines Ackers zur Frischwiese, 20 000 €/ha für die Aufforstung eines Mischwaldes auf Ackerland und mehr als 150 000 €/ha für die Wiederherstellung naturnaher Biotope in einem bisher drainierten Niedermoor betragen. Dementsprechend werden Beeinträchtigungen und Kompensationsleistungen bilanziert.

Es werden multifunktionale Kompensationsmaßnahmen auf der Grundlage eines Kompensationskonzeptes angestrebt. Damit diese Vorgehensweise, bei der Konflikt- und Kompensationsflächen Stück für Stück gegenübergestellt werden, nicht zu einem Gemenge von isolierten Ausgleichs- und Ersatzmaßnahmen führt, ist ein Kompensationskonzept erforderlich, das, ausgehend von sachlichen Prioritäten (s.o.), räumliche Schwerpunkte setzt. Damit kann erreicht werden, dass multifunktionale Maßnahmen zum Nutzen des Naturhaushaltes an Stelle vieler isolierter Aktivitäten treten, die zwar formal die Anforderungen der Eingriffsregelung erfüllen, aber zur Stärkung der Leistungs- und Funktionsfähigkeit des Naturhaushaltes kaum beitragen.

6.4.5 Welchen Sinn hat eine zusätzliche Verträglichkeitsprüfung für NATURA-2000-Gebiete?

Die Verträglichkeitsprüfung für Gebiete des europäischen ökologischen Netzes NATURA-2000 dient deren Schutz, ihrer Erhaltung und Entwicklung. Besteht die Möglichkeit, dass derartige Gebiete durch Pläne oder Projekte erheblich und/oder nachhaltig beeinträchtigt werden, sind unabhängig von der Umweltverträglichkeitsuntersuchung die betreffenden Vorhaben auf ihre Verträglichkeit mit den Erhaltungszielen dieses Systems von Schutzgebieten zu prüfen. Es umfasst (vgl. Ssymank et al. 1998)

– Gebiete von gemeinschaftlicher Bedeutung (Flora-Fauna-Habitate: FFH-Gebiete) zum Schutz von prioritären Lebensraumtypen, Tierarten und Pflanzenarten,

– Europäische Vogelschutzgebiete (*Important Bird Areas: IBA*; dazu Ramsar-Gebiete/Feuchtgebiete von internationaler Bedeutung: FIB) zum Schutz von gefährdeten Vogelarten.

Die zu erhaltenden Lebensräume und Arten sind in den entsprechenden Richtlinien der Europäischen Gemeinschaft (92/43/EWG, FFH-Richtlinie und 79/409/EWG, Vogelschutz-Richtlinie) aufgeführt. Dazu gehören Salzwiesen und Dünen, Heiden und alte Eichenwälder, Höhlen und Karstseen, Hochmoore und Arvenwälder, aber auch solche Tierarten, wie Mufflon, Gämse, Baummarder, Biber oder Seehund, und Pflanzenarten, wie Arnika, Frauenschuh und Moor-Steinbrech.

Inhalte und Anforderungen der Richtlinien der Europäischen Gemeinschaft wurden 1998 in das BNatSchG übernommen. Demnach ist die Verträglichkeitsuntersuchung (Abb. 6.4-8) sowohl für die Gebiete erforderlich, die an die EU-Kommission gemeldet worden sind, als auch für die naturschutzfachlich wertvollen Flächen, welche aufgrund ihrer Beschaffenheit eine Meldung als potenzielle FFH-Gebiete und faktische Vogelschutzgebiete nahe legen oder zur Beratung anstehen.

Das betrifft (Baumann et al. 1999) alle Vorhaben und Maßnahmen, die einer behördlichen Entscheidung oder einer Anzeige an eine Behörde bedürfen oder von einer Behörde durchgeführt werden. Dazu gehören

– Eingriffe in Natur und Landschaft nach § 15 BNatSchG,

– die Errichtung von Anlagen, die nach dem Bundes-Immisssionsschutzgesetz genehmigungsbedürftig sind,

– Gewässerbenutzungen, die nach dem Wasserhaushaltsgesetz einer Erlaubnis oder Bewilligung unterliegen,

– der Bau von Verkehrstrassen.

Gegenstand der Verträglichkeitsprüfung sind allein die in dem jeweiligen NATURA-2000-Gebiete benannten Erhaltungsziele, entweder für prioritäre Lebensräume, Tier- und Pflanzenarten (nach FFH-Richtlinie) oder für Lebensräume von schützenswerten Brutvögeln und Durchzüglern (nach Vogelschutz-Richtlinie).

Eine ganzheitliche Umweltuntersuchung nach UVPG oder eine umfassende naturschutzrechtliche Eingriffsbetrachtung nach BNatSchG finden bei der Verträglichkeitsprüfung für

Die Verträglichkeitsprüfung für bestehende oder potenzielle NATURA-2000-Gebiete ist erforderlich, wenn diese durch Pläne oder Projekte erheblich und/oder nachhaltig beeinträchtigt werden können.

NATURA-2000-Gebiete nicht statt. Dementsprechend wird der Untersuchungsraum nicht durch die Auswirkungen des Vorhabens vorgegeben, sondern durch die Grenzen der betroffenen NATURA-2000-Gebiete.

Die Verträglichkeitprüfung (§ 34 BNatSchG) erfolgt in zwei Teilschritten: der eigentlichen Prüfung und dem Ausnahmeverfahren. Im Ausnahmeverfahren wird geprüft, ob ein Projekt, das erhebliche Beeinträchtigungen von NATURA-2000-Gebieten zur Folge hat, ausnahmsweise zugelassen werden kann, weil zwingende (soziale oder wirtschaftliche) Gründe des öffentlichen Interesses vorliegen oder zumutbare Alternativen nicht gegeben sind.

Gegenstand der Verträglichkeitsprüfung sind allein die Erhaltungsziele der NATURA–2000-Gebiete, nicht alle Aspekte der Umweltverträglichkeit eines Eingriffes.

Abb. 6.4-8 Ablauf der Verträglichkeitsuntersuchung für NATURA-2000-Gebiete

Die Erheblichkeitsschwelle wird für die von einem Eingriff bedrohten Lebensräume im Einzelfall festgelegt. Sie muss verbal argumentativ begründet werden. Dabei setzt man die Intensität der Auswirkungen von Eingriffen in Beziehung zu den Erhaltungszielen des NATURA-2000-Gebietes unter besonderer Berücksichtigung der Empfindlichkeit der betroffenen Lebensräume und ihrer Bedeutung für Funktionsfähigkeit des Netzes der Schutzgebiete.

Moment mal – Fragen zu Kapitel 6

Grundlagen der Landschaftsentwicklung und Landschaftsplanung

1. Was versteht man unter dem Prinzip der Nachhaltigkeit?
2. Welchen Anspruch und welche Inhalte haben Leitlinien und Leitbilder der Landschaftsplanung?
3. Welche sozioökonomische Funktionen der Landschaft gibt es? Wodurch unterscheiden sie sich von den ökologischen Funktionen der Landschaft?
4. Was sind Landschaftsdienstleistungen? Gibt es Unterschiede zu Ökosystemdienstleistungen?
5. Welche Landschaftseigenschaften kommen in den Potenzialen der Landnutzung zum Ausdruck? Geben Sie Beispiele.
6. Worauf bezieht sich die funktionale Bedeutung von Landschaften? Was versteht man unter dem ökologischen und unter dem ökonomischen Wert von Landschaften? Was heißt Naturkapital? Erläutern sie diese Fragen anhand von Beispielen?
7. Welche Arbeitsschritte sind erforderlich, um Landschaften kennzeichnen, bewerten und schützen sowie entwickeln zu können? Wie unterscheiden sie sich voneinander?
8. Nach welchen Grundsätzen geht man bei der Landschaftsbewertung vor?
9. Benennen Sie Parameter für die ökologische Bewertung von Biotopen und Pedotopen!
10. Nach welchen Parametern wird anhand der Wasserrahmenrichtlinie der EG die Güte von Oberflächengewässern bestimmt? Was versteht man unter Grundwasserkörpern und wie werden sie beurteilt?
11. Welche Eigenschaften des Klimas und der Luft werden zu ökologischen Bewertungen herangezogen?

**Aufgaben und Instrumentarien der Landschafts-
planung**

1. Welche Handlungsebenen und Handlungsbereiche gibt es
   in der räumlichen Planung?
2. Was versteht man unter aktiver und unter reaktiver Landschaftsplanung?
3. Welche gesetzlichen Regelungen sind von besonderer
   Bedeutung für die Landschaftsplanung?
4. Welche Ziele und welche Inhalte haben Landschaftsprog-
   ramme, Landschaftsrahmenpläne und Landschaftspläne?
5. Was wird bei einer Umweltverträglichkeitsprüfung untersucht? Wie geht man dabei vor?
6. Was heißt Eingriffsregelung? Wie läuft sie ab?
7. Welche Zielsetzung hat die Verträglichkeitsprüfung für
   NATURA-2000 Gebiete? Wodurch unterscheidet sie sich
   von der Umweltverträglichkeitsprüfung?

Literaturverzeichnis

Ahl T, Allen TFH (1996) Hierarchy Theory: A Vision, Vocabulary and Epistemology. Columbia University Press, New York

Allen TFH, Starr TB (1982) Hierarchy - Perspectives for Ecological Complexity. University of Chicago Press, Chicago

Arbeitsgruppe Boden (1994) Bodenkundliche Kartieranleitung. 4. Aufl. Bundesanstalt für Geowissenschaften und Rohstoffe Hannover (1. Aufl. 1965)

Armand AD (1992) Sharp and Gradual Mountain Timberlines as a Result of Species Interaction. In: Hansen A.J. and di Castri F. (Hrsg.) Landscape Boundaries. Ecological Studies 92. Springer, New York. 360-378

Augenstein I (2004) Über die Eignung von Landschaftsstrukturparametern zur Bewertung des Landschaftsbildes. In: Walz U, Lutze G, Schultz A, Syrbe RU (Hrsg.) Landschaftsstruktur im Kontext von naturräumlicher Vorprägung und Nutzung – Datengrundlagen, Methoden und ihre Anwendungen. IÖR-Schriften Band 43: 223--236

Aurada K (1982) Zur Anwendung des systemtheoretischen Kalküls in der Geographie. Petermanns Geogr Mitt 126: 241--249

Bachfischer R (1978). Ökologische Risikoanalyse. Diss. München

Bailey RG (1976) Ecoregions of the United States (map 1: 7,500,00). USDA Forest Service, Intermountain Region, Odgen, Utah

Bailey RG (1995) Descriptions of the Ecoregions of the United States. http://www.fs.fed.us/land/ecosysmgmt/ecoreg1_home.html (01.11.2004)

Bailey RG (1996) Ecosystem Geography. Springer, New York

Bamberg S (1999) Umweltschonendes Verhalten- eine Frage der Moral oder der richtigen Anreize? Zeitschrift für Sozialpsychologie 30(1): 57--76

Bär A, Löffler J (2005) Modelling nature conservation scenarios in agricultural landscapes of SW Norway based on complex spatio-temporal landscape ecological analyses. Landscape Ecology (in prep.)

Barber VA, Juday GP, Finney BP, Wilmking M (2003) Reconstruction of summer temperatures in Interior Alaska from treering proxies: Evidence for changing synoptic climate regimes. Climatic Change (im Druck)

Barsch A (2004) Landschaften im Wandel – Auswirkungen der globalen Erwär-mung auf das Uvs-Nuur-Becken (NW-Mongolei). In: Blumenstein O, Krüger W, Schachtzabel H (Hrsg.) Stoffdynamik in Geosystemen. Bd 10, Potsdam

Barsch H, Billwitz K, Bork HR (Hrsg. 2000) Arbeitsmethoden in Physiogeographie und Geoökologie. Klett-Perthes, Gotha

Barsch H, Billwitz K, Reuter B (1988) Einführung in die Landschaftsökologie. Lehrmaterial zur Ausbildung von Diplomfachlehrern Geographie. Potsdam

Barsch H, Bork HR, Söllner R (Hrsg. 2003) Landschaftsplanung – Umweltverträglichkeitsprüfung – Eingriffsregelung. Klett-Perthes, Gotha und Stuttgart

Barsch H, Bürger K (1996) Naturressourcen und ihre Nutzung. 2. Aufl. Justus Perthes, Gotha (1. Aufl 1988)

Barsch H, Richter H (1975) Grundzüge einer naturräumlichen Gliederung der DDR auf der Basis typisierter Naturräume. Petermanns Geogr Mitt 113: 173--179

Bastian O (1996) Biotope mapping and evaluation as a base of nature conservation and landscape planning: Ekologia (Bratislava) 15: 5--17

Bastian O (1999) Belastung, Belastbarkeit und ökologische Stabilität. In: Bastian O, Schreiber KF (Hrsg.) Analyse und ökologische Bewertung der Landschaft. 2. Aufl. Spektrum, Heidelberg, 41--44

Bastian O (2000) Landscape classification in Saxony (Germany) – a tool for holistic regional planning. Landscape and Urban Planning 50: 1-11

Bastian O , Röder M (2002) Landscape functions and natural potentials. In: Bastian O, Steinhardt U (Hrsg.) Development and Perspectives of Landscape Ecology. Kluwer, Dordrecht, Boston, London : 213--232

Bastian O, Schreiber KF (Hrsg. 1999) Analyse und ökologische Bewertung der Landschaft. 2. Aufl. Spektrum, Heidelberg (1. Aufl. 1994)

Bastian O, Steinhardt U (Hrsg. 2002) Development and Perspectives of Landscape Ecology. Kluwer, Dordrecht, Boston, London

Bastian O, Syrbe RU (2005) Naturräume in Sachsen – eine Übersicht. *Mitteilungen Landesverein Sächsischer Heimatschutz*, Dresden (in Vorbereitung)

Bauer J (2008) Das kooperative Gen. Hoffmann und Campe, Hamburg

Becker A (1992) Methodische Aspekte der Regionalisierung. In: Kleeberg HB (Hrsg.) Regionalisierung in der Hydrologie. DFG Mitteilung XI der Sen.komm. f. Wasserforschung, Weinheim, Basel: 16--32

Beierkuhnlein C (1998) Biodiversität und Raum. *Die Erde* 128: 81--101

Beierkuhnlein C (Hrsg. 1999) Rasterbasierte Biodiversitätsuntersuchungen in nordbayrischen Kulturlandschaften. *Bayreuther Forum Ökologie* 69: 206

Berg LS (1931) Landčaftno-geografičeskie zony SSSR (Geographische Landschaftszonen der UdSSR). Leningrad

Berthling I, Etzelmüller B (2011) The concept of cryo-conditioning in landscape evolution. *Quaternary Research* 75 (2): 378-384

Beručasvili NL (1977) Die jahreszeitlich bedingte Dynamik der Struktur und der funktionalen Prozesse der Fazies. *Petermanns Geogr Mitt* 121: 13--16

Billwitz K (1997) Allgemeine Geoökologie. In: Hendel, M, Liedtke H (Hrsg.) Lehrbuch der Allgemeinen Physischen Geographie. Klett-Perthes, Gotha

Billwitz K (2000) Komplexorientierte Aufnahme und Kartierung. In: Barsch H, Billwitz K, Bork HR (Hrsg.) Arbeitsmethoden in Physiogeographie und Geo-ökologie. Klett-Perthes, Gotha. 24--51

Biotopkartierung Brandenburg (1995) Kartierungsanleitung. Landesumweltamt Brandenburg, Potsdam

Blab, J (1993) Grundlagen des Biotopschutzes für Tiere. Ein Leitfaden zum praktischen Schutz der Lebensräume unserer Tiere. 4. Aufl. Kilda (1. Aufl. 1985)

Blaschke T (1997) Habitatmodellierung mit GIS: Unterschiedlich komplexe Modelle für einzelne Leitarten und deren Zusammenführung. Proceedings, Bayerische Akademie für Naturschutz und Landschaftspflege, ANL, Seminar Modellierung im Naturschutz, Erding

Blaschke T (1997) Landschaftsanalyse und –bewertung mit GIS. Forsch z deutsch Landeskunde 243. Trier

Blaschke T (Hrsg 1999) Umweltmonitoring und Umweltmodellierung: GIS und Fernerkundung als Werkzeuge einer nachhaltigen Entwicklung. Wichmann, Heidelberg

Blumenstein O (1996) Geoökologische Aspekte des Evolutionsprozesses hemerober Geosysteme im jungpleistozänen Raum. *Potsdamer Geogr. Forsch.* 13

Blumenstein O (2000) Ein Steckbrief für unsere Lebensräume - die Merkmale eines Geosystems. In: Blumenstein, O, Schachtzabel H, Barsch H, Bork HR, Küppers U Grundlagen der Geoökologie. Springer, Berlin, Heidelberg, New York. 15--102

Blumenstein O, Fischer F, Schubert R (1997) Bodenveränderungen durch die Verrieselung von Abwasser. *Peterm. Geogr. Mitt.* 141 (5/6): 323--342

Blumenstein O, Schachtzabel H, Barsch H, Bork HR, Küppers U: (2000) Grundlagen der Geoökologie. Springer, Berlin, Heidelberg, New York

Bork HR (1998) Landschaftsentwicklung in Mitteleuropa. Klett - Perthes, Gotha und Stuttgart

Bork HR (2000) Landschaftsökologische Modelle. In: Barsch H, Billwitz K, Bork HR (Hrsg.) Arbeitsmethoden in Physiogeographie und Geoökologie. Klett-Perthes, Gotha. 537--546

Bork HR, Geldmacher K, Halfmann J (2003) Naturschutzplanung. In: Barsch H, Bork HR, Söllner R (Hrsg.) Landschaftsplanung – Umweltverträglichkeitsprüfung – Eingriffsregelung. Klett-Perthes, Gotha und Stuttgart. 119--131

Brady NC, Weil RR (2002) The Nature and Properties of Soils. Pearson Education, New Jersey

Brandt J (Hrsg. 1991) Practical Landsape Ecology. Proc. European seminar of IALE. Roskilde, Denmark

Brandt J, Agger P (eds 1984) Proc. 1st Int. seminar on methodology in landscape ecology, research and planning. Roskilde, Denmark

Brandt J, Vejre H (2004) Multifunctional landscapes – motives, concepts and perceptios. In: Brandt J, Vejre H (Hrsg.) Multifunctional Landscapes Bd 1. Witpress, Southampton, Boston. 3--31

Bronstert A, Niehoff D, Bürger G (2002) Effects of climate and land-use change on storm runoff generation: present knowledge and modelling capabilities. *Hydrological Processes* 16(2): 509--529

Brundtland, G H (1988) Bericht der Weltkommission für Umwelt und Entwicklung. New York , Berlin

Büdel J (1937) Eiszeitliche und rezente Abtragung und Verwitterung im ehemals nicht vereisten Teil Mitteleuropas. *Peterm. Geogr. Mitt.* Erg. Heft 229

Büdel J (1944) Die morphologische Wirkung des Eiszeitklimas im gletscherfreien Gebiet. *Geolog. Rundschau*

Burak A (2005) Eine GIS-gestützte prozessorientierte landschaftsökologische Gliederung Deutschlands: Ein konzeptioneller und methodischer Beitrag zur Typisierung von Landschaften in chorischer Dimension. *Forsch z. dt. Landeskunde*, Flensburg (in Vorber.)

Burak A, Zepp H (2003) Geoökologische Landschaftstypen. In: Inst. f. Länderkunde (Hrsg) Nationalatlas Bundesrepublik Deutschland Band 2 Relief, Boden und Wasser, Spektrum, Heidelberg Berlin: 28--29

Burrough PA (1986) Principles of Geographic Information Systems for Land Resource Assessment. Monographs on Soil and Resources Survey 12, Oxford, New York

Chorley RJ, Kennedy BA (1971) Physical geography. A systems approach. Prentice-Hall, London

Claessens LJ, Schoorl P, Verburg I, Geraedts L, Veldkamp A (2009) Modelling interactions and feedback mechanisms between land use change and landscape processes. *Agriculture, Ecosystems & Environment* 129 (1-3): 157-170

Dansereau P (1957) Biogeography. An ecological perspective. Ronal Press, New York

Deutsches MAB Nationalkomitee (2004) Voller Leben. UNESO Biosphärenreservate – Modellregionen für eine Nachhaltige Entwicklung. Springer, Berlin, Heidelberg, New York

di Castri F, Hansen AJ (1992) The environment and development crises as determinants of landscape dynamics. In: Hansen A, di Castri F (Hrsg.) Landscape Boundaries. Ecological Studies 92: 3--18

Dollinger F (1998) Die Naturräume im Bundesland Salzburg. Forsch z deutsch Landeskunde 245, Flensburg

Dörhofer G, Josupait V (1980) Eine Methode zu flächendifferenzierten Ermitt-lung der Grundwasserneubildungsrate. *Geol Jb Reihe C* 27: 46--63

Ebeling W et al. (1990) Die Selbstorganisation in der Zeit. Berlin

Egler FE (1942) Vegetation as an object of study. *Philos. Sci.* 9: 245--260

Ellenberg H (Hrsg. 1973) Ökosystemforschung. Springer, Berlin, Heidelberg, New York

Ellenberg H, Müller-Dombois D (1967) Tentative physiognomic-ecological classification of plant formations of the earth. Ber Geobotan Inst ETW Zürich, Bd 37: 21--55

Ellenberg H, Weber HE, Düll R, Wirth V, Werner W, Pauließen D (1991/1992): Zeigerwerte von Pflanzen in Mitteleuropa. Scripta Geobotanica, Bd 18

Ewald E (1984) Dokučaevs „Russki Cernozem" und seine Bedeutung für die Entwicklung der Bodenkunde und Geoökologie. *Petermanns Geogr Mitt* 128: 1--11

Flade A. (2010) Natur psychologisch betrachtet. Hans Huber, Bern

Fletcher CD, Hilbert W. (2007) Resilience in landscape exploitation systems. *Ecological Modelling* 201 (3-4): 440-452

Forman RTT (1996) Land mosaics. The ecology of landscapes and regions. Cambridge University Press, Cambridge

Forman RTT, Godron M (1984) Landscape ecology principles and landsape function. In: Brandt J, Agger P (Hrsg.) Proc. 1st Int. seminar on methodology in landscape ecology, research and planning. Roskilde, Denmark. Bd 5. 4--16

Forman RTT, Godron M (1986) Landscape Ecology. Wiley and Sons, New York, Chichester, Brisbane

Fortin MJ, Olson RJ, Ferson S, Iverson L, Hunsaker C, Edwards G, Levine D, Butera K, Klemas V (2000) Issues related to the detection of boundaries. *Landscape Ecology* 15: 453--466

Fränzle O (1991) Ökosystemforschung als Grundlage der Raumplanung. MAB Mitt 33, 26-39

Fränzle O, Müller F (1991) Ökosystemforschung im Bereich der Bornhöveder Seenkette: Forschungskonzept und Stand der Arbeiten. *Verhandlungen der Ges. f. Ökologie* 20: 95--106

Fränzle O, Müller F, Schröter, W (1997-2000) Handbuch der Umweltforschung. Grundlagen und Anwendung der Ökosystemforschung. Ecomed, Landsberg am Lech

Freye HA (1986) Humanökologie. 3. Aufl. Gustav Fischer, Jena

Frielinghaus Mo. et al. (1995) 11 Merkblätter zur Erkennung, Kartierung, Bewertung und Vermeidung der Bodenerosion. MUNR Brandenburg

Fujioka T, Chappell J (2011) Desert landscape processes on a timescale of millions of years, probed by cosmogenic nuclides. *Aeolian Research*, in print

Gaucherel C (2009) Self-similar land cover heterogeneity of temperate and tropical landscapes. *Ecological Complexity* 6 (3): 346-352

Glawion R (2002) Bios. In: Bastian O, Steinhardt U (Hrsg.) Development and Perspectives of Landscape Ecology. Kluwer, Dordrecht, Boston, London. 144--154

Gosz JR (1992) Ecological Functions in a Biome Transition Zone: Translating Local Responses to Broad-Scale Dynamics. In: Hansen A J, di Castri F (Hrsg.) Landscape Boundaries. *Ecological Studies* 92: 55--75

Göttlich K (1990) Torf und Moorkunde. Schweitzerbart, Stuttgart

Grunewald, K (1999) Erfassung, Abbildung und Reichweite von Schlüsselparametern bei der Quantifizierung partikelgebundener Phosphorverlagerungen. *Leipziger Geowiss* 11: 19--23

Grunewald K, Bastian O (2010) Ökosystemdienstleistungen analysieren – begrifflicher und konzeptioneller Rahmen aus landschaftsökologischer Sicht. *GEOÖKO* 31: 50-82

Gustafson EJ (1998) Quantifying landscape spatial pattern: what is the state of the art? *Ecosystems* 1:143--156

Gütter R (1993) Pläne oder Projekte. *Raumplanung* 60: 56--62

Haase G (1964) Landschaftsökologische Detailuntersuchung und naturräumliche Gliederung. *Petermanns Geogr Mitt* 105: 1--8

Haase G (1967) Zur Methodik großmaßstäbiger landschaftsökologischer und naturräumlicher Erkundung. *Wiss Abh Geogr Gesellschaft DDR* 5: 35--128

Haase G (1973) Zur Ausgliederung von Raumeinheiten der chorischen und regionischen Dimension, dargestellt an Beispielen aus der Bodengeographie. *Petermanns Geogr Mitt* 117: 81--90

Haase G (1976) Zur Bestimmung und Erkundung von Naturraumpotentialen. *Geogr Gesell d DDR, Mitt* 13: 5--8

Haase G (1978) Zur Ableitung und Kennzeichnung von Naturraumpotentialen. *Petermanns Geogr Mitt* 122: 113--125

Haase G, Barsch H, Hubrich H, Mannsfeld K, Schmidt R (Hrsg. 1991) Naturraumerkundung und Landnutzung. Geochorologische Verfahren zur Analyse, Kartierung und Bewertung von Naturräumen. Mit Beiträgen von Schlüter H, Kugler H, Richter H, Reuter B, Mannsfeld K, Knothe D, Kopp D, Schwanecke W, Diemann R, Altermann M, Hurttig H. *Beiträge zur Geographie*, Bd 34, Akademie Verlag, Berlin

Haase G, Neef E, Richter H, Barsch H unter Mitwirkung von Hubrich H, Mannsfeld K, Hentschel P (1973) Beiträge zur Klärung der Terminologie in der Landschaftsforschung. Inst f Geogr u Geoök AdW DDR. Leipzig

Haber W (1972) Grundzüge einer ökologischen Theorie der Landnutzungsplanung. *Innere Kolonisation* 21: 294--298

Haber W (1979) Theoretische Anmerkungen zur „ökologischen Planung". *Verh Ges Ökol Münster* 7: 19--30

Haber W (1996) Die Landschaftsökologie und die Landschaft. *Ber. D. Reinh. Tüxen-Ges.* 8: 297--309

Haber W (2002) Kulturlandschaft zwischen Bild und Wirklichkeit. http://www.nfp48.ch/publikationen/haber.html (21.10.2004)

Haken H (1983) Advanced Synergetics. Springer, Berlin

Haken H, Wunderlin A (1991) Die Selbststrukturierung der Materie. Synergetik in der unbelebten Welt. Vieweg, Braunschweig

Halfmann J (2000) Biotop- und Vegetationskartierung. In: Barsch H, Billwitz K, Bork H-R (Hrsg.) Arbeitsmethoden in Physiogeographie und Geoökologie. Klett-Perthes, Gotha. 253-288

Halfmann J, Darmer G (2003) Pflege- und Entwicklungsplanung. In: Barsch H, Bork HR, Söllner R (Hrsg.) Landschaftsplanung – Umweltverträglichkeitsprüfung – Eingriffsregelung. Klett-Perthes, Gotha und Stuttgart. 132--152

Hansen AJ, Risser PG, di Castri F (1992) Epilogue: Biodiversity and Ecologial Flows Across Ecotones In: Hansen AJ, di Castri F. (Hrsg.) Landscape Boundaries. *Ecological Studies* 92: 423--438

Hard G (1970) „Was ist eine Landschaft?" Über Etymologie als Denkform in der geographischen Literatur. In: Bartel D (Hrsg) Wirtschafts- und Sozialgeographie. Köln und Berlin. 66--84

Hard G (1971) Über die Gleichzeitigkeit des Ungleichzeitigen. Anmerkungen zur jüngsten methodologischen Literatur in der deutschen Geogaphie. *Geographiker* Heft 6: 12--24

Hard G (1983) Zu Begriff und Geschichte von „Natur" und „Landschaft" in der Geographie des 19. und 20. Jahrhunderts. In: Großklaus G, Oldemeyer E (Hrsg.) Natur als Gegenwelt. Beiträge zur Kulturgeschichte der Natur. Karlsruhe. 139--167

Hellbrück J, Fischer M (1999) Umweltpsychologie. Hogrefe, Göttingen

Hellmuth O (2000) Erfassung des Geländeklimas. In: Barsch H, Billwitz K, Bork HR (Hrsg.) Arbeitsmethoden in Physiogeographie und Geoökologie. Klett-Perthes, Gotha. 230--253

Herz K (1973) Beitrag zur Theorie der landschaftsanalytischen Maßstabsbereiche. *Petermanns Geogr Mitt* 117: 91--96

Herz K (1980) Analyse der Landschaft. Studienbücherei Geographie für Lehrer, Bd 6, Haack, Gotha

Herz K (1982) Der Arealbegriff in der Landschaftsanalyse. *Wiss. Z. d. PH Dresden* 17: 119--127

Herz K (1984) Die Evolution der Landschaftssphäre. *Geogr. Ber.* 29 (2): 81--90

Hodek J (2003) Planungssystem und zuständige Behörden in Deutschland. In: Barsch H, Bork HR, Söllner R (Hrsg.) Landschaftsplanung – Umweltverträglichkeitsprüfung – Eingriffsregelung. Klett-Perthes, Gotha und Stuttgart. 21--28

Homburg A, Matthies E (1989) Umweltpsychologie. Juventa, Weinheim

Hörmann G, Irmler U, Müller F, Piotrowski J, Pöpperl R, Reiche EW, Schernewski G, Schimming CG, Schrautzer J, Windthorst W (1992) Ökosystemforschung im Bereich der Bornhöveder Seenkette. Arbeitsbericht 1988-1991. Ecosys, Beiträge zur Ökosystemforschung, Bd 1, Christian-Albrechts-Universität Kiel

Humboldt Av (1805) Essai sur la geographie des plantes accompagné d'un tableau physique des régions équinoxiales. Fr. Schoell, Paris und Cotta, Tübingen

Humboldt Av (1807) Ideen zu einer Geographie der Pflanzen nebst einem Gemälde der Tropenländer. Tübingen

Isačenko AG (1965) Grundzüge der Landschaftskunde und der physisch-geographischen Rayonierung. Moskau (russ.)

Isačenko AG (1981) Predstavlenie o geosisteme v sovremennoj fizičeskoj geografii (Die Vorstellung vom Geosystem in der gegenwärtigen physischen Geographie). *Izvestija VGO* 113: 197--305

Juo A, Franzluebbers K (2003) Tropical Soils - Properties and Management For Sustainable Agriculture. Oxford Press, Oxford

Kaiser FG (1993) Mobilität als Wohnproblem. Ortsbindung im Licht der emotionalen Regulation. Peter Lang, Bern

Kals E (1998) Umwelt und Gesundheit. Psychologie Verlags Union, Weinheim

Kaplan R, Kaplan S (1989) The Experience of Nature: A Psychological Perspective. New York

Kaplan S, Kaplan R (1982) Cognition and Environment: Functioning in an uncertain world. New York

Kapp H, Wägenbauer T (1997) Komplexität und Selbstorganisation. W. Fink

Kienast F (2010) Landschaftsdienstleistungen: ein taugliches Konzept für Forschung und Praxis? *Forum für Wissen*: 7-12

Kleyer M, Biedermann R, Hene K, Poethke HJ, Poschlod P, Settele J (2002) MOSAIK: Semi-open pasture and ley - a research project on keeping the cultural landscape open.- In: Redecker B, Fink P, Härdtle W, Riecken U, Schröder, E. (eds.) Pasture Landscape and Nature Conservation. Springer, Heidelberg. 399--412

Klink HJ (1964) Landschaftsökologische Studien im südniedersächsischen Bergland. *Erdkunde* 198: 267--284

Klink HJ (1991) Vorwort. In: Renners M: Geoökologische Raumgliederung der Bundesrepublik Deutschland. *Forsch. z. dt. Landeskunde* 239. 5--7

Klink HJ (1996) Vegetationsgeographie. 2. Aufl. Westermann, Braunschweig

Klug H, Lang R (1983) Einführung in die Geosystemlehre. Wiss Buchgesellschaft, Darmstadt

Knauer P (1989) Umweltqualitätsziele, Umweltstandards und „Ökologische Eckwerte". In: Hübler K H, Otto-Zimmermann K (Hrsg.) Bewertung der Umweltverträglichkeit. Taunusstein. 45--66

Knoch K (1963) Die Landesklimaaufnahme. Wesen und Methodik. Deutscher Wetterdienst, Offenbach

Knothe D, Schrader F (1985) Zur Gestaltung von Naturraum- und Flächennutzungskarten im Rahmen einer ressourcenbezogenen Landschaftsbewertung. *Fortschritte in der geographischen Kartographie*: 128-138

Koestler A (1967) The Ghost in the Machine. Random House, New York

Kopp D (1975) Kartierung von Naturraumtypen auf Grundlage der forstlichen Standortserkundung. *Petermanns Geogr Mitt* 119: 96--114

Kössler F (1984) Umweltbiophysik. Berlin

Krauklis, AA (1985) Dinamika geosistem i osvojenie priangarskoj Taigi (Die Dynamik der Geosysteme und die Erschließung der Angara-Taiga). Nauka, Novosibirsk

Kriz J (1992) Chaos und Struktur. Quintessenz, München

Krüger W, Barsch A, Bauer A, Blank B, Liersch S (2001) Wo Wasser Weiden wachsen lässt. Witterungsbedingte Dynamik von Geosystemen der mongolischen Steppe. In: Blumenstein O, Krüger W, Schachtzabel H (Hrsg.) Stoffdynamik in Geosystemen. Bd 6, Potsdam

Kruse L, Graumann CF, Langermann, E D (1990) Ökologische Psychologie. Psychologie Verlags Union, München

Kummert R, Stumm W (1992) Gewässer als Ökosysteme. Verlag Fachvereine und Teubert, Zürich, Stuttgart

Küster H (1997) Geschichte der Landschaft in Mitteleuropa. Von der Eiszeit bis zur Gegenwart. C.H. Beck'sche Verlagsbuchhandlung, München

LANA Länderarbeitsgemeinschaft für Naturschutz, Landschaftspflege und Erholung (1996): Methodik der Eingriffsregelung Teil III. Vorschläge zur bundeseinheitlichen Anwendung der Eingriffsregelung nach § 8 Bundesnaturschutzgesetz. Universität für Landschaftspflege und Naturschutz, Universität Hannover

Landesbüro der Naturschutzverbände NRW (2006) Handbuch Verbandsvbeteiligung

Lasarew W (1990) Italienische Maler der Renaissance. Verlag der Kunst, Dresden

Laumann, K., Gärling T, Stormark K M (2001) Rating scale measure of restorative components of environments. In: Journal of Environmental Psychology, 21, 31-44

Lautensach H (1952) Der Geographische Formenwandel. Studien zur Landschaftssystematik. Ferd. Dümmlers Verlag, Bonn

Lee CL, Huang S, Chan L (2008) Biophysical and system approaches for simulating land-use change. *Landscape and Urban Planning* 86 (2): 187-203

Lencewicz S, Kondracki J (1959) Geografia Fizyczna Polski. Wydawnictwo Naukowe, Warszawa

Leser H (1984) Das 9. Baseler Geomethologische Colloquium: Umsatzmessungen und Bilanzierungsprobleme bei topologischen Geosystemforschungen. *Geomethodica* 9: 5--29

Leser H (1993) Das geoökologische Forschungskonzept im SPE-Projekt. *Material z Physiogeogr* 15: 7--16

Leser H (1997): Landschaftsökologie, 4. Aufl. Eugen Ulmer, Stuttgart (1. Aufl. 1976, 3. Aufl. 1991)

Leser H, Klink HJ (Hrsg. 1988) Handbuch und Kartieranleitung Geoökologische Karte 1:25 000 (KA GÖK 25). *Forsch z deutsch Landeskunde* 228, Trier

Leser, H (1994) Räumliche Vielfalt als methodische Hürde der Geo- und Biowissenschaften. In: *Potsdamer Geogr Forsch* 4: 7--17

Löffler J (2002a) Altitudinal Changes of Ecosystem Dynamics in the Central Norwegian High Mountains. *Die Erde* 133: 227--258

Löffler J (2002b) Landscape complexes. In: Bastian O, Steinhardt U (eds) Development and Perspectives of Landscape Ecology. Kluwer Academic Publishers, Dordrecht. 58--68

Löffler J (2002c) Vertical landscape structure and functioning. In: Bastian O, Steinhardt U (eds) Development and Perspectives of Landscape Ecology. Kluwer Academic Publishers, Dordrecht. 49--58

Lück E, Eisenreich M und Domsch H (2002) Innovative Kartiermethoden für die teilflächenspezifische Landwirtschaft. Stoffdynamik in Geosystemen 7, Potsdam

Mandelbrot BB (1977) Fractals: form, chance, and dimension, Translation of Les objets fractals. W. H. Freeman, San Francisco

Mandelbrot BB (1982) The Fractal Geometry of Nature. Freeman, New York

Mannsfeld K (1979) Die Beurteilung von Naturpotentialen als Aufgabe der geographischen Landschaftsforschung. *Petermanns Geogr Mitt* 123: 2--6

Mannsfeld K (1983) Landschaftsanalyse und Ableitung von Naturpotentialen. Abhandl Sächs Ak Wiss Math-Nat Klasse 55 (3). Leipzig

Mannsfeld K (1985) Landschaftsdiagnose als Beitrag zur Charakteristik des Landschaftswandels. *Sitzungsber Sächs Ak Wiss* 117 (4): 57--67

Mannsfeld K, Neumeister H (Hrsg. 1999) Ernst Neefs Landschaftslehre heute. Petermanns Geogr Mitt Ergänzungsheft 294

Mannsfeld K, Richter H (1995) Naturräume in Sachsen. *Forsch z deutsch Landeskunde* 238, Trier

Mareel E van der, Dauvellier PJ(1978) Naar een global ecologisch model voor de ruimtelijke entwikkeling van Nederland. Studierapp Rijksplanolog Dienst, den Haag, Bd 9

Marks R, Müller M J, Klink H J, Leser H (Hrsg. 1992) Anleitung zur Bewertung des Leistungsvermögens des Landschaftshaushaltes (BA LVL). 2. Aufl. *Forsch z deutsch Landeskunde* 229, Trier (1. Aufl. 1989)

Mazur E (1983) Landscape Synthesis – Objectives and Tasks. *GeoJournal* 7: 99--106

McGarigal K, Marks BJ (1995) FRAGSTATS: spatial pattern analysis program for quantifying landscape structure. USDA For. Serv. Gen. Tech. Rep. PNW-351

Messer A (1932) Geschichte der Philosophie im Altertum und Mittelalter. Quelle und Meyer, Leipzig

Methodischer Leitfaden zur Umsetzung der Eingriffsregelung auf der Ebene der Planfeststellung/Plangenehmigung bei Verkehrsprojekten Deutsache Einheit (1993) Herausgegeben von den Obersten Naturschutzbehörden Neue Bundesländer und Bayern sowie vom Bundesamt für Naturschutz. Bonn

Meynen E, Schmithüsen J (Hrsg. 1953 – 1962) Handbuch der naturräumlichen Gliederung Deutschland. 9 Bände. Bundesanstalt für Landeskunde, Remagen

Millenium Ecosystem Assessment (MA 2005) Millenium Ecosystem Assessment – Ecosystems and Human Well-Beeing: A Framework for Assessment. Island Press, Washington

Mosimann T (1984) Landschaftsökologische Komplexanalyse. Steiner, Wiesbaden

Mosimann T (1990) Ökotope als elementare Prozesseinheiten der Landschaft. Konzept zur prozeßorientierten Klassifikation von Geosystemen. Geosynthesis, Bd 1

Mosimann T (1991) Zum Prozeß-Korrelations-Systemmodell. In: Leser H Landschaftsökologie, 3. Aufl. Eugen Ulmer, Stuttgart. 262--270

Moss M (1979) Climate and related process data in ecological land classification. Newsletter. Canada Committee on Ecological (Biophysical) Land classification. Lands Directorate, *Environment Canada* 8: 4--6

Moss M (2000) Interdisciplinarity, landscape ecology and the "Transformation of Agricultural Landscapes". *Landscape Ecology* 15: 303--311

Moss M, Milne R J (Hrsg. 1999) Landscape Synthesis – Concepts and Applications. University of Guelph, Ontario, Canada/ University of Warsaw, Poland

Müller F (1999) Ökosystemare Modellvorstellungen und Ökosystemmodelle in der Angewandten Landschaftsökologie. In: Schneider-Sliwa R., Schaub D, Gerold G (Hrsg) Angewandte Landschaftsökologie. Grundlagen und Methoden. Springer, Berlin, Heidelberg, New York. 25--46

Müller G (1977) Zur Geschichte des Wortes Landschaft. In: Hartlieb von Walthor A, Quirin H (Hrsg) „Landschaft" als interdisziplinäres Forschungsproblem. *Veröff. d. Prov.inst. f. westf. Landes- u. Volksforschung* Reihe 1 (21). 4--12

Mußmann F (1995) Komplexe Natur, komplexe Wissenschaft. Leske, Opladen

Naveh Z (2000) Foreword. In: Bastian O, Steinhardt U (Hrsg. 2002) Development and Perspectives of Landscape Ecology. Kluwer, Dordrecht, Boston, London. XXI-XVII

Naveh Z, Liebermann A (1994) Landscape Ecology - Theory and Application. Springer, New York, Berlin, Heidelberg (1. Aufl. 1984)

Neef E (1966) Zur Frage des gebietswirtschaftlichen Potentials. *Forschungen und Fortschritte* 40: 65--70

Neef E (1967) Die theoretischen Grundlagen der Landschaftslehre. Haack Gotha

Neef E (1969) Der Stoffwechsel zwischen Natur und Gesellschaft als geographisches Problem. *Geographische Rundschau* 21: 453--459

Neef E, Schmidt G, Lauckner M (1961) Landschaftsökologische Untersuchungen an verschiedenen Physiotpen in Nordwestsachsen. *Abhandl Sächs Akad Wiss zu Leipzig, Math-Nat. Klasse* 47: 1--112

Nentwig W, Bacher S, Beierkuhnlein C, Brandl R, Grabher G (2004) Ökologie. Spektrum, Heidelberg, Berlin

Neumeister H (1978) Zur Theorie und zu Aufgaben in der geographischen Prozessforschung. *Petermanns Geogr Mitt* 122: 1--11

Neumeister H (1979) Zur Messung der "Leistung" des Geosystems. Forschungsansätze in der physisch geographischen Prozeßforschung. *Petermanns Geogr Mitt* 123: 101--107

Neumeister H (1984) Zur Belastbarkeit und zur Kontrolle von Prozessen und in der genutzten Landschaft der DDR. *Wiss Mitt Inst Geogr u Geoökol AdW DDR* 11: 7--81

Neumeister H (1988) Geoökologie. Geowissenschaftliche. Aspekte der Ökologie. G. Fischer, Jena

Niemann E (1977) Eine Methode zur Erarbeitung der Funktionsleistungsgrade von Landschaftselementen. *Arch Naturschutz Landschaftsforsch* 17: 119--158

O`Neill RV, de Angelis DL, Waide JB, Allen TFH (1986) A hierarchical concept of ecosystems. Princeton University Press, Princeton

O'Neill RV, Krummel JR, Gardner RH, Sugihara G, Jachson B, DeAngelis DL, Milne BT, Turner MG, Zygmunt B, Christensen SW, Dale VH, Graham RL (1988) Indices of landscape pattern. *Landscape Ecology* 2: 63--69

Odum EC, Odum HT (1980) Energy systems and environmental education. In: Bakshi TS, Naveh Z (Hrsg.) Environmental Education. Principles, Methods and Applications. Plenum Press. New York, London. 213--231

Odum EP (1971) Fundamentals of Ecology, Saunders, Philadelphia

Odum EP (1991) Prinzipien der Ökologie. Lebensräume, Stoffkreisläufe, Wachstumsgrenzen. Spektrum der Wissenschaft, Heidelberg

Paffen KH (1953) Die natürliche Landschaft und ihre räumliche Gliederung. Eine methodische Untersuchung am Beispiel der Mittel- und Niederrheinlande. *Forsch. z. dt. Landeskunde* 68. Trier

Parson R (1991) The potential influence of environmental perception on human health. *Journal of Environmental Psychology* 11: 1--23

Passarge, S (1924) Vergleichende Landschaftskunde. Teubner, Leipzig, Berlin

Pflug W (1998) Braunkohlentagebau und Rekultivierung. Springer, Berlin, Heidelberg, New York

Phillips JD (2009: Landscape evolution space and the relative importance of geomorphic processes and controls. *Geomorphology* 109 (3-4): 79-85

Plathe EJ (1992) Weiherbach-Projekt „Prognosemodell für die Gewässerbelastung durch Stofftransport aus einem kleinen ländlichen Einzugsgebiet". Institut für Hydrologie und Wasserwirtschaft Universität Karlsruhe Heft 41

Potschin M (2002) Landscape ecology in different parts of the world. In: Bastian O, Steinhardt U (Hrsg.) Development and Perspectives of Landscape Ecology. Kluwer, Dordrecht, Boston, London. 38--47

Pott R (1995) Die Pflanzengesellschaften Deutschlands. Ulmer, Stuttgart

Preobraženskij V, Aleksandrova T, Daneva M, Haase G, Drdos J (1982) Ochrane landšaftov – Tolkovyj slovar (Landschaftsschutz. Erläuterndes Wörterbuch). Moskau

Putkonen J, Connolly J, Orloff T (2008) Landscape evolution degrades the geologic signature of past glaciations. *Geomorphology* 97 (1-2): 208-217

Rami M (1997) Landschaftsstrukturmaße und Satellitenfernerkundung. Entwicklung des Programms METRICS und seine Anwendung auf Landsat und NOAA-Szenen aus dem Bereich Schwarzwald/Oberrhein. - unveröff. Diplomarbeit, Geographisches Institut der Universität Bonn

Rasmussen C, Troch PA, Chorover J, Brooks P, Pelletier, J Huxman TE (2010) An open system framework for integrating critical zone structure and function. *Biogeochemistry* 102: 15-29

Rast H (1982) Vulkane und Vulkanismus. Teubner, Stuttgart

Ratzel F (1904) Über Naturschilderung. München, Berlin. 7 ff

Raunkiaer C (1934) The life forms of plants and statistical plant geography. Oxford

Reiche EW, Meyer M, Dibbern, I (1999) Modelle als Bestandteile von Umweltinformationssystemen dargestellt am Beispiel des Methodenpaketes "DILAMO". In: Blaschke T (Hrsg) Umweltmonitoring und Umweltmodellierung. GIS und Fernerkundung als Werkzeuge einer nachhaltigen Entwicklung. H. Wichmann Verlag, Heidelberg

Reuter HF, Jopp J, Blanco-Moreno M, Damgaard C, Matsinos Y, DeAngelis DL (2010) Ecological hierarchies and self-organisation - Pattern analysis, modelling and process integration across scales. *Basic and Applied Ecology* 11 (7): 572-581

Richter H (1968) Naturräumliche Strukturmodelle. *Petermanns Geogr Mitt* 112: 3--8

Richter H (1978) Beitrag zum Modell des Geokomplexes. In: Landschaftsforschung - Beiträge zur Theorie und Anwendung. *Petermanns Geogr Mitt* Ergänzungsheft 271: 39--48

Richter H (1979) Naturräumliche Stockwerksgliederung. In: Potsdamer Forschungen, Reihe B, 15. 141--149

Richter M (2001) Die Vegetationszonen der Erde. Klett-Perthes, Gotha

Riecken U (1992) Planungsbezogene Bioindikation durch Tierarten und Tierartengruppen - Grundlagen und Anwendungen. Schriftenreihe für Landschaftsforschung und Naturschutz 36. Bundesforschungsanstalt für Naturschutz und Landschaftsökologie Bonn-Bad Godesberg

Risser PG, Karr JR, Forman RTT(1984) Landscape Ecology. Directions and Approaches. Special Publication Nr 2. Illinois Natural History Survey, Champaign

Rohdenburg H (1989) Methods for the Analysis of Agro-Ecosystems in Central Europe, with Emphasis on Geoecological Aspects. *Catena* 13: 119--137

Rowe J S, Barnes B V(1994) Geo-ecosystems and Bio-ecosystems. *Bulletin of the Ecological Society of America* 75: 40--41.

Rykiel EJJ (1996) Testing ecological models: the meaning of validation. *Ecological Modelling* 90(3): 229--244

Scheffer F, Schachtschabel P (2002) Lehrbuch der Bodenkunde. 15. Aufl. Spektrum, Heidelberg, Berlin

Schmid WA (1997) Grundzüge der ökologischen Planung und Nachhaltigkeit. DISP Dokumente und Informationen zur Schweizerischen Orts-, Regional- und Landesplanung 128: 3--7

Schmidt J, von Werner M, Michael, A (1996) Erosion 2D/3D. Ein Computermodell zur Simulation der Bodenerosion durch Wasser. Band I Modellgrundlagen – Bedienungsanleitung. Freistaat Sachsen: Landesanstalt für Landwirtschaft, Landesamt für Umwelt und Geologie. Dresden/Freiberg

Schmidt R, Diemann R (1974) Richtlinien für die mittelmaßstäbige landwirtschaftliche Standortkartierung. Inst. Bodenkunde AdL, Eberswalde

Schmithüsen J (1976) Allgemeine Geosynergetik. Springer, New York, Berlin, Heidelberg

Schmithüsen J (1949) Grundsätze für die Untersuchung und Darstellung der naturräumlichen Gliederung von Deutschland. *Berichte z deutsch Landeskunde* 6: 8--19

Schmithüsen J (1953) Grundsätzliches und Methodisches. In: Meynen E, Schmithüsen J (Hrsg. 1953 – 1962) Handbuch der naturräumlichen Gliederung Deutschland. 1. Lieferung. Bundesanstalt für Landeskunde, Remagen. 1--44

Schmithüsen J (1963) Der wissenschaftliche Landschaftsbegriff. *Mitt. d. Flor.-soziol. Arbeitsgemeinschaft, N.F.* Heft 10: 9--19

Schmithüsen J (1967) Naturräumliche Gliederung und landschaftsräumliche Gliederung. *Berichte z deutsch Landeskunde* 39: 125--131

Schmithüsen J (1976) Allgemeine Geosynergetik. Springer, New York, Berlin, Heidelberg

Scholz E (1962) Die naturräumliche Gliederung Brandenburgs. Potsdam

Schreiber KF (1969) Landschaftsökologische und standortkundliche Untersuchungen im nördliche Waadtland als Grundlage für die Orts- und Regionalplanung. Arb Univ Hohenheim, 45

Schreiber KF (1999) Ökosystem, Naturraum, Landschaft, Landschaftsökologie – eine Begriffsbestimmung: In Bastian O, Schreiber K F (Hrsg. 1999) Analyse und ökologische Bewertung der Landschaft. 2. Aufl. Spektrum, Heidelberg. 29-31

Schultz A, Klenke R, Lutze G, Voss M, Wieland R, Wilkening B (2003) Habitat models to link situation evaluation and planning support in agricultural landscapes. In: Bissonette JA., Storch I (eds) Landscape ecology and resource management: linking theory with practice. Island Press, Washington. 261--282

Schultz J (2002) Die Ökozonen der Erde. 3. Aufl. Ulmer, Stuttgart

Schultze J (1952) Das Problem der natürlichen Landschaften und ihre Kartierung in der Deutschen Demokratischen Republik. *Sitzungsber Deutsche Akad Landwirtschaftswiss Berlin* 8

Schuster P (1997) Landscapes and molecular evolution. *Physica D* 107: 351--365

Schweitzer F (1997) Wege organisieren sich selbst. *Oikodrom - Forum nachhaltige Stadt: Stadtpläne* 1: 45--48

Schweitzer F (1998) Selbstorganisation in der urbanen Strukturbildung. *Sonderforschungsbereich 185 Nichtlineare Dynamik*: Frankfurt, Marburg

Schweitzer F, Steinbrink J (1998) Estimation of megacity growth. *Applied Geography* 18 (1): 69--81

Schwertmann U, Vogl W, Kainz, M (1987) Bodenerosion durch Wasser: Vorhersage des Abtrags und Bewertung von Gegenmaßnahmen. 2.Aufl. Ulmer, Stuttgart

Seim R, Tischendorf G. (1990) Grundlagen der Geochemie. Grundstoffindustrie, Leipzig

Siewing R (1987) Evolution. 3. Ausg. Gustav Fischer, Stuttgart, New York

Simon HA (1967) The architecture of complexity. *Proceedings of the American Philosophical Society* 106: 467--482

SMU 1997 (Hrsg) Naturräume und Naturraumpotentiale des Freistaates Sachsen. Dresden

Smuts JC (1926) Holism and Evolution (2nd printing, 1971). Viking press, New York

Snacken F (1984) Terminology and Concepts in Landscape Synthesis. Report nr. 2 (International Geographical Union/Working Group on Landscape Synthesis). Nice

Snytko WA (1976) Raum-Zeit-Modelle von natürlichen Regionen der Geosysteme, dargestellt an geochemischen Prozessen im Transbaikalgebiet. *Geogr Berichte* 79: 111--117

Socava VB (1970) Geotopologija kak razdel učenija o geosistemach (Geotopologie als Bestandteil der Lehre von den Geosystemen). In: Topologičeskie aspekti učenija o geosistemach (Topologische Aspekte der Lehre von den Geosiste-men) Nauka, Novosibirsk. 3-86

Sočava VB (1974) Das Systemparadigma in der Geographie. *Petermanns Geogr Mitt* 118: 161--166

Sočava VB (1978) Vvedenie v učenie o geosistemach (Einführung in die Lehre von Geosystemen). Nauka, Novosibirsk

Ssymank A, Hauke U, Rückriem C, Schröder E, Messer D (1998) Das europäische Schutzgebietssystem NATURA 2000 BfN Handburch zur Umsetzung der Flora-Fauna-Habitat-Richtlinie (92/43/EWG) und der Vogelschutzrichtlinie (79/409/EWG). Schriftenreihe für Landschaftsforschung und Naturschutz 53. Bundesamt für Naturschutz Bonn-Bad Godesberg

Stabenow C (1991) Henri Rousseau Benedikt Taschen, Berlin

Steinhardt U (1999) Die Theorie der Geographischen Dimensionen in der Angewandten Landschaftsökologie. In: Schneider-Sliwa R., Schaub D, Gerold G (Hrsg) Angewandte Landschaftsökologie. Grundlagen und Methoden. Springer, Berlin, Heidelberg, New York. 47--61

Steinhardt U (2001) Mensch und Natur. In: Friesen H, Führ E (Hrsg) Neue Kulturlandschaften. Book on demand. Cottbus. 101--116

Steinheider B, Fay D et al. (1999) Soziale Normen als Prädiktoren von umweltbezogenem Verhalten. *Zeitschrift für Sozialpsychologie* 30 (1): 40--56

Succow M (2000) Kulturlandschaft als Aufgabe. *natur + mensch*: 5--17

Succow M, Jeschke L (1990) Moore in der Landschaft. Urania, Jena, Berlin

Syrbe RU (1999) Raumgliederungen im mittleren Maßstab. In: Zepp H, Müller MJ (Hrsg.) Landschaftsökologische Erfassungsstandards. *Forsch z. dt. Landeskunde* 244, Flensburg. 463--489

Targulian V, Krasilnikov P (2007) Soil system and pedogenic processes: Self-organization, time scales, and environmental significance. *Catena* 71 (3): 373-381

Takeuchi K, Shinzato T (1979) Zerstörung der Vegetation in einem kleinen Wassereinzugsgebiet im nördlichen Teil der Okinawa-Insel, Südwest-Japan. Department of Geography, Tokyo Metropolitan University

Tansley AG (1935) The use and the abuse of vegetational concepts and terms. *Ecology* 16: 284--307

TEEB (2010) Die Ökonomie von Ökosystemen und Biodiversität: die ökonomische Bedeutung der Natur in Entscheidungsprozesse integrieren. (TEEB (2010) The Economics of Ecosystems and Biodiversity: Mainstreaming the Economics of Nature) Ansatz, Schlussfolgerungen und Empfehlungen von TEEB – eine Synthese

Targulian, V, Krasilnikov P (2007) Soil system and pedogenic processes: Self-organization, time scales, and environmental significance. *CATENA* 71 (3): 373-381

Temme A, Claessens L, Veldkamp A, Schoorl J (2011) Evaluating choices in multi-process landscape evolution models. *Geomorphology* 125 (2): 271-281

Termorshuizen JW, Opdam P (2009 Landscape services as a bridge between landscape ecology and sustainable development. *Landscape Ecology* 24: 1037-1052

Traue H (1998) Emotionen und Gesundheit. Spektrum, Heidelberg

Tress B (2002) Agriculture and the landscape. In: Bastian O, Steinhardt U (Hrsg.) Development and Perspectives of Landscape Ecology. Kluwer, Dordrecht, Boston, London. 352-362

Troll C (1939) Luftbildplan und ökologische Bodenforschung. *Z Gesell Erdkunde Berlin*: 241--298

Troll C (1943) Die Gliederung des Bergischen Landes in Landschaftselemente 1:25000. *Sitz Ber. Europ. Geographen.* Leipzig

Troll C (1950) Die geographische Landschaft und ihre Erforschung. *Studium Generale* 3: 163--181

Troll C (1968) Landschaftsökologie. In : Tüxen R (Hrsg) Pflanzensoziologie und Land-schaftsökologie. 7. Int Symp Stolzenau/Weser 1963. Int Vereinigung für Vegetati-onskunde. Junk, den Haag. 1--21

Troll C (1970) Landschaftsökologie (Geoecology) und Biogeocoenologie. Eine termi-nologische Studie. *Romn. Geol., Geophys. Et Geogr.- Serie de GEOGRAPHIE,* Tome 14, No. 1 : 9--18

Tschochner B, Blumenstein O, Krüger W, Bechmann W (1998) Geoökologische As-pekte der Schadstoffdynamik in einem antarktischen Geosystem. *Polarforschung* 66 (1/2): 67--75

Turner M G, Gardner R H, O'Neill R V (2001) Landscape Ecology in theory and prac-tice. Springer, Berlin, Heidelberg, New York

Turner MG (1989) Landscape ecology: The effect of pattern on process. *Annual Re-view of Ecology and Systematics* 20: 171--197

Turner MG, Gardner RH (1991) Quantitative Methods in Landscape Ecology. Springer, New York

Turner MG, Gardner RH, O'Neill RV (2001) Landscape ecology in theory and practice. Springer, New York

Umweltbehörde der Freien und Hansestadt Hamburg (1999) Funktionale Bedeu-tung von Böden bei großmaßstäbigen Planungsprozessen. Gutachten, vorge-legt vom Institut für Bodenkunde der Universität Hamburg (Grönghoft S, Hochfeld B, Mieh-lich G)

van der Mareel E (1977) Naar een globaa ecologisch model voor de ruimte ontwikke-ling van Neerderland. Ministerium für Wohnen und Landesplanung, den Haag, Nie-derlande

Volk M, Steinhardt u (2002) The landscape concept (What is a landscape?) In: Bas-tian O, Steinhardt U (eds) Development and Perspectives of Landscape Ecology. Kluwer Academic Publishers, Dordrecht. 1--10

Walter H (1970) Vegetationszonen und Klima. Ulmer, Stuttgart

Walter H (1973) Die Vegetation der Erde in ökophysiologischer Betrachtung. Band 1: die tropischen und subtropischen Zonen. 3. Aufl. Gustav Fischer, Jena (1. Aufl. 1962)

WCED (1987) The world commission on environment and development. Our common future. Oxford, New York (Brundtland-Bericht)

Wendroth O (2000) Stochastische Verfahren zur Identifikation räumlicher und zeitli-cher Prozesse in Agrarökosystemen. In Barsch H, Billwitz K, Bork HR (Hrsg.) Ar-beitsmethoden in Physiogeographie und Geoökologie. Klett-Perthes, Gotha. 546--557

Wendroth O, Reuter HI, Kersebaum KC (2003) Predicting yield of barley across a landscape: a state-space modeling approach. *Journal of Hydrology* 272: 250--263

Whittaker RH (1972) Evolution and measurement of species diversity. Taxon 12: 213-251

Wiegleb G (1997) Leitbildmethode und naturschutzfachliche Bewertung. *Z Ökol Na-turschutz* 6: 43--62

Wiens JA (1992) What is landscape ecology really? *Landscape Ecology* 7: 149--150

Wiens JA (1995) Landscape mosaics and ecological theory. In: Hansson L, Fahrig L, Merriam G (eds) Mosaic Landscapes and Ecological Processes. Chapman & Hall, London. 1--26

Wiens JA (1997) Metapopulation dynamics and landscape ecology. In: Khanski I, Gilpin M E (Hrsg.) Metapopulation biology. Ecology, genetics and evolution. Aca-demic Press, San Diego. 43--62

Wischmeier WH, SMITH DD (1978) Predicting rainfall erosion losses: A guide to con-servation planning. Washington DC: United States Department for Agriculture, = *Agriculture* 537

Wu J (1999) Hierarchy and Scaling: Extrapolating Information along a Scaling Ledder. *Canadian Journal of Remote Sensing* 25: 367--380

Zepp H (1994) Geoökologische Ansätze zur Bewertung des Leistungsvermögens des Landschaftshaushaltes. Versuchungen, Grenzen und Möglichkeiten aus der Sicht der universitären Praxis. *Norddeutsche Naturschutzakademie Berichte* 1: 105--114

Zepp H, Müller MJ (Hrsg. 1999) Landschaftsökologische Erfassungsstandards. Ein Methodenbuch. *Forsch z deutsch Landeskunde* 244, Trier

Zonneveld IS (1989) The land unit – as fundamental concept in landscape ecology and its implications. Landscape Ecology 3:67-86

Zonneveld IS (1995) LandEcology An introduction to landscape ecology as a base for land evaluation, land management and conservation. SPB Amsterdam

Zonneveld JIS, Tjallingli JP (1975) Landschaapstaal, Wageningen

Index